BAMO-r-THF
COPOLYETHER BINDER AND
APPLICATION

BAMO-r-THF
共聚醚黏合剂及应用

翟进贤　王　健　杨荣杰　著

北京理工大学出版社
BEIJING INSTITUTE OF TECHNOLOGY PRESS

内 容 简 介

端羟基 3,3－二叠氮甲基氧丁环－四氢呋喃无规共聚醚黏合剂（BAMO－r－THF）是高能黏合剂的典型代表，广泛应用于高能固体复合推进剂配方。本书从 BAMO－r－THF 共聚醚黏合剂制备讲起，详细介绍 BAMO－r－THF 黏合剂制备原理、共聚醚链序列结构、聚集态、热稳定性、光敏性等特性；探讨 BAMO－r－THF 弹性体制备方法，以及温度、拉伸速率、交联剂种类、扩链剂种类等对弹性体力学性能的影响机制；简要介绍 BAMO－r－THF 基固体复合推进剂的能量及燃烧特性。

本书注重基础理论，涉及高分子化学、高分子物理、燃烧学等多学科知识，可供从事固体复合推进剂研究的科研、生产及教学相关人员参考。

图书在版编目（ＣＩＰ）数据

BAMO－r－THF 共聚醚黏合剂及应用 / 翟进贤，王健，杨荣杰著. --北京：北京理工大学出版社，2023.2
　ISBN 978-7-5763-2164-7

Ⅰ. ①B… 　Ⅱ. ①翟… ②王… ③杨… 　Ⅲ. ①固体推进剂-研究 　Ⅳ. ①V512

中国国家版本馆 CIP 数据核字（2023）第 041923 号

出版发行 / 北京理工大学出版社有限责任公司	
社　　址 / 北京市海淀区中关村南大街 5 号	
邮　　编 / 100081	
电　　话 / （010）68914775（总编室）	
（010）82562903（教材售后服务热线）	
（010）68944723（其他图书服务热线）	
网　　址 / http://www.bitpress.com.cn	
经　　销 / 全国各地新华书店	
印　　刷 / 廊坊市印艺阁数字科技有限公司	
开　　本 / 710 毫米×1000 毫米　1/16	
印　　张 / 15.5	
彩　　插 / 8	责任编辑 / 陈莉华
字　　数 / 277 千字	文案编辑 / 陈莉华
版　　次 / 2023 年 2 月第 1 版　2023 年 2 月第 1 次印刷	责任校对 / 周瑞红
定　　价 / 88.00 元	责任印制 / 李志强

序

    3,3-二叠氮甲基氧丁环-四氢呋喃无规共聚醚含能黏合剂（BAMO-r-THF）因具有能量高、玻璃化转变温度低等优势成为制备固体复合推进剂的理想黏合剂。然而，与传统端羟基聚丁二烯黏合剂相比，BAMO-r-THF分子链结构中含有大量大体积的叠氮甲基侧基，致使聚合物主链承载原子数少、柔顺性差、链间物理缠绕作用弱，增大了该类固体复合推进剂力学性能的调节难度。系统分析、揭示 BAMO-r-THF 黏合剂力学性能影响因素和调控机制，对提升该类固体复合推进剂力学性能具有重要理论指导意义。

    该书针对 BAMO-r-THF 分子链结构特征，从黏合剂制备讲起，详细阐述了该黏合剂的合成原理、共聚单元键接结构、端羟基活性、聚集形态、热稳定性、光敏性等特性。探讨了三维交联 BAMO-r-THF 热固性弹性体的制备方法，介绍了化学交联网络对其力学性能的影响。随后，着重阐述了温度、聚氨酯交联点结构、扩链剂类型等对 BAMO-r-THF 热固性弹性体物理交联行为、宏观力学性能的影响。最后，简要介绍了 BAMO-r-THF 黏合剂在固体复合推进剂中的应用性能。

    该书作者长期从事高能固体复合推进剂研究。"十一五"至"十三五"期间，作者先后申请并承担了多项有关 BAMO-r-THF 含能黏合剂的科研项目；作为基础研究类项目的课题和专题负责人，成功拓宽了 BAMO-r-THF 含能黏合剂的使用温度范围，其研究成果应用于某固体火箭发动机装药。

    该书注重基础理论，涉及高分子化学、高分子物理、燃烧学等多学科知识，内容系统、结构完整。本书的出版必将成为研究叠氮聚醚高能固体复合推进剂的重要参考用书。

前　言

从有黑火药明确记载到现代高能固体推进剂，近 1 200 年发展过程中，追求高能始终是固体推进剂发展的目标。深入贯彻党的"二十大"报告精神，实施国防科技强国战略，发展高比冲、低特征信号固体复合推进剂是弹箭系统实现远程投送、快速打击、精确制导、高效毁伤，从而适应现代化战争需要的重要保障。端羟基聚 3,3-二叠氮甲基氧丁环与四氢呋喃无规共聚醚黏合剂（BAMO-r-THF）因为高能、高燃速、低特征信号，同时兼具玻璃化转变温度低、力学性能优良等特点，是目前高能固体复合推进剂家族中广泛应用的含能黏合剂。

全书基于 BAMO-r-THF 黏合剂分 7 章内容。第 1 章阐述了固体复合推进剂的发展历程，着重对含能黏合剂种类和特性进行了综述。第 2 章对 BAMO-r-THF 黏合剂的制备原理、共聚醚链序列结构、端基结构、聚集态特性、热稳定性、光敏特性等进行了探讨。鉴于 BAMO-r-THF 黏合剂分子链结构中同时存在端羟基和叠氮基两种官能团，第 3 章基于羟基与异氰酸酯的聚氨酯反应、叠氮基与炔基的聚三唑反应，对 BAMO-r-THF 黏合剂交联弹性体制备方法进行了讨论。第 4 章讲述了环境温度、弹性体制备温度以及拉伸速率等对聚氨酯交联 BAMO-r-THF 弹性体的力学性能影响机制。第 5 章介绍了 BAMO-r-THF 弹性体中聚氨酯交联点结构对力学性能的影响机制。第 6 章介绍了不同结构二元醇扩链剂对 BAMO-r-THF 弹性体的力学性能影响规律。鉴于 BAMO-r-THF 黏合剂高能特性，第 7 章论述了 BAMO-r-THF 基固体复合推进剂的能量及燃烧特性。

本书是作者及所在团队在 BAMO-r-THF 共聚醚复合推进剂方向长期研究的基础上进行撰写的，是课题组多年来研究成果的积累。基于内容完整性要求，书中引用了国内外同仁的研究成果、论文。本书研究工作得到了干效

1

东所长、郑剑研究员、赵凤起研究员、罗运军教授的大力支持；李建民副教授、中北大学兰艳花副教授为本书撰写也做了大量工作。在此，对他们表示衷心感谢！

本书涉及高分子化学、高分子物理、燃烧学等多学科内容，注重理论、实验研究成果与实际应用相结合，可供从事推进剂研究的科研、生产及教学等科技人员参考。

由于作者水平和经验有限，尽管本书几经修改，书中难免有疏漏和不当之处，恳请读者批评指正，以臻完善。

著　者

目　　录

第1章

绪　　论

固体复合推进剂是以氧化剂、金属燃料、高能硝胺填料等固体组分为分散相，以高分子黏合剂为连续相组成的一种含能复合材料，是武器系统实现远程精确打击的动力来源。高分子黏合剂作为固体复合推进剂的基体、骨架，将其他含能组分粘接在一起，赋予固体推进剂一定的几何形状和良好的力学性能；通过其黏弹行为耗散固体复合推进剂所受外界载荷和内部应力，确保固体火箭发动机正常工作[1]。

随着战略战术导弹和航天技术的发展，对固体复合推进剂能量性能提出了越来越高的要求。在传统利用高能物质作为固体推进剂填料提高推进剂比冲同时，人们又将目标聚焦于黏合剂组分。用含能黏合剂替代惰性黏合剂在确保推进剂力学性能同时，还有助于推进剂能量性能提升[2]。

3,3-二叠氮甲基氧丁环-四氢呋喃无规共聚醚（BAMO-r-THF）作为固体复合推进剂用黏合剂，其兼具能量高、力学和工艺性能良好等优势，广泛应用于武器装备生产。深入、全面掌握 BAMO-r-THF 共聚醚黏合剂及其弹性体性能，有助于充分挖掘该黏合剂应用潜能[3]。

1.1　固体推进剂的发展历程

1.1.1　固体推进剂的发明与发展

火药是中国古代四大发明之一。唐宪宗元和三年（公元 808 年）炼丹家清虚子在其著作《太上圣祖金丹秘诀》中曾有黑火药配方的记载，其是由硝石（即硝酸钾）、硫黄和木炭组成的一种混合物。1846 年瑞士人 C. F. 舍拜因发明了硝化纤维素，同年意大利人 A. 索布列罗合成了硝化甘油，这两种物质的出现为现代火药的发展奠定了物质基础。1884 年法国人 P. 维也里采用醇/醚混合溶剂将硝化纤维素塑化加工制成以硝化纤维为唯一成分的火药，即单基药。1888

年瑞典人 A. B. 诺贝尔以低氮量硝化纤维素吸收硝化甘油，制成了双基火药，其后这两种火药用作枪炮弹丸的发射药，在战争中获得大规模的应用。

从黑火药至双基火药，其能量性能远不能满足武器远程投送的需要。为提高武器远程投送能力，1942 年美国喷气推进实验室以沥青为黏合剂（14.10 wt%[①]），以高氯酸钾为氧化剂（76.50 wt%），重油（SAE10）为增塑剂（9.40 wt%），制成了第一个真正意义上的复合固体推进剂，6.86 MPa 下比冲为 176 s。1946 年，该实验室采用液态聚硫橡胶为黏合剂，环氧、酸酐或金属氧化物为固化剂，首次采用贴壁浇铸工艺研制得到聚硫橡胶推进剂。该黏合剂体系固化可产生水，与铝粉反应时导致药浆黏度上升；且燃烧产物中含 SO_2，分子量高，6.86 MPa 下实测比冲可达约 215 s。

1949 年美国开始研究聚酯型聚氨酯推进剂，1953 年转向为聚醚型聚氨酯推进剂。该黏合剂体系采用双官能度羟基聚醚和三元醇混合物，甲苯二异氰酸酯为固化剂，配方体系不含或含少量惰性增塑剂[4]。为获得更高能量，20世纪 50 年代后期，美国将铝粉作为轻金属燃料引入推进剂配方，推进剂比冲提高近 10%。非增塑性聚醚型聚氨酯推进剂开发的同时，聚硫化学公司（Thiokol）研了一种由丁二烯 – 丙烯酸共聚物 PBAA 为黏合剂的复合推进剂，但该黏合剂很快被重现性更好的丁二烯 – 丙烯酸 – 丙烯腈三元共聚物 PBAN 代替。PBAN 黏合剂以环氧化合物为固化剂，在多种火箭发动机中获得应用。这种三元共聚物分子量及官能度分布较宽，力学性能不佳，1959 年被端羧基聚丁二烯（CTPB）所代替。

自由基乳液聚合法制备的 CTPB 黏合剂，其分子量及其分布、官能度及官能度分布均较 PBAN 黏合剂有所改善，但 CTPB 所用固化剂一般为环氧或氮丙啶化合物，在氧化剂高氯酸铵（AP）及水分存在下可发生副反应，固化反应不能按计量比进行，影响推进剂力学性能和贮存老化性能，且端羧基聚丁二烯推进剂药浆黏度偏高，不利于高固含量推进剂制备。

1961 年，美国航空喷气推进公司开始研究端羟基聚丁二烯（HTPB）推进剂，HTPB 预聚物采用自由基聚合方法。以 HTPB 为黏合剂时，推进剂药浆黏度较低、配方固含量高、推进剂力学性能优良、能量水平高于以往复合推进剂。20 世纪 70 年代以后，HTPB 黏合剂逐渐成为固体复合推进剂的主流黏合剂，大量应用于各种战略、战术导弹和火箭武器。

复合推进剂发展同时，双基推进剂也在迅速发展。20 世纪 50 年代后期，在硝化纤维素、硝化甘油双基成分基础上，引入无机氧化剂 AP、金属燃料铝粉（Al）及黑索今或奥克托金高能炸药，形成复合改性双基推进剂（Composite

---

注：① wt%为质量百分比浓度。

Modified Double Base，CMDB），发动机实测比冲可达 252 s；70 年代以后，在改性双基推进剂中引入交联剂，形成交联改性双基推进剂（Crosslinked Double Base，XLDB）。XLDB 以硝化纤维素为黏合剂、硝化甘油为增塑剂，曾经一直是高能固体推进剂的代表。不过，由于硝化纤维素玻璃化转变温度高，且交联剂与硝化纤维素形成的交联网络为无规交联，交联改性双基推进剂力学性能不佳。

借鉴交联改性双基推进剂中利用含能硝酸酯增塑剂的特点，20 世纪 80 年代初，发现了可被硝酸酯增塑、玻璃化转变温度较低的脂肪族聚醚或聚酯类预聚物。将这类高分子预聚物取代硝化纤维素，通过末端交联形成三维交联网络，赋予复合推进剂优良的力学性能。该推进剂将原固体复合推进剂的高固含量和交联改性双基推进剂的高能硝酸酯增塑特性相结合，形成了一类新的高能固体复合推进剂，即硝酸酯增塑聚醚（Nitrate Ester Plasticized Polyether）固体复合推进剂，标准实测比冲可达 255 s。

惰性聚醚黏合剂中接枝含能基团是进一步提高固体复合推进剂能量的又一途径。20 世纪 80 年代后期，可被硝酸酯增塑的聚叠氮缩水甘油醚（GAP）、叠氮环氧丁烷共聚醚等含能黏合剂探索成功，为高能固体复合推进剂进一步发展奠定了物质基础[5]。图 1-1 是固体复合推进剂的发展历程，图 1-2 是 6.86 MPa 下固体推进剂能量比冲性能演化趋势。

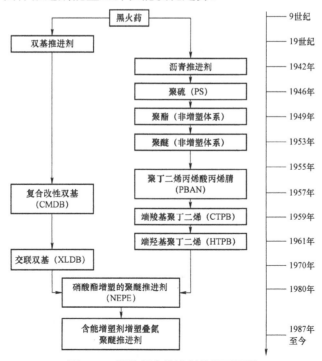

图 1-1 固体复合推进剂的发展历程

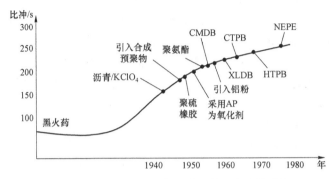

图 1-2　固体推进剂能量比冲性能历史演化进程

1.1.2　固体复合推进剂的发展规律

从黑火药发明到目前高能固体推进剂，上千年的发展历程中，复合固体推进剂能量性能快速提升源于性能良好黏合剂的不断涌现；黏合剂是固体复合推进剂更新换代的标志，是固体复合推进剂进行类别划分的依据。固体复合推进剂的发展历程特征如下：

（1）追求高比冲是固体复合推进剂发展的永恒目标。

（2）新型黏合剂的出现推动了更高能量固体推进剂的更新换代。

（3）固体复合推进剂对黏合剂的要求由最初的粘接功能演变至兼具良好的力学性能、老化性能和制备工艺性能等。

（4）固体复合推进剂与交联改性双基推进剂交叉融合，促使了硝酸酯增塑聚醚复合推进剂的诞生。

（5）硝酸酯增塑含能黏合剂体系是固体复合推进剂发展的又一热点。

1.1.3　固体复合推进剂用黏合剂的要求

固体复合推进剂用黏合剂通过化学反应形成三维交联网络，将所有填充物黏结在一起，形成一种黏弹性复合材料，赋予推进剂良好的力学性能。固体复合推进剂发展到现在，作为理想的固体复合推进剂用黏合剂，从相容性、工艺性、力学性能、能量性能和安全性能等角度出发，其应具有下列基本特征：

（1）黏合剂须与高氯酸铵、硝酸酯、硝胺炸药等常用含能组分具有良好的相容性。

（2）黏合剂应是低挥发性的高分子液态预聚物，可承受药浆混合及高真空浇铸的要求。

（3）黏合剂交联固化反应性能好，温度不高于 60 ℃ 条件下可反应完全，反应过程不释放小分子产物。

（4）黏合剂交联反应速率适宜，具有充足的工艺适用期，以保证药浆混合、浇铸期间良好的流动性。

（5）黏合剂具有较低的玻璃化转变温度，使制成的推进剂在较低环境温度下仍具有良好的力学性能。

（6）为了使制成的推进剂有良好的力学性能，并保证推进剂药浆有合适的黏度，预聚物应具有合适的平均相对分子质量和较小的分散性。

（7）黏合剂黏度应较低，以满足固体复合推进剂结构中固体填充物高体积容纳分数的要求。

（8）黏合剂应有尽可能高的生成热（ΔH），生成热越高，对推进剂能量贡献也越高，常见预聚物黏合剂的生成热均为负值。

（9）黏合剂应由相对原子质量较低的元素组成，以便燃烧时释放出更多摩尔的燃气产物。目前黏合剂预聚物多数由 C、H、O、N 等元素组成，黏合剂中的氧元素可减少推进剂燃烧时对氧用量的需求。

（10）黏合剂交联反应热效应尽可能低，避免药柱内部温度升高引发局部应力或自燃。

1.2 含能黏合剂

1.2.1 含能黏合剂的定义

含能黏合剂是指一种聚合物分子链上带有大量含能基团的高分子预聚物，这些含能基团主要包括硝酸酯基（—ONO_2）、硝基（—NO_2）、硝胺基（—NNO_2）、叠氮基（—N_3）和二氟氨基（—NF_2）等。含能黏合剂最显著的特点就是其燃烧过程中能够释放出大量的热，并大量生成相对分子质量较低的气体，提高固体复合推进剂的燃烧热和比冲性能[6]。表 1-1 列出了几种典型含能基团的生成热数据。在这些含能基团结构中，生成热最高的是叠氮基团，每个 —N_3 基团生成热高达 $355\ kJ \cdot mol^{-1}$。因此叠氮类黏合剂成为目前研究最多、应用最广的含能黏合剂。

表 1－1 含能基团生成热[7]

基团	生成热/（kJ·mol⁻¹）	基团	生成热/（kJ·mol⁻¹）
—ONO₂	71.1	—N₃	355.0
—NO₂	33.2	—NF₂	42.3
—NNO₂	74.5		

1.2.2 含能黏合剂的要求

在满足固体复合推进剂用黏合剂通用要求前提下，对于含能黏合剂还需满足以下要求：

（1）在 $-50 \sim 120$ ℃具有良好的化学稳定性。固体复合推进剂使用温度通常在 $-50 \sim 70$ ℃范围，有时受热温度可达 120 ℃，含能黏合剂须在 $-50 \sim 120$ ℃内具有良好的化学稳定性。

（2）黏合剂安全可靠的制备工艺。含能黏合剂制备过程中，有些含能单体感度很高，给其直接聚合和提纯聚合物带来很大安全隐患，不适于规模化生产，必须具有安全可靠的合成方法。

（3）成本较低，经济上可承受。

1.2.3 含能黏合剂的种类

早在 20 世纪 50 年代，国外研究者就试图在已有的黏合剂高分子链结构中引入含能基团，但由于聚合产物纯化方法烦琐，纯度不高，无法合成出具有实用价值的含能黏合剂。20 世纪 70 年代末，随着高分子聚合技术的发展，含能黏合剂研究取得了突破性进展，一系列新型含能单体及其聚合物先后制备成功。下面对硝酸酯类含能黏合剂、硝基类含能黏合剂、硝胺类含能黏合剂、二氟氨类含能黏合剂和叠氮类含能黏合剂等进行简要说明。

1. 硝酸酯类含能黏合剂

硝酸酯类含能黏合剂是指聚合物分子链上含有硝酸酯基团（—ONO₂）的聚合物，该类黏合剂最早是天然纤维素经硝化改性后的硝化纤维素高分子聚合物。目前国内外应用于固体复合推进剂研究的硝酸酯类含能黏合剂主要有：聚缩水甘油醚硝酸酯（PolyGLYN，PGN）和聚 3－硝酸酯甲基－3－甲基氧杂丁环聚醚（PolyNIMMO）。PGN 是一种高能钝感的硝酸酯类含能黏合剂，与硝酸酯增塑剂相容性好，且含氧量高，可大大改善固体推进剂配方氧平衡，燃气也较洁净。由于含有相同的硝酸酯基基团，含能黏合剂 PolyNIMMO 对推进剂的能量和氧平衡均有贡献。不足之处在于两者的玻璃化转变温度 T_g 较高。数均分子量分别为 $2\,000\sim15\,000\ \text{g}\cdot\text{mol}^{-1}$、$1\,000\sim3\,000\ \text{g}\cdot\text{mol}^{-1}$ 的 PolyNIMMO 和 PGN 黏合剂性能见表 1-2。

表 1-2　PolyNIMMO 和 PGN 物理性能[6, 8]

黏合剂	密度/ $(\text{g}\cdot\text{cm}^{-3})$	黏度/ $(\text{Pa}\cdot\text{s})$	T_g/℃	分解温度/ ℃	官能度	生成热/ $(\text{kJ}\cdot\text{mol}^{-1})$
PolyNIMMO	1.26	135.0	−25	229	2～3	−309
PGN	1.42	16.3	−35	222	2～3	−284
注：黏度测试温度为 30 ℃。						

2. 硝基类含能黏合剂

硝基类含能黏合剂是指聚合物分子链结构中含有硝基基团（—NO$_2$）的高分子预聚物。多硝基苯撑聚合物（Polynitropolyphenylene，PNP）是硝基类含能黏合剂的典型代表。1987 年，德国 Nobel 化学公司为配合无壳弹研究，在开发耐热高分子含能黏合剂的过程中，首次成功合成出 PNP，PNP 是一种耐热无定型聚合物，其分子量一般为 $2\,000\ \text{g}\cdot\text{mol}^{-1}$ 左右，可以作为耐高温的含能黏合剂使用。PNP 的基本性能见表 1-3。此外，常见的硝基类含能黏合剂还有硝基聚醚、聚丙烯酸偕二硝基丙酯（PDNPA）以及最新报道的硝基化端羟基聚丁二烯（NHTPB）等。

表 1-3　PNP 的物理性质[9]

外观	爆发点/℃	起始分解 温度/℃	最大分解 温度/℃	撞击感度	摩擦感度
黄褐色固体	320.65	279	317	80% (10 kg，25 cm)	96% (3.92 MPa，90°)

3. 硝胺类含能黏合剂

硝胺基团热稳定性好，硝胺类含能黏合剂是指聚合物分子链结构中含有硝胺基团（—NNO$_2$）的黏合剂。国内外研究报道的硝胺类含能黏合剂有：聚乙二醇-4,7-二硝基氮杂癸二酸酯（DNDE）、聚 1,2-环氧-4-硝基氮杂戊烷（PP4）等。DNDE 和 PP4 都是热稳定性好的含能聚合物，与硝基增塑剂相容，感度小，这类黏合剂玻璃化转变温度较高，其部分性质见表 1-4。

表 1-4 DNDE 和 PP4 的物理性质[10]

聚合物	分解起始温度/℃	生成热/（J·g⁻¹）	密度/（g·cm⁻³）
DNDE	230	−353.3	1.46
PP4	223.5	−306.6	1.36

4. 二氟氨类含能黏合剂

二氟氨类含能黏合剂是指聚合物分子链结构上含有二氟氨基（—NF$_2$）的黏合剂。典型二氟氨含能黏合剂有：3－二氟氨基甲基－3－甲基环氧丁环（DFAMO）和 3,3－双（二氟氨基甲基）环氧丁环（BDFAO）的均聚醚和共聚醚，其性质见表 1-5。二氟氨黏合剂中的—NF$_2$ 基团燃烧生成相对分子质量低的 HF，有利于提高推进剂比冲性能。此外，二氟氨含能黏合剂可以提高镁、铝金属燃料的燃烧效率，满足冲压发动机对富燃料推进剂高比冲性能的要求。

表 1-5 DFAMO 和 BDFAO 的均聚醚和共聚醚性质[11]

性能	DFAMO 均聚醚	BDFAO 均聚醚	DFAMO/BDFAO 共聚醚
外观	液态	固态	液态
M_W	18 300	4 125	21 000
分散度	1.48	1.32	1.76
T_g/℃	−21	130.78	—
初始分解峰/℃	191.3	210	191.7
最大分解峰/℃	230.7	222.3	219.8

5. 叠氮类含能黏合剂

叠氮基团由三个氮原子组成，具有多种共振结构，其能量在常规含能基团中最高。自 1864 年 Griess 发现苯基叠氮以来，叠氮基团即引起了化学家广泛的关注。叠氮类含能黏合剂是指聚合物链结构中含有叠氮基团（—N$_3$）的高分子预聚物。叠氮基作为侧链悬挂在高分子链主链上，其热分解先于主链且独立进行，作为固体复合推进剂用黏合剂不仅能提高能量性能，还能加速推进剂其他组分的分解。依据叠氮基所在聚合物主链的结构特征，叠氮含能黏合剂可分为两类：一类是主链结构含醚键的叠氮聚醚黏合剂，常见有：聚叠氮缩水甘油醚（GAP）及其共聚物、聚二叠氮甲基氧丁环（聚 BAMO）及其共聚物、聚 3－叠氮甲基－3－甲基氧丁环聚合物（聚 AMMO）以及 3,3－二叠氮甲基氧丁环－3－硝甲基－3－甲基氧丁环共聚醚（BAMO－NMMO）

等[6]。另一类是主链均为碳原子的叠氮黏合剂，报道有：叠氮化钠与聚氯乙烯反应制备的叠氮聚乙烯、聚氯甲基苯乙烯与叠氮化钠反应合成的叠氮聚苯乙烯。

1.2.4　叠氮聚醚黏合剂的优势

将叠氮基团引入聚合物或有机化合物中作为含能黏合剂和含能增塑剂是固体推进剂技术发展的重要方向之一[12]。其主要原因是叠氮基团的引入赋予这些化合物许多新的特点，从而给固体推进剂性能带来很多变化，主要体现在以下几个方面。

（1）显著提高推进剂能量水平。每摩尔叠氮基团具有 355 kJ·mol⁻¹ 正标准生成热，叠氮黏合剂在无氧条件下即可释放出大量的热值。同时，叠氮基团引入，黏合剂密度也较其他惰性黏合剂显著提高。图 1-3 为含叠氮基黏合剂制成推进剂能量水平与端羟基聚丁二烯推进剂的比较。可以看出，引入—N₃基的叠氮聚醚黏合剂，包括 GAP、BAMO、AMMO 及 BAMO/THF、BAMO/AMMO，能量水平均高于传统 HTPB 推进剂。

（2）有利于降低推进剂燃气特征信号。叠氮聚醚黏合剂与 NG、DEGDN、TEGDN、BTTN 硝酸酯，以及 2,2-二硝基丙醇缩乙醛/2,2-二硝基丙醇缩甲醛（BDNPA/F，代号 A₃）等大多数含能增塑剂相容，使用这些含能增塑剂可减少推进剂配方中氧化剂高氯酸铵含量，推进剂燃气产物中 HCl 的特征信号强度明显下降。

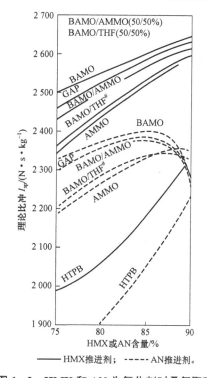

图 1-3　HMX 和 AN 为氧化剂时叠氮聚醚
推进剂与 HTPB 推进剂理论比冲

（3）较低的撞击和摩擦感度。叠氮聚醚黏合剂的撞击感度和摩擦感度都较低，可提高推进剂制造、使用过程的安全程度。以叠氮聚醚黏合剂制备推进剂是研发高能、钝感、低特征信号推进剂的一个重要方向。

（4）叠氮聚醚黏合剂热安定性好，制造工艺简单，原料来源广泛，价格便宜。

上述原因，促使叠氮聚醚推进剂近年来在固体推进剂技术发展中取得显著进展。

1.3　叠氮聚醚黏合剂的种类

依据叠氮聚醚的结构特征，可将其分为叠氮均聚醚、嵌段叠氮共聚醚、无规叠氮共聚醚三大类。

1.3.1　叠氮均聚醚

广泛研究的叠氮均聚醚黏合剂主要包括：聚叠氮缩水甘油醚（Glycidyl azide polymer，GAP）、聚 3,3－双（叠氮甲基）氧杂丁环（PBAMO）、聚 3－甲基－3－叠氮甲基氧杂丁环（PAMMO）、聚 3－叠氮甲基－3－硝基甲基氧杂丁环（PAMNMO）等。

1. GAP

GAP 分子结构式如图 1－4 所示。GAP 预聚物室温下为可流动的黏稠液体，主链为聚醚结构，侧链上含有叠氮甲基，玻璃化转变温度较低，密度高。GAP 具有高的生成热，与硝酸酯增塑剂相容性好，感度较低，不含卤素，制成的推进剂特征信号低，制备所用原材料常见，价格便宜[13-16]。不足之处是：

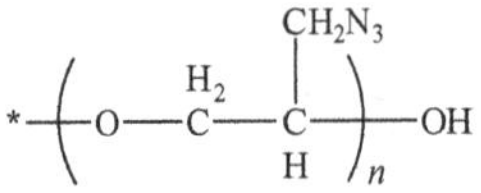

图 1－4　GAP 分子结构式

（1）GAP 侧链叠氮基团的存在使得主链段柔顺性变差，主链段承载原子数少，力学性能不佳。

（2）高相对分子质量的 GAP 制备困难。

（3）直接制备得到的 GAP 端羟基结构为仲羟基，反应活性低，交联网络存在缺陷。

部分 GAP 聚醚性能如表 1－6 所示。

表 1－6　部分 GAP 聚合物物化性能[17,18]

性能	叠氮聚合物		
	双官能度端羟基 GAP	三官能度端羟基 GAP	叠氮基封端 GAP
生成热 H_f/（kJ·g^{-1}）	1.170	1.170	2.299
反应热 H_r/（kJ·g^{-1}）	1.839	1.630	—

性能	叠氮聚合物		
	双官能度端羟基 GAP	二官能度端羟基 GAP	叠氮基封端 GAP
密度/（g·cm⁻³）	1.29	1.29	1.27
外观	轻微淡黄色液体	轻微淡黄色液体	轻微淡黄色液体
玻璃化转变温度 T_g/℃	−45	−45	−69～−56

2. PAMMO

由 3－甲基－3－叠氮甲基氧丁环（AMMO）单体聚合生成的聚3－甲基－3－叠氮甲基氧丁环（PAMMO）室温下为无定形黏稠液体，分子结构式如图1－5 所示。分子量为 2 800～6 700 g·mol⁻¹ 的 PAMMO测得其玻璃化转变温度在−51.5～−45.5 ℃ 范围[19,20]。PAMMO 撞击感度较低，机械性能、热稳定性和低温力学性能优于 GAP。PAMMO 与硝酸酯增塑剂的混溶能力较好，适合作低易损性、低特征信号推进剂的含能黏合剂。PAMMO 是制备含能热塑性弹性体较为理想的软链段成分。不足之处是 PAMMO 聚合物中叠氮基含量少，能量低。PAMMO 黏合剂部分物性见表1－7。

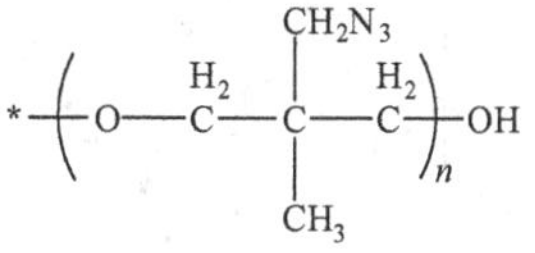

图1－5 PAMMO 分子结构式

表1－7 PAMMO 均聚物性质[21]

性质	数据
数均分子量/（g·mol⁻¹）	3 000～4 000
密度/（g·cm⁻³）	1.06
玻璃化转变温度 T_g/℃	−45
10 MPa 绝热火焰温度/℃	1 283
生成热/（kJ·kg⁻¹）	354.3

3. PBAMO

3,3－二叠氮甲基氧丁环（BAMO）分子结构对称，常温下呈淡黄色的液体。由 BAMO 单体聚合生成的均聚物 PBAMO 黏合剂室温下为结晶的固体，熔点为 76～80 ℃，其无定形态对应的玻璃化转变温度为−28 ℃，分子结构

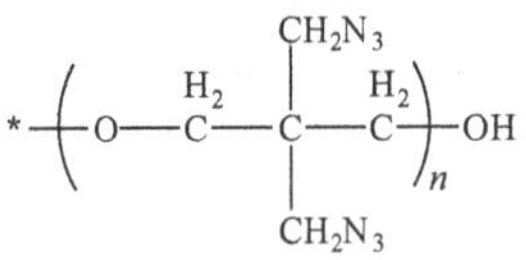

图 1-6 PBAMO 分子结构式

式如图 1-6 所示[22,23]。PBAMO 晶体结构属三斜晶系，P1 空间群，晶胞中只包含一条 PBAMO 分子链，晶胞参数 $a=9.70$ Å（1 Å$=10^{-10}$ m）；$b=5.53$ Å，$c=7.78$ Å，$\alpha=96.96°$，$\beta=93.13°$，$\gamma=92.41°$，晶胞密度为 1.352 g·cm^{-3}，分子链呈现如图 1-7 所示的 -GG-GG- 构象[24]。

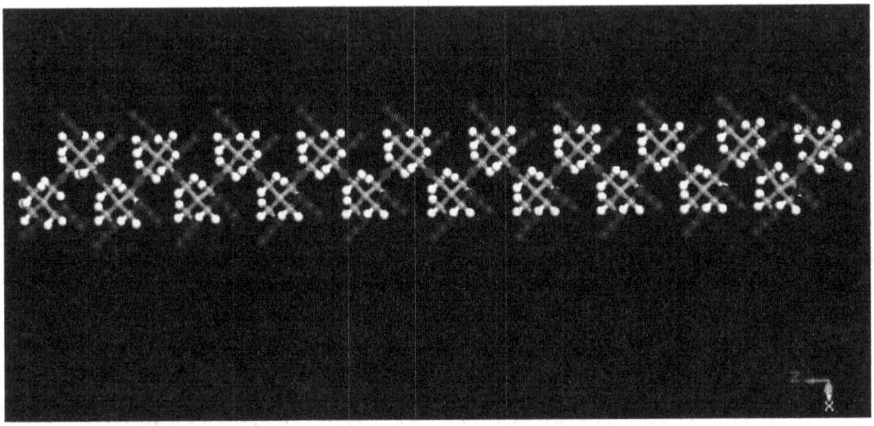

图 1-7 PBAMO 结晶分子链构象（附彩插）

（蓝色—氮原子；红色—氧原子；白色—氢原子；灰色—碳原子）

PBAMO 聚合物结构中叠氮含量较高，绝热燃烧火焰温度高，典型理化性质见表 1-8。PBAMO 不足之处如下：

（1）侧链引入了体积较大且极性较强的叠氮甲基，导致主链承载原子数减少，叠氮甲基的存在削弱了主链的自由旋转，柔顺性变差，力学性能较差。

（2）由于单体分子结构对称，均聚物室温下为固体，作为固体复合推进剂用黏合剂使用时受到限制。

表 1-8 PBAMO 均聚物性质[25]

性质	数据
数均分子量/（g·mol^{-1}）	2 000～3 000
密度/（g·cm^{-3}）	1.35
玻璃化转变温度 T_g/℃	−39
10 MPa 绝热火焰温度/℃	2 020
生成热/（kJ·kg^{-1}）	2 460

4. PAMNMO

PBAMO 虽然能量高，因其单体结构对称，室温下为半结晶态的高分子聚合物。用硝酸酯基取代 PBAMO 中的一个叠氮基生成 3−叠氮甲基−3−硝氧甲基氧杂环丁烷（AMNMO），打破聚合物主链结构的规整性，增加柔韧性，可使得聚 3−叠氮甲基−3−硝氧甲基氧杂环丁烷（PAMNMO）在常温下为液体，可改善推进剂制备工艺。PAMNMO 结构中含有硝酸酯基基团，与硝酸酯增塑剂有良好的物理混溶性。PAMNMO 分子结构式如图 1−8 所示。

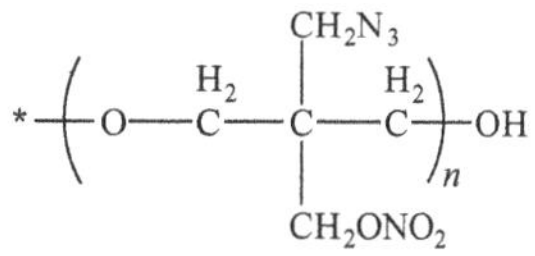

图 1−8　**PAMNMO 分子结构式**

PAMNMO 由于同时带有硝酸酯基、叠氮基两种含能基团，PAMNMO 的热分解焓（1 976 J·g^{-1}）高于 PAMMO（459 J·g^{-1}）和 PBAMO（914 J·g^{-1}），PAMNMO 是一种能量更高的黏合剂。不足之处，是 PAMNMO 均聚物具有较高的摩擦感度和撞击感度。PAMNMO 性能见表 1−9。

表 1−9　**PAMNMO 性能**[26−28]

项目	性能
外观	黄色透明黏性液体
与 NG/BTTN 相溶性	按 Pl:Po 分别为 1:1、2:1、3:1 能形成透明溶液，室温存放下透明，不分层
分子量/（g·mol^{-1}）	3 000～5 000
燃烧热/（J·g^{-1}）	15 895.4
最大热分解温度/℃	213.6
分解焓/（J·g^{-1}）	1 976
摩擦感度/%	96（3.92 MPa，90°摆角）
撞击感度/%	50（5 kg，22 cm 落高）
玻璃化转变温度 T_g/℃	−46.7
PAMNMO/N−100 胶片玻璃化转变温度/℃	−28.17
PAMNMO/N−100/TEGDN 胶片玻璃化转变温度/℃	−71.88（Pl:Po 为 1:1）
PAMNMO/N−100 胶片力学性能（25 ℃）	σ=2.8 MPa，ε≥100%

注：Pl:Po 为增塑比，即增塑剂与高分子预聚物的质量比。

1.3.2 嵌段叠氮共聚醚

均聚物黏合剂通常难以满足固体推进剂用黏合剂所需的全部要求，共聚是将两种或多种化合物在一定条件下聚合成一个分子链的反应，聚合物共聚可以改善加工性、柔性和强度。嵌段共聚是由化学结构不同链段交替聚合而生成的线性共聚物，可将不同聚合物的优良性质结合在一起，有效改善黏合剂的功能、特征，是调节叠氮均聚醚黏合剂性能的一种有效方法。为确保含能黏合剂的能量特性，有关嵌段叠氮聚醚黏合剂研究大多集中于高能 PBAMO 与其他聚合物链段的嵌段聚合。基于相同的聚合机理，常见 PBAMO 嵌段预聚物黏合剂有：BAMO–b–THF、BAMO–b–GAP、BAMO–b–DFAMO 等。

1. BAMO–b–GAP

借鉴 GAP 高能、低玻璃化转变温度、常温下为液态的特点，将 GAP 与 PBAMO 嵌段共聚是制备高能含能黏合剂的一个重要途径[29]。该黏合剂制备的常规方法是：以分子量适当的端羟基聚环氧氯丙烷（PECH）为高分子起始剂，以 $BF_3 \cdot OMe_2$ 为催化剂，对 3,3–二氯甲基氧丁环进行开环聚合，得到 PBCMO–PECH–PBCMO 三嵌段聚合物，然后对预聚物进行叠氮化反应得到 PBAMO–GAP–PBAMO 三嵌段聚合物。该聚合物结晶区熔点为 66 ℃，玻璃化转变温度为–35 ℃，最大放热分解温度为 228 ℃。该聚合物在分子量为 5 000 g·mol⁻¹ 左右即显示出了热塑性弹性体的特点。常温下为固态。

2. BAMO–b–AMMO

AMMO 均聚物室温下为黏稠液体，撞击感度低，热稳定性、低温力学性能均优于 GAP。将 AMMO 与 BAMO 单体先后加料聚合，可得 BAMO–b–AMMO 嵌段共聚醚[30-33]。Manser 等人利用碳阳离子活性中心顺序引发 AMMO 和 BAMO 单体，实现了阳离子活性顺序聚合，得到 BAMO–AMMO–BAMO 三嵌段共聚醚。所得共聚物相对分子质量分布窄，室温下呈现固态，其玻璃化转变温度与 PAMMO 均聚物相接近。BAMO–AMMO–BAMO 共聚物中可观察到 BAMO 嵌段的结晶结构，其结晶形态与热处理历史相关，结晶速度与共聚物中 BAMO 嵌段的含量相关，熔融状态下两嵌段组分完全互溶。

3. BAMO–b–NMMO

含有叠氮基、硝酸酯基和硝胺基的含能单体生成的预聚物具有生成热高、密度大、热稳定性好等优点，它们的成功合成与应用开辟了含能材料领域的新方向，而且为合成新型含能材料提供了重要的分子设计思想。3–硝酸酯甲基–3–甲基氧杂丁环（NMMO）均聚物 PolyNMMO 常温下为淡黄色黏稠液体，不溶于水，可溶于二氯甲烷、三氯甲烷等有机溶剂，玻璃化转变温度为 $-30\,℃$，分解温度为 $187\,℃$，分解热为 $1\,164\,kJ \cdot kg^{-1}$，分解活化能为 $164.4\,kJ \cdot mol^{-1}$。将 P—双（α,α—二甲基氯甲基）苯（p—DCC）与六氟化锑酸银（$AgSbF_6$）预先反应生成碳阳离子活性中心，然后顺序引发 NMMO 和 BAMO，可得到 BAMO—NMMO—BAMO 三嵌段共聚物，共聚物相对分子质量分布窄，体系中存在 BAMO 嵌段结晶结构，其玻璃化转变温度与结晶熔融温度随共聚物结构中 BAMO、NMMO 含量相关，热分解起始温度约为 $200\,℃$[34]。

4. BAMO—b—THF

BAMO 单体具有较高的能量，聚四氢呋喃（PTHF）具有较低的 T_g 和优异的柔韧性，将 BAMO 与 THF 进行嵌段聚合是制备弹性体具有良好力学的又一种方法[35-37]。BAMO—b—THF 嵌段共聚醚可以端羟基聚四氢呋喃为起始剂，$BF_3 \cdot OMe_2$ 为催化剂对 BAMO 单体进行开环聚合，通过控制投料比可得 BAMO、THF 单体摩尔比不同的 PBAMO—PTHF—PBAMO 三嵌段共聚醚。

BAMO—b—THF 嵌段共聚醚中 BAMO 与 THF 摩尔比为 1:1、分子量为 $4\,000\,g \cdot mol^{-1}$ 时，聚合物中可以保持 BAMO 链段的结晶结构，共聚物室温下呈固态，具有良好的力学性能，显示出热塑性弹性体的特征。BAMO 链段结晶态熔点为 $21\,℃$，且随着聚合物分子量增加而上升。BAMO—b—THF 嵌段共聚醚最大热分解峰温为 $241\,℃$，热分解活化能为 $40\,kcal \cdot mol^{-1}$（$1\,cal \approx 4.2\,J$）。

除上述 BAMO 嵌段共聚物之外，基于相同聚合机理，BAMO 还可与 3,3—二（二氟氨甲基）氧丁环（DFAMO）生成共聚物。同样地，由于 BAMO 嵌段结构的结晶性能，BAMO—b—DFAMO 呈现热塑性弹性体的特点，不适于用作制备固体复合推进剂的黏合剂。值得强调的是，二氟氨基预聚物作为黏合剂能够有效地提高推进剂中硼、铝燃烧效率。

1.3.3 无规叠氮共聚醚

BAMO 单体结构对称，链段结晶能力强，将高能 BAMO 链段与其他单体进行嵌段共聚所得共聚物常温下多为固体，聚集态中存在相分离，可作为热塑性弹性体使用，不宜用作浇铸工艺制备固体复合推进剂的黏合剂。无规共聚是协调黏合剂能量性能和结晶性能的一种有效途径。无规共聚是指两种或两种以上的单体单元在聚合物链结构中随机出现，形成高分子共聚物。与嵌段共聚物相比，无规共聚可以打破链段结构的对称性和规整性，使聚合物链段结晶能力降低甚至完全丧失。对于固体复合推进剂用无规叠氮共聚醚黏合剂，常见种类有：3,3—二叠氮甲基氧丁环与 3—叠氮甲基—3—甲基氧丁环无规共聚醚（BAMO-r-AMMO）、3,3-二叠氮甲基氧丁环与 3-硝氧基甲基-3-甲基氧丁环无规共聚醚（BAMO-r-NMMO）、3,3-二叠氮甲基氧丁环与环氧叠氮甲基丙烷无规共聚醚（BAMO-r-GAP）、3,3-二叠氮甲基氧丁环与四氢呋喃无规共聚醚（BAMO-r-THF）等。

1. BAMO-r-GAP

BAMO 单体氮含量为 49.98 wt%，高于 GAP 42.41%，BAMO-r-GAP 黏合剂的能量水平高于 GAP 体系。目前报道，BAMO-r-GAP 无规共聚醚主要采用间接法制备。以 1,4-丁二醇为引发剂、三氟化硼乙醚复配物为催化剂，25 ℃下二氯甲烷溶液中对环氧氯丙烷（ECH）、3,3-二溴甲基氧丁环（BBrMO）进行共聚首先获得环氧氯丙烷-3,3-二溴甲基氧丁环的无规共聚醚（ECH-r-BBrMO），然后 DMSO 溶剂中用叠氮钠对 ECH-r-BBrMO 进行叠氮化可得室温下为无定型、黏稠、淡黄色、半透明液体的叠氮缩水甘油-r-3,3-二叠氮甲基氧丁环无规共聚醚（BAMO-r-GAP）[38,39]。图 1-9 为 BAMO-r-GAP 无规共聚醚的分子结构式。BAMO 含量为 30% 时，BAMO-r-GAP 无规共聚物的玻璃化转变温度为 -57.68 ℃，无结晶熔融峰，常温下为流动液体，有利于固体复合推进剂浇铸工艺。目前报道共聚物的分子量也较低，不利于弹性体力学性能。BAMO-r-GAP 最大热分解峰温约为 245 ℃。该黏合剂的撞击感度和摩擦感度均高于 GAP，尤其是摩擦感度，不利于固体复合推进剂制备过程的捏合工艺。

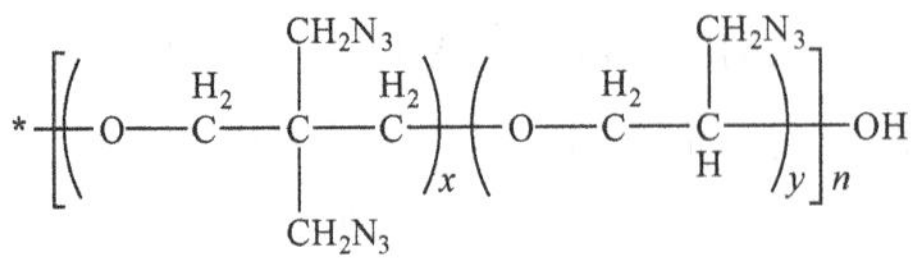

图1-9　BAMO-r-GAP 分子结构式

2. BAMO-r-AMMO

AMMO 单体分子结构与 BAMO 相似，通过选择适当聚合反应条件，可使其单体竞聚率接近，制备得到结构单元呈随机分布的无规共聚物，实现在同一分子链中 AMMO 对 BAMO 结构单元的"内增塑"。以 1,4-丁二醇/三氟化硼乙醚为催化体系，在二氯甲烷溶液中同时加入 BAMO 和 AMMO 单体，通过阳离子开环共聚方法即可得到室温下为淡黄色、黏稠的 BAMO-r-AMMO 无规共聚醚[40,41]。BAMO-r-AMMO 无规共聚醚分子结构式如图 1-10 所示。

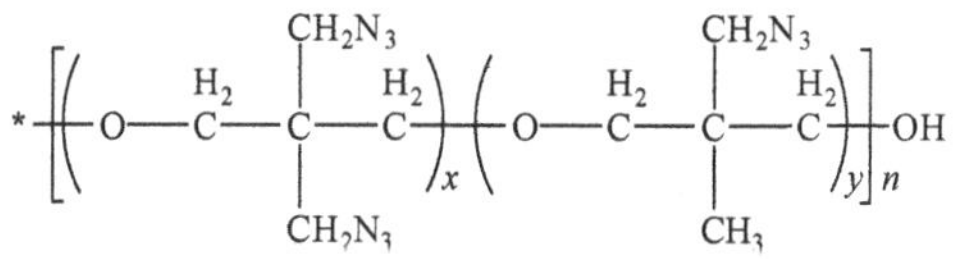

图 1-10　BAMO-r-AMMO 分子结构式

提高共聚物链结构中 AMMO 单体含量可获得黏度更低、T_g 更低的共聚醚。当 AMMO 含量为 50% 时，可以有效抑制 BAMO 链段结晶行为，所得 BAMO-r-AMMO 共聚醚的 T_g 为 -52 ℃，接近于 AMMO 均聚物玻璃化转变温度 -55 ℃。BAMO-r-AMMO 共聚醚可作为固体复合推进剂的黏合剂。BAMO-r-AMMO 共聚醚热分解过程与 PBAMO 相同，表现出与 PBAMO 相似的热分解速率，表明 BAMO 单元活性与 AMMO 相同。据报道，该共聚物分子量在 10 000 g·mol^{-1} 以上时弹性体玻璃化转变温度高、低温力学性能不佳制约了其在固体复合推进剂中的应用[42]。

3. BAMO-r-NMMO

BAMO 与 NMMO 无规共聚醚是针对 PBAMO 均聚物易结晶进行改性研究的又一无规共聚物。与 BAMO-r-AMMO 共聚醚相比，BAMO-r-NMMO 共聚醚链结构上既含有叠氮基团，又具有硝酸酯基团，不仅能保证共聚物的能量性能，而且还可调节氧平衡，可改善与硝酸酯含能增塑剂的混溶性[43]。BAMO 与 NMMO 共聚物典型的合成过程也是通过 BAMO 和 NMMO 阳离子开环共聚实现的。以 1,4-丁二醇/三氟化硼乙醚为催化体系，二氯甲烷为溶剂，0 ℃下对 BAMO、NMMO 进行等摩尔共聚，可得到室温下为亮黄色、透明的黏稠液体 BAMO-r-NMMO 无规共聚醚[44,45]。BAMO-r-NMMO 无规共聚醚分子结构式如图 1-11 所示。

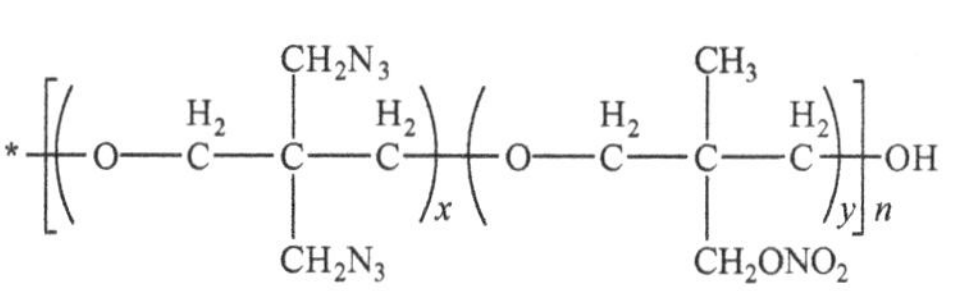

图 1-11　BAMO-r-NMMO 分子结构式

PBAMO 和 PNMMO 的热分解温度分别为 261 ℃ 和 224 ℃，从表 1-10 可以看出，BAMO-r-NMMO 共聚物的 BAMO 链段和 NMMO 链段的热分解温度与其均聚物的基本相同，表明尽管 BAMO 和 NMMO 进行了共聚，但它们在共聚物中热分解是由各自独立的分解特性决定的。BAMO-r-NMMO 共聚物表现出了良好的感度特性。不同投料比对生成共聚物性质的影响见表 1-10。不足之处是交联 BAMO-r-NMMO 弹性体的玻璃化温度较高，低温力学性能不佳。

表 1-10　BAMO－r－NMMO 共聚物性质

样品	M_n（GPC）	M_w/M_n/（GPC）	热分解温度/℃		H_{50}/cm	摩擦感度/N
			BAMO 链段	NMMO 链段		
B/N（8/2）	3 160	1.34	230	257	24	352.8
B/N（7/3）	3 160	1.41	227	255	39	352.8
B/N（6/4）	2 770	1.37	227	254	44	156.8

4. BAMO-r-THF

BAMO-r-AMMO、BAMO-r-NMMO、BAMO-r-GA 等无规共聚醚虽然打破了链段的规整性，抑制了 BAMO 链段的结晶能力，但从单体分子结构来看，由于 BAMO、AMMO、NMMO 和环氧叠氮基丙烷（GA）单体均存在体积较大的侧基基团——叠氮甲基，削弱了链段活动能力，因此 PBAMO-r-AMMO、BAMO-r-NMMO、BAMO-r-GA 等共聚醚均存在玻璃化转变温度高的不足。采用低空间位阻单体是实现 BAMO 共聚醚低玻璃化转变温度的一个有效途径。四氢呋喃（THF）单体开环所得四亚甲基氧结构空间位阻小，同时具有良好的链段柔顺性，聚四氢呋喃（PTHF）玻璃化转变温度为 -76 ℃。将 THF 引入 BAMO 聚合物，随着 THF 含量增加，BAMO-r-THF 物态依次由固态、蜡状、黏稠变为液态。BAMO-r-THF 无规共聚醚分子结构式如图 1-12 所示，其玻璃化转变温度随 THF 单体含量变化趋势如图 1-13 所示。THF 可有效改善分子链柔顺性，减低 BAMO-r-THF 共聚醚玻璃化转变温度，提高其低温力学性能。BAMO-r-THF 共聚醚是目前复合推进剂研究最深入、应用最广泛的含能共聚醚黏合剂[46,47]。

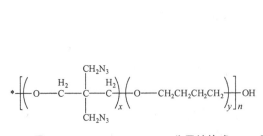

图 1-12　BAMO－r－THF 分子结构式

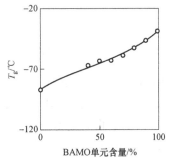

图 1-13　BAMO－r－THF 无规共聚醚中
BAMO 单元含量与其玻璃化转变温度的关系

综上所述，采用含能黏合剂是提升高能固体复合推进剂能量的必然趋势。BAMO-r-THF 无规共聚醚由于良好的综合性能成为含能叠氮黏合剂研究的重点，广泛应用于多种火箭、导弹发动机装药。深入认识 BAMO-r-THF 无规共聚醚黏合剂制备原理、结构性能关系、弹性体固化机理、力学性能影响因素，以及其在高能固体复合推进剂中的应用特性，有助于研制更高性能的高能复合固体推进剂。

参 考 文 献

［1］谭惠民. 固体推进剂化学与技术［M］. 北京：北京理工大学出版社，2015.

［2］CHENG T Z. Review of Novel Energetic Polymers and Binders-high Energy Propellant Ingredients for the New Space Race［J］. Designed Monomers and Polymers，2019，22（1）：54-65.

［3］ZHAI J X，ZHAO H P，GUO X Y，et al. Influence of Temperature on Mechanical Properties of P（BAMO-r-THF）Elastomer［J］. Polymers，2020，12（11）：2507.

［4］CLARENCE G，THOMAS W G，AVERY W A. Bonding of Composite Propellant in Cast-in-Case Rocket Motors［J］. Journal of Spacecraft and Rockets，1966，3（3）：413-418.

［5］庞爱民，黎小平. 固体推进剂技术的创新与发展规律［J］. 含能材料，2015，23（1）：3-6.

［6］CUMMING A. New Directions in Energetic Materials［J］. Journal of Defence Science，1995，1（3）：319-331.

［7］李华昌，符斌. 实用化学手册［M］. 北京：化学工业出版社，2006.

［8］ARBER A，BAGG G，COLCLOUGH E，et al. Novel Energetic Polymers Prepared Using Dinitrogen Pentoxide Chemistry［C］. 21st Int Ann Conf ICT，Karlsruhe，Germany：Fraunhofer Institut fiir Chemische Technologie，1990.

［9］REDECKER K H，HAGEL R. Polynitropolyphenylene，a High-temperature Resistant，Non-crystalline Explosive［J］. Propellants，Explosives，Pyrotechnics，1987，12（6）：196-201.

［10］徐武，王煊军，刘祥萱，等. 含能黏合剂研究的新进展［J］. 火箭推进，2007，33（2）：44-47.

［11］ARCHIBALD T G，MANSER G E，IMMOOS J E. Difluoroamino Oxetanes and Polymers Formed Therefrom for Use in Energetic Formulations：US，5420311. A［P］. 1995.

［12］TALAWAR M B，SIVABALAN R，MUKUNDAN T，et al. Environmentally Compatible Next Generation Green Ener-getic Materials（GEMs）［J］. Journal of Hazardous Materials，2009，161（2/3）：589－607.

［13］FRANKEL M B，GRANT L R，FLANAGAN J E. Historical Development of Glycidyl Azide Polymer［J］. Journal of Propulsion and Power，1992，8（3）：560－563.

［14］MOHAN Y M，RAJU M P，RAJU K M. Synthesis，Spectral and DSC Analysis of Glycidyl Azide Polymers Containing Different Initiating Diol Units［J］. Journal of Applied Polymer Science，2004，93（5）：2157－2163.

［15］LUSBY C A，FERGUSON D C，HUSBAND D M. Friction and Impact Sensitivity of Formulations Containing Glycidyl Azide Polymer［J］. Propellant，Explosives，Pyrotechnics，1995，20（1）：27－31.

［16］RINGUETTE S，DUBOIS C，STOWE R A，et al. Synthesis and Characterization of Deuterated Glycidyl Azide Polymer（GAP）［J］. Propellant，Explosives，Pyrotechnics，2006，31（2）：131－138.

［17］FINCK B，GRAINDORGE H. New Molecules for High Energetic Materials［C］. In 27th Int.Annu.ICT Conf.（Energetic Materials），1996，23.

［18］NAZARE A N，ASTHANA S N，SINGH H J. Glycidyl Azide Polymers（GAP）－An Energetic Component of Advanced Solid Rocket Propellants-a Review［J］. Energetic Materials，1992，10（1）：43－63.

［19］王永寿. AMMO 系聚合物的物理化学特性［J］. 固体火箭技术，1991（3）：87－91.

［20］Wang G，GE Z，LUO Y J. Synthesis and Characterization of Poly（3－azidomethyl－3－methyl Oxetane）by the Azidation of Poly（3－mesyloxymethyl－3－methyl Oxetane）［J］. Propellants，Explosives，Pyrotechnics，2015，40（6）：920－926.

［21］HAKOBU B，NAMINOSUKE K. Energetics of AMMO［J］. Propellants，Explosives，Pyrotechnics，1991，16（2）：68－72.

［22］MAKSIMOWSKI P，KASZTANKIEWICZ A B，KOPACZ W. 3,3－Bis（azidomethyl）Oxetane（BAMO）Synthesis via Pentaerythritol Tosyl Derivates［J］. Propellant，Explosives，Pyrotechnics，2017，42（9）：1020－1026.

[23] 王永寿. BAMO 系聚合物的合成与特性评价 [J]. 固体火箭技术，1992（4）：67－76.

[24] 郭凯. PBAMO 和 PBAMO/GAP 弹性体的合成、表征及应用基础研究 [D]. 北京：北京理工大学，2009.

[25] MIYAZAKI T，KUBOTA N. Energetics of BAMO [J]. Propellants，Explosives，Pyrotechnics，1992，17（1）：5－9.

[26] 雷向阳，冯增国，杨亚明，等. 3－叠氮甲基－3－硝酸酯甲基环氧丁环的聚合反应研究 [J]. 高等学校化学学报，2000，21（6）：965－968.

[27] 雷向阳，冯增国，刘利华，等. 3－叠氮甲基－3－硝酸酯甲基环氧丁环均聚醚合成及性能 [J]. 北京理工大学学报，2000，20（2）：236－240.

[28] 甘孝贤，邱少君，卢先明，等. 3－叠氮甲基－3－硝酸酯甲基氧丁环聚合物的合成及其性能 [J]. 火炸药学报，2003，26（3）：12－15.

[29] PEI J F，ZHAO F Q，LU H L，et al. Compatibility Study of BAMO-GAP Copolymer with Some Energetic Materials [J]. Journal of Thermal Analysis and Calorimetry，2016，124（3）：1301－1307.

[30] 张弛，张向飞，翟滨，等. P（BAMO-r-AMMO）在推进剂中的应用[J]. 火炸药学报，2013，36（4）：61－64.

[31] 赵一搏，罗运军，张弛. BAMO/GAP 无规共聚物/N100/IPDI 体系胶片性能研究 [J]. 含能材料，2013，21（1）：64－67.

[32] SIKDER A K，REDDY S. Review on Energetic Thermoplastic Elastomers（ETPEs）for Military Science [J]. Propellant，Explosives，Pyrotechnics，2013，38（1）：14－28.

[33] GARAEV I K，KOSTOCHKO A V，PETROV A I，et al. Synthesis of Azidooxetane Statistical Polymers and Copolymers [J]. Russian Journal of General Chemistry，2016，86（6）：1459－1468.

[34] Talukder M A H，Lindsay G A. Synthesis and the Preliminary-analysis of Block Copolymers of 3,3'－bis（azidomethyl）-oxetane and 3－nitratomethyl－3'－methyloxetane [J]. Journal of Polymer Science Part a-polymer Chemistry，1990，28（9）：2393－2401.

[35] HSIUE G H，LIU Y L，CHIU Y S. Triblock Copolymers Based on Cyclic Ethers：Preparation and Properties of Tetrahydrofuran and 3,3－bis（azidomethyl）Oxetane Triblock Copolymers [J]. Journal of Polymer Science：Part A Polymer Chemistry，1994，32（11）：2155－2159.

[36] NAIR J K，SATPUTE R S，POLKE B G，et al. Synthesis and

Characterisation of Bis-azido Methyl Oxetane and its Polymer and Copolymer with Tetrahydrofuran[J]. Defence Science Journal, 2002, 52（2）: 147−156.

[37] HSIUE G H, LIU Y L, CHIU Y S. Tetrahydrofuran and 3,3−bis（Chloromethyl）Oxetane Triblock Copolymers Synthesized by Two-End Living Cationic Polymerization [J]. Journal of Polymer Science: Part A Polymer Chemistry, 1993, 31 （13）: 3371−3375.

[38] 赵一搏, 罗运军, 李晓萌. BAMO/GAP 无规共聚物的合成与表征[J]. 高分子材料科学与工程, 2012, 28 （9）: 1−4.

[39] KAWAMOTO A M, HOLANDA J A S, BARBIERI U, et al. Synthesis and Characterization of Glycidyl Azide−r−（3,3−bis（azidomethyl）Oxetane）Copolymers [J]. Propellants Explosives Pyrotechnics, 2008, 33 （5）: 365−372.

[40] 张弛, 李杰, 罗运军, 等. 3,3−双叠氮甲基环氧丁环−3−叠氮甲基−3−甲基环氧丁环无规共聚物的合成与结构表征[J]. 高等学校化学学报, 2011, 32 （11）: 2685−2690.

[41] 张弛, 李杰, 罗运军, 等. BAMO−AMMO 黏合剂胶片的制备与性能[J]. 高分子材料科学与工程, 2012, 28 （9）: 120−123.

[42] 宋秀铎, 曹鹏, 郑伟, 等. BAMO−AMMO 黏合剂相对分子质量对推进剂力学性能的影响 [J]. 中国胶黏剂, 2017, 26 （8）: 427−429.

[43] 屈红翔, 冯增国, 于永忠, 等. 3,3−双（叠氮甲基）环氧丁环与 3−硝酸甲酯基−3−甲基环氧丁环共聚醚的合成及性能研究[J]. 高分子学报, 1999, 1 （4）: 486−489.

[44] KIMURA E, OYUMI Y, KAWASAKI H, et al. Characterization of BAMO/NMMO Copolymers [J]. Propellants, Explosives, Pyrotechnics, 1994, 19 （5）: 270−275.

[45] KAWASAKI H, ANAN T, KIMURA E, et al. BAMO/NMMO Copolymer with Polyester Initiation [J]. Propellants, Explosives, Pyrotechnics, 1997, 22 （2）: 87−92.

[46] 屈红翔, 冯增国, 谭惠民, 等. 3.3−双（叠氮甲基）环氧丁环−四氢呋喃共聚醚的合成及其链结构分析 [J]. 高分子学报, 1997（5）: 615−619.

[47] 屈红翔, 冯增国, 于永忠. 3,3−双（叠氮甲基）氧杂环丁烷/四氢呋喃共聚醚的合成 [J]. 火炸药学报, 1998（2）: 10−12.

第 2 章
BAMO－r－THF 共聚醚制备与特性

3,3－二叠氮甲基氧丁环（BAMO）与四氢呋喃（THF）无规共聚醚（BAMO－r－THF）的分子链结构中，BAMO 单体单元与 THF 单体单元出现位置随机，打破了聚合物链段结构的对称性和规整性，链段结晶能力下降，甚至完全消失，提高了聚合物分子链段的柔顺性，改善了其低温力学性能。BAMO－r－THF 既有高能特征，又有低特征信号、低易损、力学性能良好等优势，是目前工业上广泛应用的含能黏合剂之一。本章介绍 BAMO－r－THF 共聚醚的制备、链段结构及聚集态等特征。

2.1　BAMO 共聚醚

2.1.1　BAMO 共聚速率方程

3,3－二叠氮甲基氧丁环（BAMO）与另一种单体进行开环共聚时，由于两种单体化学结构不同，反应活性存在差异，导致生成共聚醚的组成单元比与单体投料比不一致；其次，开环共聚过程中，先后生成的共聚醚的组成单元比也不相同，共聚后期有时甚至生成某单体的均聚物，即 BAMO 与另一单体开环共聚生成共聚醚的组成随单体转化率的变化而改变。因此，需考虑 BAMO 与另一种单体共聚时共聚醚结构中组成分布和平均组成变化的问题。当 BAMO 与反应性相近的另一单体开环共聚时，所得共聚醚为无规共聚醚，即理想共聚醚；若与另一种单体的反应性不匹配，则共聚时可能会生成嵌段共聚醚或两种均聚醚的混合物。上述问题与开环共聚过程中共聚醚的瞬时组成、共聚产物的平均组成、序列分布结果相关。

BAMO 与另一单体进行开环共聚时，其共聚机理与两单体相应的均聚机理通常相同，不同之处仅在于链增长过程中，链增长活性中心随机变化。这样，基于 BAMO 单体与另一单体开环共聚时的反应动力学或链增长概率，可导出描述共聚醚组成与单体原料组成间的关系，即 BAMO 共聚醚的组成方程。

单体竞聚率可反映共聚醚链增长过程中单体进入聚合物链结构的概率，从而依据竞聚率得到共聚反应过程中生成共聚醚组分的变化情况[1]。利用共聚反应动力学推导共聚醚方程时，进行以下假设：

（1）聚合过程中，共聚醚活性增长端与共聚醚链的长短无关。

（2）共聚醚链结构对活性增长端的活性无影响，即活性增长端的活性仅依赖于其末端单元结构。

（3）共聚过程无解聚反应，共聚过程为不可逆聚合。

（4）共聚醚聚合度大，共聚反应的起始和终止对共聚醚组成几乎无影响。

BAMO 与另一单体进行无规共聚时，可通过以下四种途径实现聚醚链增长，其相应反应方程式及反应速率表达式如式（2-1）所示：

$$
\begin{cases}
\quad\quad 聚合反应 \quad\quad\quad\quad 聚合反应速率 \\
M_1' + M_1 \xrightarrow{\,k_{11}\,} M_1' \quad\quad k_{11}[M_1'] \cdot [M_1] \\
M_1' + M_2 \xrightarrow{\,k_{12}\,} M_2' \quad\quad k_{12}[M_1'] \cdot [M_2] \\
M_2' + M_1 \xrightarrow{\,k_{21}\,} M_1' \quad\quad k_{21}[M_2'] \cdot [M_1] \\
M_2' + M_2 \xrightarrow{\,k_{22}\,} M_2' \quad\quad k_{22}[M_2'] \cdot [M_2]
\end{cases}
\quad (2-1)
$$

式中，M_1、M_2 分别表示 BAMO 单体和与其发生共聚反应的另一单体，M_1' 和 M_2' 为其相应的活性增长端，k_{11}、k_{12}、k_{21} 和 k_{22} 分别对应其聚合过程中相应的反应速率常数，$[M_1]$、$[M_1']$、$[M_2]$、$[M_2']$ 分别表示 BAMO 单体、BAMO 活性增长端、另一单体、另一单体增长端的浓度。在连续聚合过程中，当两种单体共聚达到稳态时，$[M_1']$ 和 $[M_2']$ 浓度保持不变，即 BAMO 与另一单体共聚反应中，活性端 M_1' 转换成 M_2' 的速率等于 M_2' 转换成 M_1' 的速率。上述共聚反应过程必然存在等式（2-2）关系：

$$k_{21}[M_2'][M_1] = k_{12}[M_1'][M_2] \quad (2-2)$$

相应地，共聚过程中两种单体进入共聚醚链结构的摩尔速率，或者说两种单体摩尔浓度的减少速率可表示为：

$$\frac{-d[M_1]}{dt} = k_{11}[M_1'][M_1] + k_{21}[M_2'][M_1]$$

$$\frac{-d[M_2]}{dt} = k_{12}[M_1'][M_2] + k_{22}[M_2'][M_2] \quad (2-3)$$

依据竞聚率的定义（共聚物活性端进行均聚（自身）增长和共聚（交叉）增长的反应速率常数之比），则 BAMO 与另一单体的竞聚率 R_1、R_2 可分别表示为：

$$R_1 = k_{11} / k_{12}$$

$$R_2 = k_{22} / k_{21} \qquad (2-4)$$

结合式（2－2）、式（2－3）和式（2－4），在任意时刻这两种单体进入共聚醚高分子链结构中的摩尔速率之比为：

$$\frac{\mathrm{d}[M_1]}{\mathrm{d}[M_2]} = \frac{[M_1]}{[M_2]} \cdot \frac{R_1[M_1]+[M_2]}{R_2[M_2]+[M_1]} \qquad (2-5)$$

式（2－5）是用 BAMO 与另一单体的摩尔比或浓度比来描述 BAMO 共聚醚链结构中瞬时组成变化与单体组成间的定量关系的。竞聚率 R_1、R_2 是影响该定量关系的重要参数。式（2－5）成立的前提是共聚过程中聚合机理保持不变，若共聚机理发生改变，上述理论不再成立。

2.1.2 BAMO 共聚类型

根据竞聚率大小，BAMO 二元共聚醚产物可分为以下 5 种。

1. 理想共聚醚（ $R_1 = 1/R_2$ ）

BAMO 与另一种单体共聚时，若其高分子共聚醚活性增长端 M_1' 和 M_2' 相互转换倾向相同，即 $k_{11}/k_{12} = k_{21}/k_{22}$ 或 $R_1 = 1/R_2$，两者竞聚率相同，这种情况下每种单体在共聚醚链结构上出现的位置呈理想无规分布，每种单体在共聚醚分子链中的含量仅取决于投料时单体的浓度比。那么，这两种单体共聚时将得到理想无规共聚醚。这种情况下，方程式（2－5）可简化为：

$$\frac{\mathrm{d}[M_1]}{\mathrm{d}[M_2]} = R_1 \frac{[M_1]}{[M_2]} \qquad (2-6)$$

2. 交替共聚醚（ $R_1 = R_2 = 0$ ）

BAMO 与另一种单体共聚时竞聚率 $R_1 = R_2 = 0$，即每种单体优先与其他单体进行聚合反应，这种情况将生成 BAMO 交替共聚醚，所得共聚醚的化学组成与投料比无关。BAMO 共聚醚组成微分方程式（2－5）可简化为：

$$\frac{\mathrm{d}[M_1]}{\mathrm{d}[M_2]} = 1 \qquad (2-7)$$

3. 有恒比点的非理想共聚醚（ $R_1 < 1$，$R_2 < 1$ ）

当 $R_1 < 1$、$R_2 < 1$ 的两种单体共聚时，在某单体浓度比下，共聚物组成与单体组成相同，该浓度比称为恒比点。若 $R_1 = R_2 < 1$，此时恒比点为 0.5。

4. 非理想共聚醚（ $R_1 > 1$，$R_2 < 1$；$R_1 R_2 < 1$ ）

当 $R_1 > 1$、$R_2 < 1$，而 $R_1 R_2 < 1$ 时，两种单体共聚所得聚合物几乎是两种均聚醚的混合物。

5. 嵌段共聚醚（$R_1>1$，$R_2>1$）

当 $R_1>1$、$R_2>1$ 时，则 M_1' 和 M_2' 优先与其相同的单体反应，根据 R_1 和 R_2 值的大小可生成嵌段共聚醚、均聚醚混合物或仅一种均聚醚。

2.1.3 BAMO 共聚竞聚率测定

1. 测定原理

竞聚率是控制共聚醚链化学组成的重要参数。求取竞聚率，首先要测定几个不同配料比下反应所得共聚物或残留单体的组成。根据共聚醚链中的特征基团或元素，选用特定的分析方法进行测定；反应中的残留单体可采用气相色谱方法进行测定[2]。

采用画图法，根据共聚醚组成微分方程式（2-5）求解单体竞聚率 R_1 和 R_2 是常用方法之一。设 x 和 y 分别是聚合反应体系中单体浓度之比和单体浓度消耗速率之比，其表达式如式（2-8）所示：

$$[M_1]/[M_2]=x$$
$$d[M_1]/d[M_2]=y \qquad (2-8)$$

则方程式（2-5）可改写为：

$$y=\frac{R_1 x+1}{R_2+x}x \qquad (2-9)$$

令

$$G=\frac{x(y-1)}{y}$$
$$F=\frac{x^2}{y} \qquad (2-10)$$

方程式（2-9）可转化成线性表达式：

$$G=R_1 F-R_2 \quad 或 \quad \frac{G}{F}=-R_2\frac{1}{F}+R_1 \qquad (2-11)$$

方程式（2-11）可进一步变形为：

$$\frac{G}{\alpha+F}=\left(R_1+\frac{R_2}{\alpha}\right)\frac{F}{\alpha+F}-\frac{R_2}{\alpha} \qquad (2-12)$$

式中，α 为大于零的任意一个常数。

继续定义两个新变量 η 和 ξ，其分别为：

$$\eta=\frac{G}{\alpha+F}，\quad \xi=\frac{F}{\alpha+F} \qquad (2-13)$$

则式（2–12）变为：

$$\eta = R_1\xi - \frac{R_2}{\alpha}(1-\xi) \tag{2–14}$$

ξ 只能在（0，1）区间取一个正值。根据实验数据绘制 η–ξ 直线，外推直线至 $\xi=0$，依据截距和斜率分别求取 $-R_2/\alpha$ 和 R_1。α 为区间（0，1）间均匀分布数据，可如下选取 α 值：

$$\alpha = \sqrt{F_M \cdot F_m} \tag{2–15}$$

式中，F_M 是函数 F 的最大值，F_m 是函数 F 的最小值。

2. 测定方法

将称量好的单体、溶剂和二元醇起始剂加入反应容器中，通过磁力搅拌器搅拌。升温至理想温度后，加入称量好的三氟化硼醚化物催化剂，开始开环聚合。达到一定转化率时（15%～50%），用注射器抽取样品（1 mL），将其放入预先称重 2 mL 容量瓶中，记录该样品重量。然后向容量瓶中加入一定量内标物（壬烷、甲苯等），用含水的二氯甲烷将容量瓶中的液体补至刻度线，终止聚合反应。通过气相色谱确定聚合样品中残留单体量。由此可以获得[M₁]、[M₂]、d[M₁]和 d[M₂]，得到 η–ξ 图和竞聚率。

通过上述方法，图 2–1 给出了 BAMO/AMMO 共聚时瞬时的 η–ξ 图，由

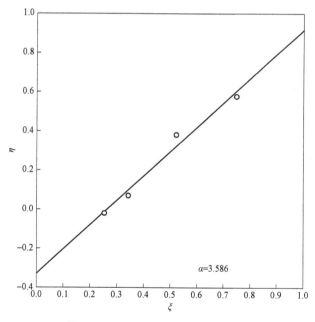

图 2–1　BAMO/AMMO 的 η–ξ 图

式（2-14）即可求取其竞聚率。室温条件下，基于阳离子开环聚合的部分环氧丁环单体对的竞聚率见表 2-1。需要特别强调的是，单体竞聚率测定结果与实验条件紧密相关。

表 2-1　室温条件下典型单体对共聚竞聚率[3]

单体对	R_1	R_2	单体对	R_1	R_2
BAMO/AMMO	0.92±0.15	1.18±0.24	NMMO/MNAMMO	0.12±0.10	2.49±1.04
BAMO/THF	1.73±0.24	0.44±0.17	OMMO/BMMO	1.23±0.28	0.74±0.11
BAMO/BNMO	2.97±0.29	0.17±0.08	OMMO/THF	21.69±0.28	0.05±0.10
BAMO/NMMO	2.55±0.72	1.63±0.92	AMMO/NOMMO	2.64±0.50	0.48±0.18
BAMO/AZOX	1.62±0.35	0.47±0.07	AMMO/MNAMMO	0.65±0.29	2.91±1.04
NMMO/AMMO	0.35±0.10	2.73±0.24	BMMO/BEMO	0.81±0.06	1.26±0.09
NMMO/NOMMO	0.96±0.12	1.24±0.12	BMMO/MNAMMO	1.43±0.26	0.98±0.17
NMMO/BNMO	10.87±5.68	0.26±0.16	BEMO/OX	1.21±0.19	0.76±0.08

注：BEMO：3,3-双（乙氧基甲基）氧杂丁环；AMMO：3-叠氮甲基-3-甲基氧杂丁环；OX：氧杂丁环；NMMO：3-硝酸酯基甲基-3-甲基氧杂丁环；BMMO：3,3-二（甲氧基甲基）氧杂丁环；BAMO：3,3-二（叠氮甲基）氧丁环；OMMO：3-辛氧基甲基-3-甲基氧杂丁环；BNMO：3,3-二（硝酸酯甲基）氧杂丁环；THF：四氢呋喃；NOMMO：3-硝甲基-3-甲基氧杂丁环；MNAMMO：3-甲基硝胺基甲基-3-甲基氧杂丁环；AZOX：3-叠氮基氧杂丁环。

2.1.4　BAMO-r-THF 制备

3,3-二叠氮甲基氧丁环（BAMO）与四氢呋喃（THF）无规共聚反应方程式如式（2-16）所示。Manser 详细研究了 BAMO 与 THF 本体聚合、溶液聚合对聚合产物分子结构的影响[4-8]。

$$（2-16）$$

1. 本体聚合

第一种方法：-5 ℃下，将起始剂 1,4-丁二醇（1,4-BDO）与催化剂 $BF_3 \cdot OEt_2$ 溶解在 THF 溶剂中制成溶液，然后 15 min 内将 BAMO 单体滴加到起始剂中。加料结束 1 h 内 BAMO、THF 单体迅速减少，随后 THF 消耗速率下降；5 h 后 75% 的 BAMO 和 55% 的 THF 发生聚合，20 h 后 BAMO 聚合转化率达到稳定状态的 98%，而 THF 聚合转化率则在 38 h 后才达到稳定状态的 85%。按剩余单体量计算，最终聚醚聚合物中 BAMO 含量为 56%，THF 为 44%。由于 BAMO 和 THF 单体活性不同，共聚单体在聚合物链上分布不均匀，聚合物链结构中间 BAMO 单元居多，两端 THF 居多。

第二种方法：为了获得高无规度的 BAMO-r-THF 共聚醚，Manser 仍先将起始剂 1,4-BDO 与 BF$_3$·OEt$_2$ 催化剂溶解在 -5 ℃ 的 THF 中，然后将 BAMO 单体在 42 h 的全部聚合期间内均匀滴加完毕。这种情况下，滴加 3 h 后 BAMO 单体在混合溶液中才能达到足够浓度参与聚合反应，而此时 30% 的 THF 单体已经聚合。不过，一旦 BAMO 开始聚合，两种单体消耗速率即为 1:1，这种消耗速率将持续 23 h。随后，由于 THF 单体含量较少，BAMO 单体聚合占优势。45 h 后达到平衡状态，整个过程 87% 的 THF 和 96% 的 BAMO 参与聚合反应。采用这种加料方式，在聚合的大部分过程中 THF 过量，聚合体系的黏度相对较低，直到最后 2 h 黏度才会明显上升。

第三种方法：将 BAMO、THF、1,4-BDO 和 BF$_3$·OEt$_2$ 同时加入，-5 ℃ 下搅拌 30 min，然后停止搅拌，聚合 40 h，可得到较理想的无规共聚物。该方法可解决搅拌困难的问题，被认为是适于放大的聚合方法。

2. 溶液聚合

溶液聚合可降低聚合体系黏度。在目前报道的溶液聚合中，溶剂有利于 BAMO 单体聚合，不利于 THF 聚合。例如，室温下 THF 本体聚合时转化率可达 90%，而相同温度下在 60% 的 CH$_2$Cl$_2$ 溶液中 THF 转化率仅有 27%。Manser 以 CH$_3$NO$_2$ 作溶剂进行 BAMO 与 THF 共聚时发现，24 h 后 BAMO 转化率达到 98%，THF 仅为 52%。由于阳离子聚合时对许多杂质较敏感，使用溶液聚合不仅加大了实验工作量，而且使聚醚制备成本提高，在不考虑聚合反应热的前提下，应选择本体聚合。

目前，BAMO-r-THF 通用制备方法为：向经 N$_2$ 置换过的 250 mL（或 3 L）三口烧瓶中依次加入计量好的起始剂、THF 单体和路易斯酸催化剂，并将三口烧瓶放在冰浴中搅拌、冷却，预反应 30 min 后开始滴加单体 BAMO，滴加过程中控制滴加速度和滴加时间，滴加完毕后再反应 48 h。然后，加入计量好的水终止反应，再加入稍高于化学计量的氨水中和酸性催化剂。搅拌 10 min 后将反应聚合物用适量 CH$_2$Cl$_2$ 稀释，并用等体积水洗涤至中性；减压脱除溶剂 CH$_2$Cl$_2$，再加入等体积甲醇萃取数次，最后减压、旋转得到 BAMO-r-THF 共聚醚产物。

2.2 BAMO–r–THF 结构表征

2.2.1 FT–IR 特征谱图

室温下，采用装配有衰减全反射（ATR）和 OMNI 采样器的 Nicolet FT–IR–6700 型傅里叶变换红外光谱仪对 BAMO–r–THF 共聚醚进行测定，扫描次数为 32 次，分辨率为 4 cm^{-1}。图 2–2 为其红外光谱测试结果。可以看出，BAMO–r–THF 共聚醚的特征基团吸收峰有：3 300～3 500 cm^{-1} 处较宽的共聚醚端羟基红外吸收峰，2 860～2 940 cm^{-1} 处共聚醚链结构中亚甲基上 C—H 红外振动吸收峰，2 100 cm^{-1} 处叠氮基—N$_3$ 的红外振动吸收峰，1 300 cm^{-1} 处 C—N 振动吸收峰，1 100 cm^{-1} 处醚键 C—O—C 的振动吸收峰[9]。其中，2 100 cm^{-1} 处的叠氮基振动吸收峰尤为显著，是红外鉴定 BAMO–r–THF 共聚醚的一个重要判据。

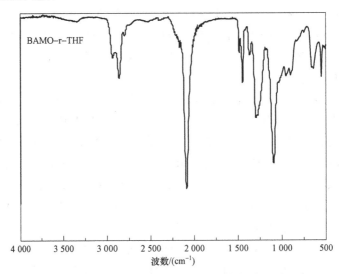

图 2–2 BAMO–r–THF 共聚醚红外谱图

2.2.2 分子量测定

采用凝胶渗透色谱（GPC）可测定 BAMO–r–THF 共聚醚的分子量。测试方法如下：将 BAMO–r–THF 共聚醚配置成浓度为 0.1 mg·mL^{-1} 的 THF 溶液，以聚苯乙烯作标样，THF 为流动相[10]。不同四批次 BAMO–r–THF 共聚醚预聚物 GPC 流出曲线如图 2-3 所示。

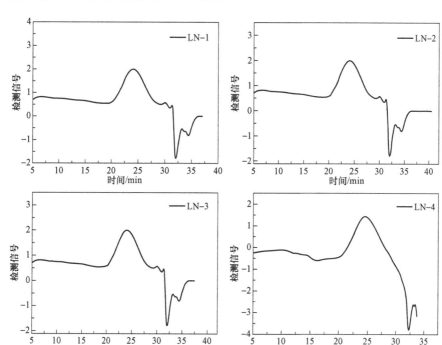

图 2-3　BAMO-r-THF 共聚醚 GPC 曲线

图 2-3 中四批次 BAMO-r-THF 共聚醚的 GPC 测试数据结果如表 2-2 所示。可以看出，LN-1、LN-2 和 LN-3 批次 BAMO-r-THF 共聚醚的数均分子量分别为 8 731 g·mol⁻¹、8 566 g·mol⁻¹ 和 8 548 g·mol⁻¹，分子量多分散性指数为 2.03、2.04 和 2.06，三个批次指标较为接近，表明制备工艺重现性好。编号为 LN-4 的 BAMO-r-THF 共聚醚数均分子量为 7 183 g·mol⁻¹，多分散性指数为 2.64，表明该批次产品与前三批次制备工艺存在差异。以 THF 为溶剂，利用 GPC 测试方法可有效判别 BAMO-r-THF 共聚醚的分子量大小及分布情况。

表 2-2　BAMO-r-THF 共聚醚 GPC 测定结果

样品名	M_n	M_w	多分散性指数
LN-1	8 731	17 723	2.03
LN-2	8 566	17 474	2.04
LN-3	8 548	17 608	2.06
LN-4	7 183	18 963	2.64

2.2.3　单元组成

1. ¹H‑NMR 共振峰指认

共聚物高分子链结构中，不同单元摩尔比不同，所得聚合物性能也不同；掌握组成单元摩尔比是分析共聚物性能的主要参数之一。核磁共振法（NMR）是测定共聚物组成单元摩尔比的有效手段之一。对于 BAMO‑r‑THF 共聚醚，借助聚四氢呋喃（PTHF）、聚 3,3‑二叠氮甲基氧杂环丁烷（PBAMO）的核磁氢谱（¹H‑NMR），结合二维核磁共振谱可对共聚醚氢原子吸收峰化学位移进行确认[11]。

图 2‑4 给出了 PTHF、PBAMO 及 BAMO‑r‑THF 共聚醚的 ¹H‑NMR 谱图。PTHF 链结构中存在两种化学环境不同的氢原子，即与氧原子相连亚甲基上的氢原子（—OCH₂—），以及位于 THF 单元中间位置亚甲基上的氢原子。由于高电负性氧原子的拉电子、去屏蔽效应，使得与其相连亚甲基上的 H 原子向低场方向移动。由此可知，对于 PTHF 的 ¹H‑NMR 谱图，化学位移为 1.61 ppm① 处的共振峰归属于 THF 单元结构、中间亚甲基上的氢原子；3.4 ppm 处的共振峰归属于—OCH₂—结构上的氢原子。

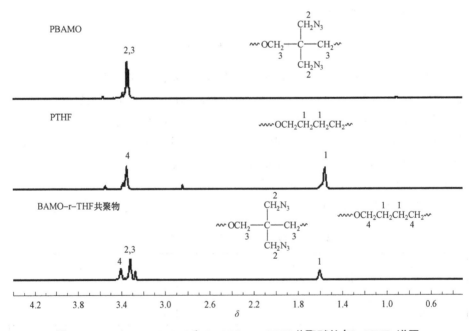

图 2‑4　PBAMO、PTHF 和 BAMO‑r‑THF 共聚醚的 ¹H‑NMR 谱图

注：① ppm 表示百万分之一。

对于 PBAMO 聚合物，由于氮原子和氧原子均具有拉电子效应，因此 PBAMO 均聚物结构中叠氮甲基以及与氧相连亚甲基上的氢原子共振吸收峰均向低场方向移动，两种化学环境的氢原子均在大约 3.3 ppm 处出现共振峰，两共振峰化学位移相互靠近。对于 BAMO-r-THF 共聚醚 ^{1}H-NMR 谱图，分别在化学位移为 1.6 ppm、3.27 ppm、3.35 ppm 和 3.41 ppm 处出现共振吸收峰。对照 PTHF 共振谱图，除 1.6 ppm 处共振吸收峰归属明确、属于 THF 单元结构中间亚甲基上的氢原子外，—OCH$_2$—结构上氢原子的共振吸收峰较难直接指认。

利用核磁共振 ^{3}J 耦合信息、通过 H,H-COSY 同核化学位移相关谱，确认 BAMO-r-THF 高分子链 THF 结构中、—OCH$_2$—氢原子的化学位移。图 2-5 是 BAMO-r-THF 共聚醚的 H,H-COSY 谱图。可以看出，化学位移为 1.61 ppm、THF 单元亚甲基上氢原子的核磁共振峰与 3.41 ppm 处的共振峰具有较强的耦合作用，表明 3.41 ppm 处的共振峰源于 THF 单元、—OCH$_2$—结构中的氢原子。3.27 ppm、3.35 ppm 处的共振峰则源于 BAMO 单元上的氢原子。

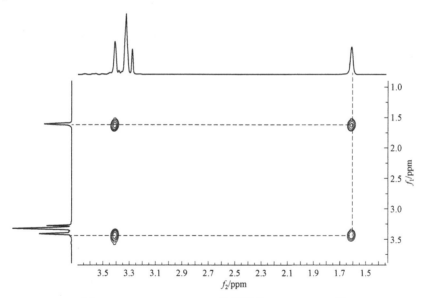

图 2-5　BAMO-r-THF 共聚醚的 H,H-COSY 谱

2. 单元组成计算

^{1}H-NMR 各峰组面积积分数值和它们之间的氢原子数目成正比。鉴于 BAMO-r-THF 共聚醚 ^{1}H-NMR 谱图中，1.61 ppm、3.41 ppm 处共振峰归属于 THF 单元中的氢原子；3.27 ppm、3.35 ppm 处共振峰归属于 BAMO 单元的

氢原子。分别将图 2-5 中 BAMO-r-THF 共聚醚在 1.61 ppm、3.27～3.35 ppm、3.41 ppm 处的共振峰依次进行积分，所得积分结果如表 2-3 所示。

表 2-3　BAMO-r-THF 共聚醚氢原子化学位移及峰面积

δH_1（峰面积）	δH_2，δH_3（峰面积）	δH_4（峰面积）
1.61（1.00）	3.27～3.35（2.36）	3.41（1.02）

　　BAMO-r-THF 共聚醚中，由于 THF 单元中的两个亚甲基与氧原子相连，另两个与氧原子不相连，两种亚甲基的数目比为 1:1，因此分别对应 3.41 ppm、1.61 ppm 共振峰的积分面积比为 1.02:1.00≈1:1；而 3.27～3.35 ppm 处对应 BAMO 单元氢原子共振峰的积分面积为 2.36。由于 BAMO 与 THF 单元的氢原子数目相同，依据式（2-17），可得该共聚醚中 BAMO 与 THF 结构单元的摩尔比为 1:1.17。

$$n_{BAMO} : n_{THF} = \delta_{3.27\sim3.35} : (\delta_{1.61} + \delta_{3.41}) \qquad (2-17)$$

式中，$n_{BAMO} : n_{THF}$ 表示 BAMO-r-THF 共聚醚中 BAMO 与 THF 结构单元的摩尔比；$\delta_{3.27\sim3.35}$ 表示 BAMO-r-THF 共聚醚 ^{1}H-NMR 谱图中，在 3.27～3.35 ppm 处共振峰的积分面积；$\delta_{1.61}$、$\delta_{3.41}$ 分别表示在 1.61 ppm 和 3.41 ppm 处共振峰的积分面积。需要强调的是，由于实际测试每次条件的差异，BAMO-r-THF 共聚醚 ^{1}H-NMR 谱中各氢原子对应共振峰的化学位移有所偏移，但各共振峰次序对应氢原子的化学环境不变。

　　例：某 BAMO-r-THF 共聚醚的 ^{1}H-NMR 谱图如图 2-6 所示，对其共振峰面积积分表明，化学位移为 1.61 ppm 处与 3.41 ppm 处共振峰的面积积分

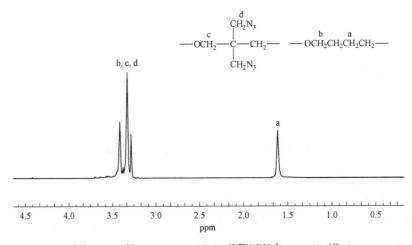

图 2-6　某 BAMO-r-THF 共聚醚的 ^{1}H-NMR 谱

相等，均为 1.0；3.27～3.35 ppm 处共振峰的面积积分为 2.30，试求该共聚醚中 BAMO 与 THF 结构单元的摩尔比。

将各共振峰积分面积数值代入式（2－15），得到：

$$n_{BAMO} : n_{THF} = 2.30 : (1+1) = 1.15 : 1$$

该 BAMO－r－THF 共聚醚中，BAMO 与 THF 结构单元的摩尔比为 1.15:1，接近于等摩尔共聚。

2.2.4　链段序列结构

BAMO－r－THF 共聚醚物化性能不仅与其组成结构单元相关，还取决于结构单元在共聚醚分子链中的键接序列结构，建立 BAMO－r－THF 共聚醚链段序列结构表征方法具有重要理论意义和实用价值。共聚物链段序列结构属于聚合物的精细结构，采用核磁共振方法分析聚合物链段序列结构时，需采用高分辨核磁共振波谱仪进行测试[12]。针对 BAMO－r－THF 共聚醚，单体单元键接序列结构的变化直接关系到相应碳原子的化学环境，本节采用 Bruker 600 MHz NMR 波谱仪对共聚醚进行 ^{13}C－NMR 表征，说明 BAMO－r－THF 共聚醚序列结构的检测、分析方法。

1. ^{13}C－NMR 共振峰指认

^{13}C 在自然界中丰度低，为获得显著的 ^{13}C－NMR 共振信号，将 BAMO－r－THF 共聚醚配制成浓度为 15～20 mg·ml^{-1} 的氘代氯仿溶液。室温下进行 ^{13}C－NMR 扫描，反转门控去耦，谱宽为 20 kHz，90°脉冲；脉冲周期为 25 s，确保所有碳原子在每次脉冲周期内完全弛豫；化学位移参照四甲基硅烷，单位为 ppm。

图 2－7 是 PTHF、PBAMO 及 BAMO－r－THF 共聚醚 ^{13}C－NMR 谱。对于 PTHF 均聚物，26.4 ppm 处为 THF 结构单元、中间碳原子的共振吸收峰，62.69 ppm 处为分子链末端与羟基相连碳原子的共振峰，70.6 ppm 处为 THF 结构单元中与氧原子相连碳原子的共振峰。对于 PBAMO 均聚物，45.2 ppm 处为 BAMO 单元结构中季碳原子的共振峰，51.8 ppm 为与—N$_3$ 相连碳原子的共振峰，63.69 ppm 处为分子链末端与羟基相连碳原子的共振峰，70.2 ppm 处为主链上与氧原子相连亚甲基碳原子的共振峰[13,14]。通过对比 PTHF、PBAMO 结构中碳原子核磁共振化学位移，可以看出，BAMO－r－THF 的 ^{13}C－NMR 谱图上在相应位置出现 BAMO、THF 单元特征碳原子的共振峰。与 PTHF 和 PBAMO 均聚物相比，由于 BAMO－r－THF 共聚醚链中产生新的序列结构，使得 BAMO 和 THF 结构单元中，与醚氧相连亚甲基碳原子的化学环境发生变化，造成特征峰裂分，谱图在 70 ppm 附近出现 4 个多重共振峰。

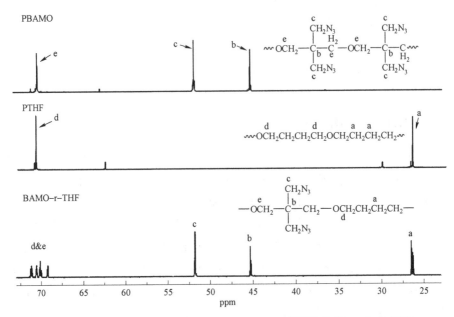

图 2‑7 PTHF、PBAMO 和 BAMO‑r‑THF 共聚物的 ¹³C‑NMR 谱图

基于图 2‑5 H,H‑COSY 谱对 BAMO‑r‑THF 共聚醚中氢原子化学位移分析结果,利用同一官能团中氢、碳元素耦合关系,通过 HSQC 谱图对 70 ppm 处 4 个共振峰归属进行确定,BAMO‑r‑THF 共聚醚 HSQC 谱如图 2‑8 所示。可以看出,归属 THF 单元结构 ¹H‑NMR 共振峰,化学位移在 1.61 ppm、3.41 ppm 处的共振峰分别与碳原子在 26.4 ppm、70.6~71.2 ppm 处的共振峰存在较强的耦合作用;归属 BAMO 单元结构 ¹H‑NMR 共振峰,化学位移在 3.27~3.35 ppm 处的共振峰与 51.8 ppm 和 69.2~70.1 ppm 处的碳原子共振峰存在较强的耦合作用。这表明,化学位移在 70 ppm 附近的四重峰,化学位移由低向高分别属于 BAMO‑r‑THF 共聚醚中的 BAMO、THF 结构单元。

2. 序列结构

忽略少量引发剂及端基化学结构,BAMO‑r‑THF 共聚醚中基本序列结构如图 2‑9 所示,其存在三种基本序列结构单元 [BAMO‑BAMO(B‑B),BAMO‑THF(B‑T),THF‑THF(T‑T)] 和 7 种不同化学环境的碳原子。碳原子 4 和 5、6 和 7 分别对应 BAMO‑r‑THF 共聚醚中 THF 与 BAMO 单元的不同键接结构。

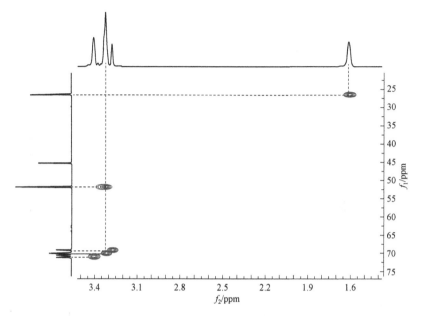

图 2−8　BAMO−r−THF 共聚醚 HSQC 谱

图 2−9　**BAMO−r−THF 共聚醚序列结构及碳原子标号**

　　图 2−10 是 BAMO−r−THF 预聚物的 ¹³C−NMR 谱图。基于图 2−7 或图 2−8 对 BAMO−r−THF 共聚醚碳原子归属指认，图 2−10 中碳原子 4、5、6 和 7 分别对应于 71.2 ppm、70.6 ppm、70.1 ppm 和 69.2 ppm 处共振峰。由于 THF 单元中间亚甲基碳原子（标号 1）与 BAMO 单元叠氮甲基碳原子（标号 3）的积分面积分别为 0.99 和 1.00，THF 与 BAMO 单元摩尔比为 0.99:1.00，这表明该共聚醚由等摩尔比的 BAMO、THF 单元构成。

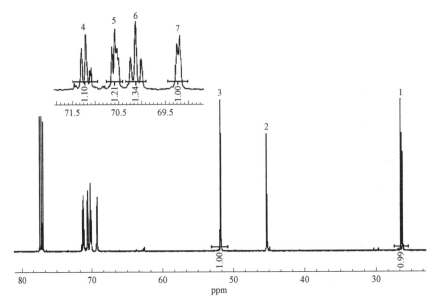

图 2－10　BAMO－r－THF 共聚醚 150 MHz ^{13}C－NMR 谱图

鉴于碳原子 4 和 5、6 和 7 分别对应 BAMO-r-THF 共聚醚中 THF 和 BAMO 单元的均聚键接和交替键接，结合其相应共振峰的积分面积，利用式（2－18）～式（2－21）可获得 THF 和 BAMO 单体的平均序列长度及 BAMO-r-THF 预聚物无规度参数 R[15~17]。

$$f_i = I_i / (I_4 + I_5 + I_6 + I_7) \qquad (2-18)$$

$$l_{THF} = (f_4 + f_5)/f_5 \qquad (2-19)$$

$$l_{BAMO} = (f_6 + f_7)/f_6 \qquad (2-20)$$

$$R = f_6 / (f_6 + f_7) + f_5 / (f_4 + f_5) \qquad (2-21)$$

式中，I_i 和 f_i 分别表示碳原子 4、5、6 和 7 的共振峰的积分面积及相应的摩尔分数；l_{BAMO} 和 l_{THF} 分别表示 BAMO-r-THF 共聚醚中 BAMO、THF 单元的平均序列长度。

利用式（2－18）～式（2－21）计算图 2－10 所示 BAMO-r-THF 共聚醚序列结构参数见表 2－4。可以看出，BAMO 和 THF 单元平均序列长度分别是 1.75 和 1.91，略低于双组分理想无规共聚物平均序列长度（$l_{monomer} = 2$），该共聚物无规度参数 R 为 1.09，接近于 Bernoullian 统计分布值 1.0[18]。这表明该共聚醚分子链中的 BAMO、THF 单元接近于理想无规分布；该 BAMO-r-THF 共聚醚是由 BAMO、THF 单元等摩尔比组成的准理想无规共聚物。

表 2-4　BAMO‑r‑THF 共聚醚序列结构参数

项目	BAMO 链接方式		THF 链接方式	
	均聚链接（B‑B）	父替链接（B‑T）	交替链按（B‑T）	均聚链接（T‑T）
特征碳原子编号	7	6	5	4
^{13}C‑NMR 化学位移/ppm	69.2	70.1	70.6	71.2
积分强度（I）	1.00	1.34	1.21	1.10
摩尔数（f）/%	21.5	28.8	26.0	23.7
平均序列长度	1.75		1.91	
共聚物无规度参数	1.09			

本书以下涉及的 BAMO‑r‑THF 共聚醚均以 BAMO、THF 单元摩尔比约为 1:1、无规度参数约为 1.0 的共聚醚作为研究对象。

2.2.5　羟值测定方法

羟值是 BAMO‑r‑THF 共聚醚的重要物性指标，其直接关系到实际应用中配方固化参数的设定、力学性能的调节。目前，羟基酯化法是测定聚合物羟基含量的通用方法[19]。

1. 测试原理

以邻苯二甲酸酐为酰化试剂说明 BAMO‑r‑THF 共聚醚羟基含量的测定方法。测定时，以 N‑甲基咪唑为催化剂，使酸酐基团与 BAMO‑r‑THF 共聚醚中的羟基在较低温度、较短时间内实现完全反应。酰化反应完毕后，加水，水解过量的邻苯二甲酸酐。然后，以酚酞溶液为指示剂，氢氧化钠乙醇标准溶液作滴定液，滴定生成的羧基基团，根据滴定液消耗用量，计算 BAMO‑r‑THF 共聚醚羟基含量。上述反应原理如图 2‑11 所示。

2. 测试方法

准确称量 BAMO‑r‑THF 共聚醚样品（精确至 0.000 1 g，取样量估算羟值约为 140 mg$_{KOH}$·g^{-1}），置于具塞三角烧瓶中。加入 5 mL DMF（N,N‑二甲基甲酰胺）溶剂，摇动促使 BAMO‑r‑THF 共聚醚完全溶解；再用 5 mL 刻度吸管加入 4 mL N‑甲基咪唑，随后用移液管准确地加入 5 mL 配制好的酸酐酰化试剂，振荡均匀。

将上述具塞三角烧瓶放入 45 ℃的水浴锅中加热反应 20 min；反应完毕后加入 20 mL 蒸馏水，使剩余酸酐水解，冷却，加入 4 滴 10 g·L^{-1} 的酚酞试剂作指示剂。用已标定的、约 0.5 mol·L⁻¹ 的 NaOH‐乙醇标准液滴定三角瓶中溶液，至溶液变红并保持 30 s 不退色，即为滴定终点，记录滴定液用量 V_2。

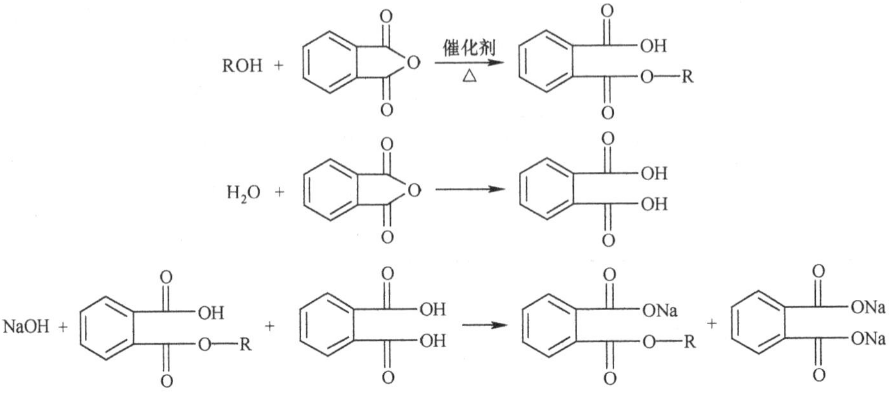

图 2‐11　羟值测试化学反应

空白试验操作如下：将 5 mL DMF、4 mL N‐甲基咪唑、5 mL 酸酐酰化试剂、20 mL 蒸馏水加入具塞三角烧瓶中，使酸酐充分水解，然后加入 4 滴 10 g·L⁻¹ 的酚酞试剂指示剂，用已标定的、约 0.5 mol·L⁻¹ 的 NaOH‐异丙醇标准液滴定三角瓶中溶液，至溶液变红并保持 30 s 不退色，即为滴定终点，记录空白试验滴定液用量 V_1。

BAMO‐r‐THF 共聚醚羟值按式（2‐22）进行计算：

$$C_{OH} = [c \times (V_1 - V_2) \times 56.1]/m \qquad (2\text{-}22)$$

式中，C_{OH} 为 BAMO‐r‐THF 共聚醚羟值，$mg_{KOH} \cdot g^{-1}$；c 为 NaOH‐异丙醇标准液中氢氧化钠浓度，$mol \cdot L^{-1}$；V_1 为空白试验消耗氢氧化钠标准滴定溶液的量，mL；V_2 为 BAMO‐r‐THF 共聚醚溶液试样消耗氢氧化钠标准滴定溶液的量，mL；m 为 BAMO‐r‐THF 共聚醚样品质量，g；56.1 为氢氧化钾摩尔质量，$g \cdot mol^{-1}$。

该测试方法中，除采用酚酞试剂指示剂判断滴定终点外，还可利用电位滴定仪、依据溶液电位确定滴定终点。

2.3　玻璃化转变温度

玻璃化转变温度（T_g）是聚合物由玻璃态转变为高弹态时所对应的温度，其通常与分子链柔顺性相关。聚合物分子链越柔顺，玻璃化转变温度越低；

分子链刚性越大，玻璃化转变温度越高。BAMO－r－THF 共聚醚玻璃化转变温度的高低影响其交联弹性体使用温度范围。聚合物玻璃化转变温度常规测试方法有：差示扫描量热法（DSC）和动态力学分析法（DMA）。DSC 法测定聚合物玻璃化转变温度的理论依据是聚合物热容在其玻璃化转变温度附近会显著增加，导致 DSC 基线向吸热方向移动，依据曲线拐点可获得聚合物的玻璃化转变温度。DMA 法是通过在受测高分子聚合物上施加正弦交变载荷，获取聚合物材料的动态力学响应，其直接测定的是聚合物在应变过程中的储能模量和损耗模量，当聚合物从玻璃态逐渐升温并通过其玻璃化转变温度时，由于聚合物高分子运动模式发生改变，损耗模量骤然增加，储能模量骤然下降，损耗模量与储能模量之比（损耗因子）呈现峰值，该峰值即对应于聚合物玻璃化转变温度 T_g。DSC 法和 DMA 法两者测定聚合物玻璃化转变温度的机制不同，所得结果也存在一定差异。

2.3.1　DSC 法

以数均分子量约为 5 000 g·mol^{-1}、等摩尔比准理想 BAMO－r－THF 共聚醚为例，采用 DSC 测定玻璃化转变温度方法如下：称取样品 5～7 mg，以 2 K·min^{-1} 升温速率将样品升至 80 ℃，消除热历史；然后采用液氮淬温至－80 ℃，再以 2 K·min^{-1} 速率二次升温至 80 ℃，依据二次升温曲线确定 BAMO－r－THF 共聚醚玻璃化转变温度，测试过程在氮气氛围中进行。

图 2－12 是 BAMO－r－THF 共聚醚 DSC 曲线。可以看出，DSC 曲线在－60 ℃左右存在一个台阶峰，依据聚合物由玻璃态变化为高弹态热容增大

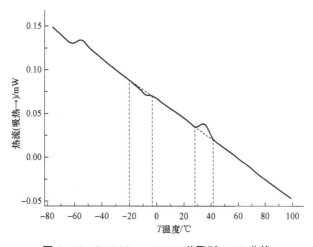

图 2－12　BAMO－r－THF 共聚醚 DSC 曲线

规律，该台阶峰对应温度为 BAMO–r–THF 共聚醚玻璃化转变温度[20]。此外，DSC 曲线在 −20～−4 ℃间存在一可察觉的放热峰，28～41 ℃间存在一吸热峰，该两峰对应于等摩尔比准理想 BAMO–r–THF 共聚醚中 BAMO 微嵌段的结晶放热峰和晶粒熔融吸热峰[21]，BAMO–r–THF 共聚醚预聚物体系中存在微相分离，相关结果将在共聚醚聚集态结构一节对其进行详尽说明。

2.3.2　DMA 法

DMA 测试聚合物玻璃化转变温度时，加热速率、剪切频率均会对聚合物的玻璃化转变温度造成影响。本节利用 DMA 对数均分子量约为 5 000 g·mol⁻¹ 的 BAMO–r–THF 共聚醚玻璃化转变温度进行测试，升温速率设定为 2 K·min⁻¹，振幅为 5 μm，动态力为 5 N，频率为 1 Hz。

图 2–13 为 BAMO–r–THF 共聚醚储能模量 E'、损耗模量 E'' 和损耗因子 tanδ 随温度变化曲线。可以看出，低于 −60 ℃时聚合物链段运动被冻结，储能模量较高、损耗模量较低，损耗模量与储能模量比值也较低；随温度升高，BAMO–r–THF 共聚醚链段发生从冻结到运动的过程，共聚醚储能模量迅速下降，损耗模量急剧上升，损耗模量与储能模量二者比值在 −45 ℃附近出现最大值，对应 BAMO–r–THF 共聚醚的玻璃化转变温度。

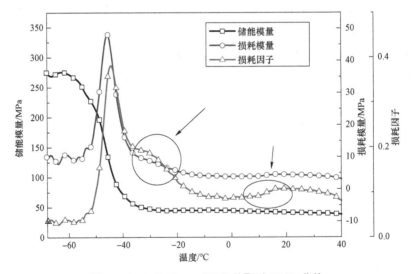

图 2–13　BAMO–r–THF 共聚醚 DMA 曲线

高于玻璃化转变温度后，BAMO–r–THF 共聚醚处于高弹态，分子链可通过单键内旋转和链段构象改变进行可逆形变，损耗模量下降，损耗模量与储能模量二者比值也下降。从 BAMO–r–THF 共聚醚 DMA 曲线还可看出，在玻璃化转变温度附近还存在一肩峰，该肩峰应与 BAMO-r-THF 共聚醚应变诱发结晶特性相关；20～30 ℃存在一馒头峰，结合 DSC 分析，该馒头峰源于 BAMO-r-THF 共聚醚中 BAMO 微嵌段结晶熔融过程。

2.4　聚集态结构

BAMO-r-THF 共聚醚链结构是决定该聚合物基本性质的主要因素，而聚集态结构则是决定其本体性质的主要因素。实际应用中，BAMO-r-THF 共聚醚的使用性能取决于其聚集态结构。本节采用聚集态偏光分析（POM）、广角 X 射线衍射（XRD）等手段详细介绍了等摩尔比准理想无规共聚醚 BAMO-r-THF 聚集形态的演变规律[22]。

2.4.1　聚集态偏光分析（POM）

将数均分子量约为 5 000 g·mol⁻¹ 的 BAMO-r-THF 共聚醚加热至 70 ℃，消除热历史，室温放置 48 h 后对其进行变温、偏光显微测试。测试采用日本 OLYMPUS 公司的 BX51 偏光显微镜和英国 Linkam 公司的 THMS600 热台，显微放大倍数为 200 倍，起始温度为 25 ℃，终止温度为 45 ℃，升温速率为 2 K·min⁻¹。

图 2-14 是 BAMO-r-THF 共聚醚在不同温度下的偏光显微图片。可观测到，25 ℃时 BAMO-r-THF 共聚醚在正交偏振光下有明显的 Maltese（马

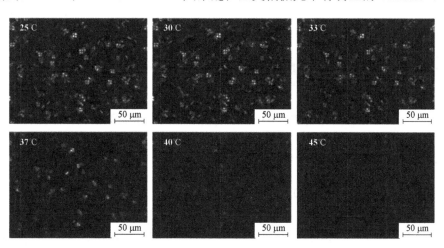

图 2-14　BAMO-r-THF 共聚醚 POM 图片

耳他）十字消光现象，球晶界面清晰，尺寸 10 μm 左右，符合聚合物一般结晶形貌——球晶。这表明，BAMO‑r‑THF 共聚醚虽然是等摩尔比准理想无规共聚醚，但其在室温下仍存在规则的结晶颗粒，BAMO‑r‑THF 共聚醚为半结晶聚集态。温度升至 33 ℃时，晶粒数量变化不大，尺寸逐渐减小。温度升至 38 ℃时，晶粒数量和尺寸大幅度减小。温度升至 45 ℃时，结晶晶粒基本消失，可见在 34～45 ℃为结晶晶粒熔融区。结合 BAMO‑r‑THF 共聚醚 DSC 测试数据可以推断，DSC 曲线在 28～41 ℃间的吸热峰属于结晶晶粒的熔融峰。

2.4.2 同步辐射

同步辐射光源比普通 X 射线靶产生射线的亮度高 6～10 个数量级，信噪比好。为进一步鉴定 BAMO‑r‑THF 共聚醚中晶粒结构，室温条件下对共聚醚进行同步辐射检测。图 2‑15 是同步辐射衍射花样（图 2‑15（a））及对衍射花样数据处理所得同步辐射广角衍射曲线（图 2‑15（b））。可以看出，衍射曲线在 2θ 角为 16.7°、24.6°处出现明显的衍射峰，室温下 BAMO‑r‑THF 共聚醚基体中存在结晶微粒。

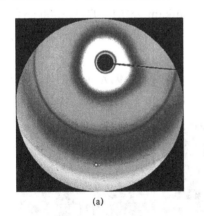
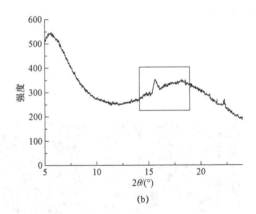

(a)　　　　　　　　　　　　(b)

图 2‑15 BAMO‑r‑THF 共聚醚同步辐射衍射图

2.4.3 变温广角 X 射线衍射（XRD）

1. PBAMO 变温 XRD

聚 3,3‑二叠氮甲基环氧丁环聚醚（PBAMO）室温下呈固态，将 PBAMO 粉末夹于两聚四氟乙烯板间，加热 95 ℃熔融，保温 5 min，然后以 1 K·min⁻¹ 冷却速率降至室温，制得用于 X 射线衍射测试的薄膜样品。测试时，将薄膜样品置于热台上，以 10 K·min⁻¹ 速率进行升温，分别在 25 ℃、50 ℃、55 ℃、60 ℃、67 ℃、75 ℃和 80 ℃指定温度保温 3 min，进行 X 射线衍射测试，测试设备采用荷兰 PANalyticalX' PertPowder X 射线衍射仪，石墨单色器，X 射线光源为 Cu Kα 辐射（$\lambda = 0.154056$ nm），步长为 0.02°，扫描速率为 0.1 (°)·s⁻¹，2θ 角采集范围为 5°～40°。

图 2–16 是 PBAMO 聚醚变温 X 射线衍射曲线。由于 3,3–二叠氮甲基环氧丁环（BAMO）单元结构具有高度对称性，PBAMO 链段常温下可结晶形成晶粒，25 ℃时其 XRD 测试在 11.8°、15.4°、16.5°、19.4°、23.8°、24.5°、26.9°、28.3°、30.4°、31.1° 和 33.4° 等 2θ 角附近出现衍射峰[23]。升温过程中，各衍射峰强度逐渐减弱，没有出现新的衍射峰。高于 75 ℃时，结晶衍射峰完全消失，PBAMO 聚醚变为无定形态。

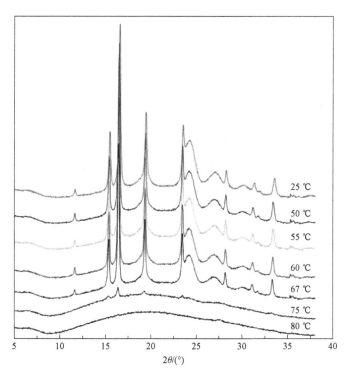

图 2–16　PBAMO 聚醚变温 XRD 曲线

借助 XRD 衍射 2θ 角和半峰宽，通过 Bragg 方程和 Scherrer 公式计算 PBAMO 晶面间距 d 和晶粒尺寸 L 如表 2–5 所示。可以看出，2θ 衍射角在 16.491°、28.329° 对应晶面的晶粒尺寸较大。

表 2-5 PBAMO 均聚物结晶粒尺寸和晶面间距

$2\theta/(°)$	L/nm	d/nm
11.795	153	7.503
15.407	196	5.751
16.491	246	5.376
19.415	188	4.572
23.774	168	3.743
24.529	87	3.629
26.889	97	3.307
28.329	264	3.152
30.394	135	2.941
31.120	135	2.874
33.393	152	2.683

2. BAMO-r-THF 变温 XRD

与 PBAMO 均聚醚变温 XRD 测试方法一致，采用荷兰 PANalyticalX' PertPowder X 射线衍射仪、石墨单色器、X 射线光源为 Cu Kα 辐射（$\lambda=$ 0.154 056 nm）对 BAMO-r-THF 共聚醚进行变温扫描，步长为 0.02°，扫描速率为 0.1（°）·s^{-1}，2θ 角采集范围为 5°～40°。测试时将 BAMO-r-THF 共聚醚样品置于热台上，以 10 K·min^{-1} 速率进行升温，分别在 25 ℃、30 ℃、35 ℃和 40 ℃指定温度保温 30 min 后，进行 X 射线衍射测试。

图 2-17 是 BAMO-r-THF 共聚醚在不同温度下的 XRD 衍射曲线，可以看出，25 ℃时，XRD 衍射曲线在 2θ 角为 16.7°、24.8°处出现结晶衍射峰，随温度升高，衍射峰强度逐渐减弱，温度升至 40 ℃时，16.7°、24.8°处的衍射峰完全消失。结合 PBAMO 衍射特征可以确认，16.7°、24.8°处衍射峰应对应于 BAMO 链段形成的结晶晶粒[24]。根据共聚物序列结构统计理论，其分子链中不可避免地存在一些由多个同一单元形成的微嵌段键接结构[25,26]。虽然 BAMO-r-THF 共聚醚是由 BAMO、THF 等摩尔单体形成的准理想、无规共聚物，但其链节中存在 BAMO 微嵌段结构。由于 PBAMO 均聚物的易结晶特性，这些微嵌段链节低于 40 ℃时可聚集结晶，导致 BAMO-r-THF 共聚醚呈半结晶状态。这表明 BAMO 与 THF 等摩尔无规共聚并不能彻底解决 BAMO 单元的易结晶特性。然而，不同于高分子量 PBAMO 均聚物晶体较高的熔融

化温度，BAMO-r-THF 共聚醚基体中由 BAMO 微嵌段形成的结晶晶粒，其熔融温度较低。

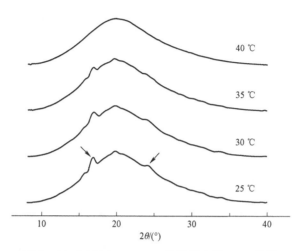

图 2-17　BAMO-r-THF 共聚醚变温 XRD 曲线

2.4.4　黏度特性

BAMO-r-THF 共聚醚黏度特性直接关系其使用性能，采用 RHEOSTRESS 300 应力流变仪对其黏度-温度关系进行测定，测试升温速率为 1 K·min⁻¹、剪切速率为 1 s⁻¹、温度范围为 10~60 ℃。

DSC 法测定 BAMO-r-THF 共聚醚玻璃化转变温度接近-60 ℃，10~60 ℃温度范围内，其黏度-温度关系应满足 Arrhenius 半经验函数关系[27]：黏度对数与温度倒数呈线性关联。图 2-18 是 BAMO-r-THF 共聚醚黏度随温度变化的特性曲线。可以看出，特性曲线呈现三阶线性关联。低于 0.003 2（高于 40 ℃）和高于 0.003 3（低于 30 ℃），BAMO-r-THF 共聚醚黏度随温度上升而缓慢降低。相比之下，在 0.003 2~0.003 3 范围内（对应 40~30 ℃），BAMO-r-THF 共聚醚黏度随温度降低而显著增加。这表明，BAMO-r-THF 共聚醚低于 30 ℃比高于 40 ℃具有更高的黏度。基于 DSC、XRD 研究结果，可以得出结论：高于 0.003 3 时（低于 30 ℃），BAMO-r-THF 共聚醚基体中存在 BAMO 微嵌段结晶晶粒，为半结晶聚集态，结晶晶粒增强了高分子聚醚链间的相互作用，制约了链段运动能力，BAMO-r-THF 共聚醚表现出更高的黏度[28]。低于 0.003 2 时（高于 40 ℃），BAMO 微嵌段结晶晶粒完全熔融，BAMO-r-THF 共聚醚分子链间的相互作用减弱，链段运动能量增强，呈现出更低的黏度。

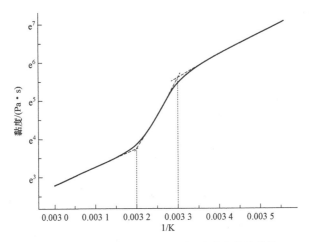

图 2-18　BAMO-r-THF 共聚醚黏度特性曲线

低于 0.003 2（高于 40 ℃）或高于 0.003 3（低于 30 ℃）时，BAMO-r-THF 共聚醚聚集态结构变化不大（见 POM 图），变化温度仅影响聚合物链段的活动性，温度对 BAMO-r-THF 共聚醚黏度的影响较为适中[29]。在 0.003 2～0.003 3 区间内（40～30 ℃），由于 BAMO 微嵌段结晶晶粒熔化，温度变化不仅影响聚合物链段运动能力，还对其聚集形态造成影响。因此，40～30 ℃温度范围内，BAMO-r-THF 共聚醚黏度对温度较为敏感，黏度随温度降低而迅速增加。

BAMO 微嵌段结晶对 BAMO-r-THF 共聚醚黏度性能的影响也可从其 DMA 曲线得到验证。在图 2-13 BAMO-r-THF 共聚醚 DMA 曲线中，损耗因子曲线在 20～30 ℃间的馒头峰对应于 BAMO 微嵌段结晶晶粒的熔融过程。

2.5　端羟基活性

BAMO-r-THF 共聚醚在实际应用中，需借助其端羟基与异氰酸酯固化剂反应，生成氨基甲酸酯，通过交联剂形成三维交联网络结构，作为复合固体推进剂基体的连续相。羟基活性直接关系其与异氰酸酯固化剂的反应程度。揭示端羟基官能团反应活性，对调控 BAMO-r-THF 共聚醚弹性体及其固体复合推进剂的制备工艺、力学性能具有重要的理论指导意义。

异氰酸酯基团（—NCO）是高度不饱和官能团，存在三种共振结构，由于碳、氮、氧原子电负性顺序是 O＞N＞C，任何共振结构均是其基团上氮、氧原子电子云密度大，表现出强的负电性，容易与亲电试剂进行作用；位于基团中心的碳原子受强电负性氮、氧原子的拉电子效应，电子云密度较低，表现出较强的正电性，成为亲电中心[30]。羟基与异氰酸酯官能团反应机理如图 2－19 所示。羟基基团上带负电的氧原子进攻—NCO 基团上带正电的碳原子，生成中间化合物，由于中间化合物双键碳原子上的羟基不稳定，会进行重排，得到目标化合物氨基甲酸酯。这表明，羟基结构中氧原子带电特性直接与异氰酸酯基团反应活性有关。

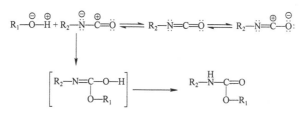

图 2－19　羟基与异氰酸酯官能团反应机理

2.5.1　量化计算

BAMO－r－THF 共聚醚分子链上存在端羟基，为研究不同键接结构 BAMO（B）、THF（T）对羟基反应活性影响，构造 HO－BB、HO－BT、HO－TB、HO－TT 这四种含羟基的化学结构（见图 2－20），研究 BAMO－r－THF 共聚醚结构单元对羟基反应活性的影响。

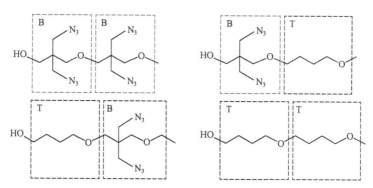

图 2－20　四种羟基封端 BAMO－THF 分子结构

福井（Fukui）指数不仅可以预测目标分子中的化学活性位点和强弱，还可确定活性区域的亲电、亲核性能，被广泛地用于预测分子结构中单个原子反应活性。Fukui 指数越大的原子，其反应活性越高。福井函数 $f(r)$ 定义为：

$$f(r) = \left[\frac{\partial \mu}{\partial \nu(r)}\right]_N = \left[\frac{\partial \rho(r)}{\partial N}\right]_{\nu(r)} \tag{2-23}$$

式中，N 代表当前体系中电子数，μ 代表体系化学势，$\nu(r)$ 代表原子核对电子产生的吸引势，由体系几何结构所决定。式（2-24）中，ρ_N、ρ_{N+1} 和 ρ_{N-1} 分别表示体系原始状态（N 电子）、结合一个电子状态（$N+1$ 电子）和电离掉一个电子状态（$N-1$ 电子）下的电子密度。福井函数的右导数、左导数和左右导数的平均值分别对应亲电、亲核和自由基反应，采用有限差分近似计算，即

$$\left.\begin{array}{l} \text{亲核反应：} f^+(r) = \rho_{N+1}(r) - \rho_N(r) \\ \text{亲电反应：} f^{'}(r) = \rho_N(r) - \rho_{N-1}(r) \\ \text{自由基反应：} f^0(r) = [f^+(r) + f^-(r)]/2 = [\rho_{N+1}(r) - \rho_{N-1}(r)]/2 \end{array}\right\} \tag{2-24}$$

理论计算采用 Gaussian 09 程序计算四种结构 Hirshfeld 电荷以及羟基中氢、氧原子的福井（Fukui）函数，计算过程使用 B3LYP 杂化泛函结合 6-31G* 基组。采用 Hirshfeld 原子电荷和相对应的 Fukui 指数研究四种不同 B 和 T 排序下端羟基中 O 原子和 H 原子的反应活性，见表 2-6。通过表 2-6 发现，H、O 原子的 Hirshfeld 电荷，在四种羟基结构中的大小顺序并不一致，因此单纯通过 Hirshfeld 电荷无法完全判定羟基的活性大小。

表 2-6　四种羟基结构的 Hirshfeld 电荷和相对应的 Fukui 指数

分子结构	Hirshfeld 电荷		Fukui 指数	
	H	O	f_H^-	f_O^+
HO－BB	0.146	−0.221	0.003	0.008
HO－BT	0.149	−0.220	0.006	0.010
HO－TB	0.144	−0.238	0.009	0.010
HO－TT	0.142	−0.241	0.012	0.151

从 Fukui 指数来看，对于 O 原子来说，其 Fukui 指数 f_O^+ 为正值，表明其亲核性；其值越大，说明在受到带正电荷原子攻击时活性越大。对 H 原子而言，其 Fukui 指数 f_H^- 越大，表明其越容易受到亲电试剂攻击。因此，羟基其 Fukui 指数计算说明，HO-TT 中羟基活性比较强，亲电和亲核性都比较好，但其亲核性更强，BAMO-r-THF 共聚醚的端羟基活性大小顺序为：HO-TT＞

HO－TB＞HO－BT＞HO－BB，即以 THF 单元封端的端羟基具有更高的活性，BAMO 封端的端羟基活性较弱。

2.5.2　端羟基类型测定

正如 2.5.1 节构建的端羟基化学环境模型，BAMO－r－THF 共聚醚分子链中存在两种端羟基结构，一种为 BAMO 单元封端，另一种为 THF 单元封端。由于单元化学结构不同，与羟基相连特征碳原子的化学位移也不同。BAMO－r－THF 共聚醚 ^{13}C－NMR 测试结果如图 2－21 所示。可以看出，与羟基相连碳原子的核磁共振峰大约出现在 63 ppm 处。局部放大后发现，大约在 63 ppm 处共振峰由 63.7 ppm、62.7 ppm、62.5 ppm 三个共振峰组成。由于叠氮基较强的磁屏蔽效应，BAMO 结构单元中，与羟基相连碳原子的化学位移出现在 62.7 ppm、62.5 ppm 处；THF 结构单元中，与羟基相连碳原子的化学位移为 63.69 ppm，两特征峰积分面积之比为 1∶0.31，即 BAMO－r－THF 共聚醚中，反应活性较低的 BAMO 单元占全部封端结构的 76%，反应活性较高的 THF 单元占 24%。

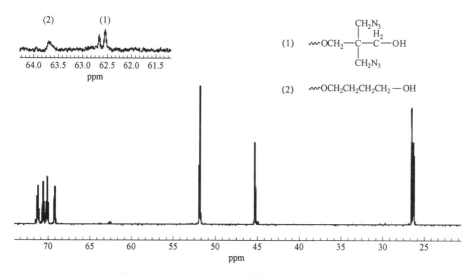

图 2－21　BAMO－THF 共聚物的 ^{13}C－NMR 谱

2.6　热　分　解

黏合剂在实际应用中需经历各种热环境，良好的热稳定性是确保黏合剂尤其是含能黏合剂安全应用的前提保障,对 BAMO－r－THF 共聚醚开展热分析研究,掌握其热分解特性和热分解动力学是评价其热稳定性能的重要依据[31,32]。

2.6.1　热分解特征

通过 DSC 对 BAMO－r－THF 共聚醚进行热效应分析,试样质量约为 2 mg,加热速率为 10 K·min^{-1}、参比样品为三氧化二铝坩埚、常压条件。图 2－22 是 BAMO－r－THF 共聚醚 DSC 曲线。可以看出,DSC 曲线在 200～300 ℃间出现一个尖锐的放热峰。起始温度为 237 ℃,峰温 T_p 为 258.53 ℃,热分解焓变 ΔH_{dec} 为 2 169 J·g^{-1}。

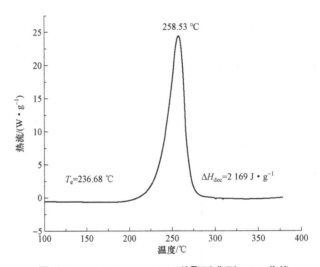

图 2－22　BAMO－r－THF 共聚醚典型 DSC 曲线

2.6.2　热分解机理

常压下对 BAMO－r－THF 共聚醚进行热重分析,试样质量约为 1 mg,加热速率为 10 K·min^{-1}、氮气流量为 50 mL·min^{-1}。图 2－23 是 BAMO－r－THF 共聚醚典型 TG－DTG 曲线。可以看出,BAMO－r－THF 共聚醚热失重过程分为两个阶段,第一阶段开始于约 200.0 ℃,结束于 299.47 ℃,质量损失为 40.69%。第二阶段热失重过程结束于 521.58 ℃,对应质量损失 38.79%,热失重残渣残留约 20.52%。BAMO－r－THF 共聚醚 DTG 曲线存在两个峰,其峰温表明共聚醚在 255.83 ℃、367.92 ℃时热失重速率达到最大值。

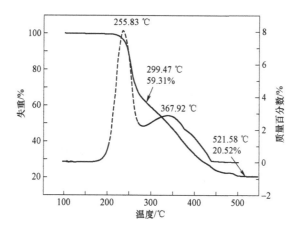

图 2-23　BAMO－r－THF 共聚醚典型 TG－DTG 曲线

　　图 2-24 是 250 ℃时 BAMO－r－THF 共聚醚热解气体产物 FTIR 谱图,可以看出: BAMO－r－THF 共聚醚热分解第一阶段的气体产物主要有 HCN、NH₃、CO;此外,还可观察到 THF 单元碎片。热重－质谱联用对 BAMO－r－THF 共聚醚主要热解产物流出顺序测定表明（图 2-25）, BAMO－r－THF 共聚醚热分解第一阶段主要分解产物为 N_2、HCN;第二阶段热分解主要产物为 CO_2、HCN。这表明, BAMO－r－THF 共聚醚热失重第一阶段主要对应于聚醚结构中叠氮基团热分解。

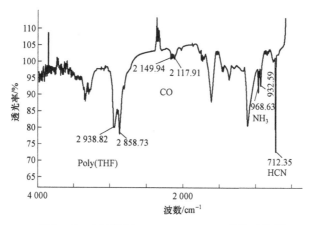

图 2-24　250 ℃时 BAMO－r－THF 共聚醚热解
气体产物 FTIR 谱图

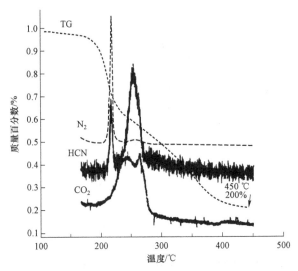

图 2-25 BAMO-r-THF 共聚醚热重-质谱测试结果

2.7 光 敏 特 性

叠氮基团具有光敏特性。在紫外光照射下，叠氮基团可发生分解，生成氮气和自由基乃春（R—N:）。自由基乃春活性高，与另一个乃春自由基反应时，可生成偶氮基团；若乃春从聚合物中剥取氢原子，则可生成仲胺化合物或氨基自由基；若与聚合物中双键反应则形成氮丙啶基团。叠氮基光敏反应机理如图 2-26 所示[33]。利用叠氮基的光敏特性可应用于光刻胶制备。

实际应用中，为确保 BAMO-r-THF 共聚醚黏合剂正确储存和使用，避免叠氮基团发生分解，不仅要考虑其热稳定性，还要考虑其光敏性。图 2-27 给出了两种叠氮聚醚化合物吸光率随波长的变化规律。可以看出，

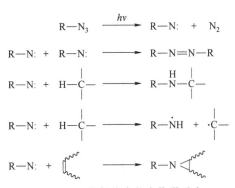

图 2-26 叠氮化合物光化学反应

叠氮基团最大吸收紫外波长 λ_{max} 为 284 nm。随着紫外光照射时间增加，叠氮聚醚吸光率逐渐下降。图 2-27 中最下面一条曲线为该聚合物的辐照极限，超过该极限值，聚合物则开始分解[34]。

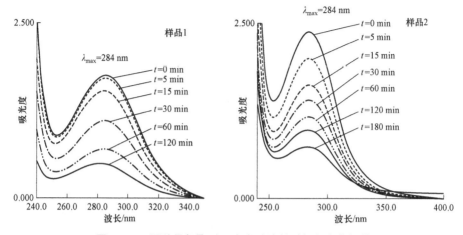

图 2-27　两种叠氮聚醚吸光率随波长时间的变化规律

　　由于叠氮基团紫外光分解形成氮杂交联，导致聚合物产生不溶现象。依据紫外最大吸收波长的峰值变化，依据式（2-25）可计算叠氮聚醚中叠氮基分解率 R_{de}。

$$R_{de}=(A_0-A_t)/(A_0-A)\times100 \qquad (2-25)$$

式中，A_0 为 $t=0$ 时的吸光率，A_t 为时间为 t 时的吸光率。根据图 2-27 所示叠氮基团吸光率随时间的变化关系，利用式（2-25）所得两种叠氮聚醚相对分解速率随时间变化关系如图 2-28 所示。总体上看，叠氮聚醚 Ⅱ 较叠氮聚醚 Ⅰ 具有更好的耐紫外光性。但无论如何，为确保黏合剂中叠氮基不被光照分解，BAMO－r－THF 共聚醚黏合剂均应避光保存。

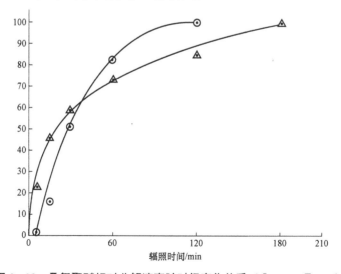

图 2-28　叠氮聚醚相对分解速率随时间变化关系（Ⅰ—⊙；Ⅱ—△）

55

2.8 水含量及酸值测定

BAMO-r-THF 共聚醚中含有易与极性分子缔合的醚键结构，在制备及后处理过程中，不可避免地会残留水和酸类化合物。这些物质对异氰酸酯固化剂较为敏感，影响 BAMO-r-THF 共聚醚弹性体固化交联网络和最终力学性能。实际应用中，除明确 BAMO-r-THF 共聚醚制备、单元组成、序列结构、分子量、聚集态结构、端羟基特性、热稳定性、光敏感性外，还需明确 BAMO-r-THF 共聚醚水含量和酸值，以便对 BAMO-r-THF 共聚醚黏合剂进行预处理或弹性体配方调节。下面就相关测试原理与方法做简要介绍。

2.8.1 水含量测定

有效控制 BAMO-r-THF 共聚醚中水含量，可避免异氰酸酯固化剂与水反应生成 CO_2 气体，确保共聚醚黏合剂固化效果。分析 BAMO-r-THF 共聚醚中水含量属于微量分析范畴，卡尔费休（Karl Fischer）试剂是微量水分分析的常规试剂，常用方法有卡尔费休库仑法和容量法。库仑法是在经典水分测定方法基础上改进后的一种测试方法，下面仅就 BAMO-r-THF 共聚醚微量水分测试容量法进行说明。

（一）测试原理

卡尔费休试剂是测定有机物中微量水分的试剂，又称水试剂，也称卡氏试剂。卡尔费休水分测定法是以甲醇为溶剂介质、以卡尔费休试剂为滴定液进行水分测量的一种方法。该方法不仅可测定出自由水，也可测出结合水，常被作为水分特别是痕量水分的标准分析方法。卡尔费休试剂组分包括甲醇、吡啶、碘、二氧化硫，基本原理是利用碘和二氧化硫反应时，需要定量水分子参与反应，反应方程式如式（2-26）所示。

$$I_2 + SO_2 + 2H_2O \rightarrow 2HI + H_2SO_4 \tag{2-26}$$

式（2-26）为可逆反应，要使反应正向进行，需加入适当碱性物质，中和反应产生的酸，卡尔费休试剂中的吡啶（C_5H_5N）即可实现此目标，组分甲醇的作用是避免上述产生副反应。卡尔费休试剂中因组分 I_2 显棕色，当 I_2、SO_2、H_2O 反应后，I_2 棕色褪去，可以作为滴定终点的判断。卡尔费休法是非水滴定法，测试时所有容器均需干燥处理。

（二）测试方法

1. Karl Fischer 试剂水滴定度标定

向盛有无水甲醇的滴定瓶中加入 Karl Fischer 试剂，使其与无水甲醇中微量的水反应，然后加入 1 μL 水，用 Karl Fischer 试剂滴定到终点，记录消耗体积，依据式（2-27）计算该 Karl Fischer 试剂的水滴定度。

$$T = M_{H_2O} / V_K \qquad (2-27)$$

式中，T 为 Karl Fischer 试剂水滴定度，$g_{H_2O} \cdot mL^{-1}$；M_{H_2O} 为加入水的质量，g；V_K 为滴定 M_{H_2O} 消耗 Karl Fischer 试剂的体积，mL。

2. 溶剂水质量分数测定

搅拌条件下，用 Karl Fischer 试剂将反应瓶中的微量水分充分反应至终点，用滴管加入配制试样用溶剂约 1 mL，滴入 Karl Fischer 试剂滴定至反应终点，记录消耗试剂的体积。溶剂中水质量分数按式（2-28）计算：

$$\omega_1 = T \times V_2 \times 100/m_2 \qquad (2-28)$$

式中，ω_1 为溶剂中水质量分数，%；T 为 Karl Fischer 试剂水滴定度，$g_{H_2O} \cdot mL^{-1}$；V_2 为滴定溶剂消耗的 Karl Fischer 试剂的体积，mL；m_2 为所用溶剂质量，g。

3. BAMO-r-THF 共聚醚溶液配制及水质量分数测定

在小滴瓶中称取约 10 g BAMO-r-THF 共聚醚，加入溶剂约 30 g，配制成 BAMO-r-THF 共聚醚溶液。向反应瓶中加入配制好的 BAMO-r-THF 共聚醚溶液，用 Karl Fischer 试剂滴定至反应终点，BAMO-r-THF 共聚醚溶液的水质量分数按式（2-29）计算：

$$\omega_2 = T \times V_3 \times 100/m_3 \qquad (2-29)$$

式中，ω_2 为 BAMO-r-THF 共聚醚溶液的水质量分数，%；V_3 为滴定 BAMO-r-THF 共聚醚溶液消耗的 Karl Fischer 试剂的体积，mL；m_3 为 BAMO-r-THF 共聚醚溶液的质量，g。

4. BAMO-r-THF 共聚醚水质量分数计算

BAMO-r-THF 共聚醚水质量分数按式（2-30）计算：

$$\omega_3 = (m_5\omega_2 - m_6\omega_1)/m_4 \qquad (2-30)$$

式中，ω_3 为 BAMO-r-THF 共聚醚中水质量分数，%；m_4 为 BAMO-r-THF 共聚醚溶液中 BAMO-r-THF 共聚醚的质量，g；m_5 为 BAMO-r-THF 共聚醚溶液的质量，g；m_6 为 BAMO-r-THF 共聚醚溶液中溶剂的质量，g[35]。

对于满足异氰酸酯交联反应制备固体复合推进剂的要求，BAMO-r-THF 共聚醚中水分含量需低于万分之五。

2.8.2　酸值测定

基于酸碱反应机理，采用化学滴定法测定 BAMO－r－THF 共聚醚产物中的酸值[36]。称取 4～6 g 试样置于碘量瓶中，并加入 50 mL DMF，充分摇动至试样完全溶解，加入 5 滴苯酚红指示剂，用氢氧化钠－异丙醇标准溶液滴定至溶液由黄色变为橙红色时为滴定终点。用同样方法做空白试验。BAMO－r－THF 共聚醚酸值按式（2－31）计算：

$$A = [c \times (V_1 - V_2) \times 56.1]/m \qquad (2-31)$$

式中，A 为 BAMO－r－THF 共聚醚酸值，$mg_{KOH} \cdot g^{-1}$；V_1 为 BAMO－r－THF 共聚醚的 DMF 溶液消耗氢氧化钠标准滴定液的量，mL；V_2 为 DMF 空白溶剂消耗氢氧化钠标准滴定液的量，mL；c 为氢氧化钠－异丙醇标准溶液中氢氧化钠的浓度，$mol \cdot L^{-1}$；m 为 BAMO－r－THF 共聚醚样品质量，g；56.1 为氢氧化钾摩尔质量，$g \cdot mol^{-1}$。

参 考 文 献

[1] 潘祖仁. 高分子化学 [M]. 4 版. 北京：化学工业出版社，1992.

[2] MANSER G，FLETCHER R，SHAW G. High Energy Binders [R]. 1984，AD－84589.

[3] GERALD E M. The Development of Energetic Oxetane Polymers [C]. The Proceedings of 21st ICT，Karlsruhe，Germany，1991.

[4] MANSER G E，ROSS D L. Synthesis of Energetic Polymers [R]. 1981，AD－A120199.

[5] GERALD E M. Cationic Polymerization：US，4393199.A[P]. 1983－07－12.

[6] GERALD E M. Energetic Copolymers and Methods of Making Same：US，4483978.A [P]. 1984－11－20.

[7] GERALD E M，ASLAM A M，THOMAS G A. Polymers and Copolymers from 3－azido Methyl－3－nitratomethyloxetane：US，5463019.A[P]. 1995－10－31.

[8] GERALD E M，GUIMONT J，ROSS D L. A New Polymerization Technique for Preparing Low Molecular Weight Polyether Glycols [C]. JANNAF Propulsion Meeting，New Orleans，Louisiana，USA，26－28 May，1981，29－38.

［9］ MIYAZAKI T，KUBOTA N. Energetics of BAMO［J］. Propellants，Explosives，Pyrotechnics，1992，17（1）：5－9.

［10］ HSIUE G H，LIU Y L，CHIU Y S. Tetrahydrofuran and 3,3－Bis（Chloromethyl）Oxetane Triblock Copolymers Synthesized by Two-End Living Cationic Polymerization［J］. Journal of Polymer Science：Part A－Polymer Chemistry，1993，31（13）：3371－3375.

［11］ 贾红慧. BAMO－THF 共聚物的微观序列结构及结晶性能研究［D］. 北京：北京理工大学，2016.

［12］ YAMADERA R，MURANO M. The Determination of Randomness in Copolyesters by High Resolution Nuclear Magnetic Resonance［J］. Journal of Polymer Science，1967，5（9）：2259－2268.

［13］ CHERADAME H，GOJON E. Synthesis of Polymers Containing Pseudohalide Groups by Cationic Polymerization，2.Copolymerization of 3,3－bis（azidomethyl）Oxetane with Substituted Oxetanes Containing Azide Groups［J］. Makromolekulare Chemie-Macromolecular Chemistry and Physics，1991，192（4）：919－933.

［14］ GUO A R，YANG W X，YANG F，et al. Well-Defined Poly（gamma-benzyl-L-glutamate）-g-Polytetrahydrofuran：Synthesis，Characterization，and Properties［J］. Macromolecules，2014，47（16）：5450－5461.

［15］ DAKSHINAMOORTHY D，PERUCH F.Block and Random Copolymerization of Epsilon-Caprolactone，L－，and Rac-Lactide Using Titanium Complex Derived from Aminodiol Ligand［J］. Journal of Polymer Science：Part A－Polymer Chemistry，2012，50（11）：2161－2171.

［16］ MATSUDA H，NAGASAKA B，ASAKURA T. Sequence Analysis of Poly（Ethylene/1，4－cyclohexane Dimethyleneterephthalate）Copolymer Using ^{1}H－and ^{13}C－NMR［J］. Polymer，2003，44（16）：4681－4687.

［17］ LU X，WINDLE A H. Crystallization of Random Copolymers of Poly（Ethylene Terephthalate）and Poly（Ethylene Naphthalene－2,6－dicarboxylate）［J］. Polymer，1995，36（3）：451－459.

［18］ DEVAUX J，GODARD P，MERCIER J P. Bisphenol－A Polycarbonate Poly（Butylene Terephthalate）Transesterification. I. Theoretical Study of the Structure and of the Degree of Randomness in Four－Component Copolycondensates［J］. Journal of Polymer Science：Polymer Physics Edition，1982，20（10）：1875－1880.

[19] GB 12008.3—1989，聚醚多元醇中羟值的测定；GB/T 9725—1988，化学试剂电位滴定法［S］.

[20] BADGUJAR D M，TALAWAR M B，ASTHANA S N，et al. Advances in Science and Technology of Modern Energetic Materials：An Overview ［J］. Journal of Hazardous Materials，2008，151（2–3）：289–305.

[21] ZHOU Y，LONG X P，ZENG Q X. Simulation Study on the Liquid-Crystalline Ordering and Fluidity of Energetic Diblock Copolymers Based on Poly 3,3–Bis（azidomethyl）Oxetane［J］. Journal of Applied Polymer Science，2013，129（5）：2772–2778.

[22] ZHAI J X，JIA H H，GUO X Y. Sequence Structure，Morphology and Viscosity Behavior of 3,3–bis（Azidomethyl）Oxetane-tetrahydrofuran Random Copolyether［J］. Propellants，Explosives，Pyrotechnics，2017，42（6）：643–648.

[23] 郭凯. PBAMO 和 PBAMO/GAP 弹性体的合成、表征及应用基础研究［D］. 北京：北京理工大学，2009.

[24] ZHANG C，LI J，LUO Y J. Synthesis and Characterization of 3,3′–Bisazidomethyl Oxetane–3–Azidomethyl–3′–Methyl Oxetane Alternative Block Energetic Thermoplastic Elastomer［J］. Propellants，Explosives，Pyrotechnics，2012，37（2）：235–240.

[25] QI R，JIN Y，CHENG X F，et al. Crystallization-Driven Self-Assembly of Rod-Coil-Rod Pseudopolyrotaxanes into Spherical Micelles，Nanorods，and Nanorings in Aqueous Solutions［J］. Macromolecular Rapid Communications，2015，36（15）：1402–1408.

[26] HE W N，XU J T. Crystallization Assisted Self-assembly of Semi-crystalline Block Copolymers［J］. Progress in Polymer Science，2012，37（10）：1350–1400.

[27] LIU C Y，HE J S，KEUNINGS R，et al. New Linearized Relation for the Universal Viscosity-Temperature Behavior of Polymer Melts［J］. Macromolecules，2006，39（25）：8867–8869.

[28] PERŠE L S，HUSKIĆ M. Rheological Characterization of Multi-arm Star Copolymers［J］. European Polymer Journal，2016，76：188–195.

[29] WILLIAMS M L，LANDEL R F，FERRY J D. The Temperature Dependence of Relaxation Mechanisms in Amorphous Polymers and Other Glass-forming Liquids［J］. Journal of the American Chemical Society，

1955，77（14）：3701－3707.

[30] TILLET G，BOUTEVIN B，AMEDURI B. Chemical Reactions of Polymer Crosslinking and Post-crosslinking at Room and Medium Temperature [J]. Progress in Polymer Science，2011，36（2）：191－217.

[31] LIU Y L，HSIUE G H，CHIU Y S. Thermal Characteristics of Energetic Polymers Based on Tetrahydrofuran and Oxetane Derivatives[J]. Journal of Applied Polymer Science，1995，58（3）：579－586.

[32] LUO Y，CHEN P，ZHAO F Q，et al. Kinetics and Mechanism of the Thermal Decomposition Reaction of 3,3－Bis（azidomethyl）Oxetane/ Tetrahydrofuran Copolymer[J]. Chinese Journal of Chemistry，2004，22（11）：1219－1224.

[33] MIRZA M S，NAVALE N G，SADAFULE D S，et al. Photocrosslinkable Vinyl Esters with α,β－Unsaturated Ketone Groups in the Backbone [J]. Journal of Macromolecular Science：Part A－Chemistry，1990，27（1）：1－22.

[34] SAHU S K，PANDA S P，SADAFULE D S，et al. Thermal and Photodegradation of Glycidyl Azide Polymers[J]. Polymer Degradation and Stability，1998，62（3）：495－500.

[35] 王学敏. 三官能度 3,3－双（叠氮甲基）氧杂环丁烷－四氢呋喃共聚醚的研制 [D]. 北京：北京化工大学，2004.

[36] GB/T 12008.5，塑料聚醚多元醇第五部分：酸值的测定 [S].

第3章
BAMO-r-THF 共聚醚交联
弹性体制备

线性端羟基 BAMO-r-THF 共聚醚黏合剂用于制备固体复合推进剂时，需将共聚醚共价键三维交联，形成热固性弹性体，赋予固体复合推进剂优良的力学性能。BAMO-r-THF 共聚醚黏合剂分子结构中含两种官能团：端羟基基团和叠氮基基团。鉴于官能团种类、官能度的差异，制备交联弹性体的方案也不同：① 端羟基与异氰酸酯反应形成聚氨酯交联弹性体；② 叠氮基与炔基反应生成聚三唑交联弹性体。

3.1 交 联 固 化

3.1.1 交联固化反应基本要求

BAMO-r-THF 共聚醚用作复合固体推进剂黏合剂时，除包含增塑剂外，还有固化剂、扩链剂、交联剂及固化促进剂等组分。为使 BAMO-r-THF 共聚醚黏合剂将复合固体推进剂各种填料组分均匀牢固地黏结在一起，形成三维交联网络，BAMO-r-THF 共聚醚黏合剂的交联固化反应总体应满足以下要求：

（1）BAMO-r-THF 共聚醚中各官能团反应活性要尽可能相近，使其与固化剂反应趋于完善，生成网络的缺陷尽可能少。例如，BAMO-r-THF 共聚醚中的端羟基与异氰酸酯进行交联反应时，主要是羟基结构中带负电荷的氧原子攻击异氰酸酯（—NCO）基团上带正电核碳原子的加成反应。异氰酸酯基团所连母体结构不同，其反应活性也不同；母体若是供电子基团，则异氰酸酯中碳原子的电负性增加，与羟基反应活性降低。母体若是拉电子基团，则提高其与羟基的反应活性。若羟基与供电子基团相连时，则有利于提高其与异氰酸酯的反应活性；一般来说，不考虑空间位阻情况下，氨基与异氰酸酯反应的活性大于羟基基团。

（2）BAMO-r-THF 共聚醚黏合剂与固化剂官能团有定量反应关系，可根据固化反应化学式计量关系，控制反应程度，预估、控制副反应。

（3）为使 BAMO-r-THF 共聚醚推进剂药浆能充分混合、脱气和浇铸，BAMO-r-THF 共聚醚固化交联反应速度应有充分调节余地，有数小时的适用期。

（4）异氰酸酯为固化剂交联 BAMO-r-THF 共聚醚时，主要副反应是水分干扰，水与异氰酸酯反应释放出 CO_2 气体，严重时可导致基体内部形成大量气孔。因此，需严格控制 BAMO-r-THF 共聚醚中水分含量。

（5）BAMO-r-THF 共聚醚交联固化反应时，放热量不应过大，以减少对固化基体的热胀影响。

通常，若使固体含量为 88%的固体推进剂获得 50%的伸长率，黏合剂基体应具有 400%～500%的伸长率。

3.1.2　交联固化控制参数

BAMO-r-THF 共聚醚黏合剂固化反应控制参数包括：固化剂与共聚醚黏合剂之间反应官能团的摩尔比（R），交联剂与共聚醚黏合剂之间官能团的摩尔比（ρ_t），以及扩链剂与共聚醚黏合剂之间官能团的摩尔比（ρ_{ext}）。

1. R 值

若以异氰酸酯化合物作为固化剂与 BAMO-r-THF 共聚醚中端羟基进行交联固化反应时，R 值计算如式（3-1）所示。无副反应情况下，—NCO 与—OH 官能团二者完全反应时 R 值为 1.0，即固化剂与 BAMO-r-THF 共聚醚黏合剂两种反应物，以其官能团等摩尔比进行投料。若 R 值低于 1.0，交联固化体系中则残留未反应的羟基基团；若 R 值大于 1.0，过量的异氰酸酯基团与氨基甲酸酯反应可形成脲基，提高弹性体交联网络密度，脲基结构较强的碱性也会对弹性体性能造成影响。

$$R = \frac{M_{-NCO}}{M_{-OH}} \qquad (3-1)$$

式中，M_{-NCO} 为异氰酸酯基团（—NCO）摩尔量，mol；M_{-OH} 为羟基基团（—OH）摩尔量，mol。

2. ρ_t 值

ρ_t 值定义为：交联剂分子与预聚物分子的摩尔比，即

$$\rho_t = \frac{交联剂的摩尔量}{预聚物的摩尔量} \tag{3-2}$$

ρ_t 值越高，固化产物交联密度越大。常用交联剂为平均官能度 $\bar{f} \geqslant 3$ 的多元醇类或多元胺类化合物，如三羟甲基丙烷（TMP，$C_6H_{14}O_3$）、三乙醇胺、丙二胺等。在甲苯二异氰酸酯（TDI）固化 BAMO - r - THF 共聚醚体系中，以 TMP 为交联剂时，若 BAMO - r - THF 共聚醚用量为 M 摩尔，ρ_t 值取 0.40，则交联剂 TMP 的添加量为 $0.40 \times M$ 摩尔。例如：以 BAMO - r - THF 共聚醚（$\bar{f} = 2.0$，$\overline{M_n} = 4\,000\ \text{g} \cdot \text{mol}^{-1}$）100 g 计算，BAMO - r - THF 共聚醚的摩尔量为 $100/4\,000 = 0.025$ mol，则 TMP 用量为 $0.025 \times 0.4 = 0.01$ mol，添加 TMP 的质量为 $0.01 \times 134 = 1.34$ g；134 为 TMP 的相对分子质量，单位为 $\text{g} \cdot \text{mol}^{-1}$。

3. ρ_{ext}

ρ_{ext} 定义为扩链剂摩尔量与预聚物摩尔量之比。对于由异氰酸酯固化的预聚物，扩链剂多数为低分子量二元醇（如乙二醇、二乙二醇、丁二醇）以及分子量为几百的二元醇，如聚乙二醇齐聚物等。

4. 固化促进剂

对于 BAMO - r - THF 共聚醚端羟基与异氰酸酯固化剂反应而言，常用的固化促进剂有二月桂酸二丁基锡（DBTDL、牌号 T-12）、辛酸亚锡、氧化铅等。对于由叠氮基与炔基进行的点击化学交联反应，常用催化剂有铜络合物、铜配合物、Ru^{II} 系列复配物、Ni^{II} 等。此外，Pd^{II} 和 Pt^{II} 金属复合物也作为固化促进剂得到广泛应用[1]。固化促进剂的用量一般用反应总物料的百分含量来表示。

3.1.3 异氰酸酯交联固化

端羟基 BAMO - r - THF 共聚醚与多官能度异氰酸酯化合物反应，可生成氨基甲酸酯交联点[2]。为确保固化形成三维交联网络，对于官能度为 2.0 的线性 BAMO - r - THF 共聚醚黏合剂，异氰酸酯固化剂的官能度通常需要大于等于 3；弹性体交联网络密度可通过改变固化剂与黏合剂比例进行调节。

异氰酸酯类固化剂通常可分为脂肪族异氰酸酯类固化剂和芳香族异氰酸酯类固化剂。常用脂肪族异氰酸酯类固化剂有：异佛尔酮二异氰酸酯（IPDI）、$4,4'$-环己基甲烷二异氰酸酯（H_{12}MDI）、六亚甲基二异氰酸酯以及 N-100（六亚甲基二异氰酸酯和水的加成物）等。芳香族异氰酸酯类固化剂有：甲苯二异氰酸酯（TDI）、$4,4'$-二苯基甲烷二异氰酸酯（MDI）等。一般而言，芳香族类异氰酸酯固化剂的反应活性大于脂肪族类异氰酸酯固化剂。常用异氰酸酯类固化剂的结构式如图 3-1 所示。

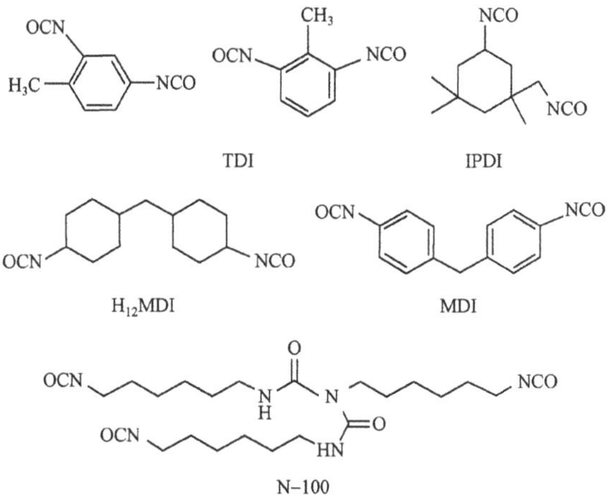

图 3-1　常用异氰酸酯固化剂结构式

为满足弹性体拉伸强度、延伸率和硬度等要求，BAMO－r－THF 共聚醚与异氰酸酯反应交联固化时，有时还需加入合适的交联剂或扩链剂。三乙醇胺、己烷三醇、三羟甲基丙烷、甘油、季戊四醇以及联苯三酚等化合物常常作为交链剂使用，这些化合物可以确保聚氨酯交联的固化效果[3,4]。在异氰酸酯交联端羟基 BAMO－r－THF 共聚醚的固化反应中，上述交联剂对其固化反应速度及固化后弹性体的力学性能有显著影响[5,6]。

端羟基 BAMO－r－THF 共聚醚固化反应过程中，有时为了确保固化反应完全彻底，常需加入固化促进剂来加速反应，所用固化促进剂的种类和用量取决于异氰酸酯固化剂本身。端羟基 BAMO－r－THF 共聚醚与 N-100 固化反应时，固化促进剂二月桂酸二异丁基锡（DBTL）浓度为 30～75 ppm 时即可显著加速固化交联反应速率。采用三苯基铋（TPB）和 DBTL 混合物作为固化促进剂时，还具有抑制异氰酸酯副反应的作用。羟基与异氰酸酯催化反应机理及 BAMO－r－THF 端羟基与多官能度异氰酸酯化合物交联固化反应示意图如图 3-2 所示。

3.1.4　不饱和烃交联固化

1. 烯类化合物交联固化

叠氮基团结构中的 1、3 氮原子带负电荷，其与不饱和烯烃双键易发生环加成反应，生成具有五元环结构的 1,2,3-三唑啉，1,2,3-三唑啉热稳定性差，受热分解放出 N_2，进而生成氮丙啶类化合物。因此，叠氮基与不饱和烯烃双键反应时需在低温下进行，反应时间长，约两个星期。加热可加速叠氮基团与烯烃双键的反应速率。例如：石油醚中，降冰片烯和芳香叠氮化合物在 60～90 ℃下回流 3～4 h 即可完成环加成反应[7]。

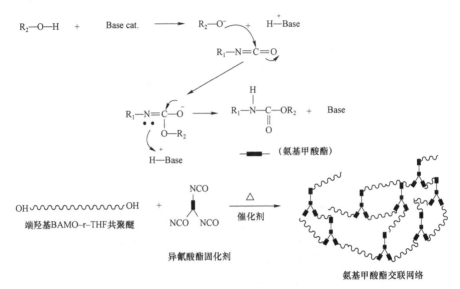

图3-2　BAMO-r-THF 共聚醚端羟基与异氰酸酯催化反应交联示意图

BAMO-r-THF 共聚醚分子链上含有许多侧挂的叠氮基团,其与双官能度烯类化合物反应即可形成化学交联网络,图3-3是双官能度 2-甲基丙烯酸酯交联 BAMO-r-THF 共聚醚反应示意图。由于共聚醚中任一叠氮基均可与双键反应,叠氮基团可发生部分或全部交联,弹性体交联密度调节范围宽,赋予该交联弹性体较宽范围的力学性能[8]。

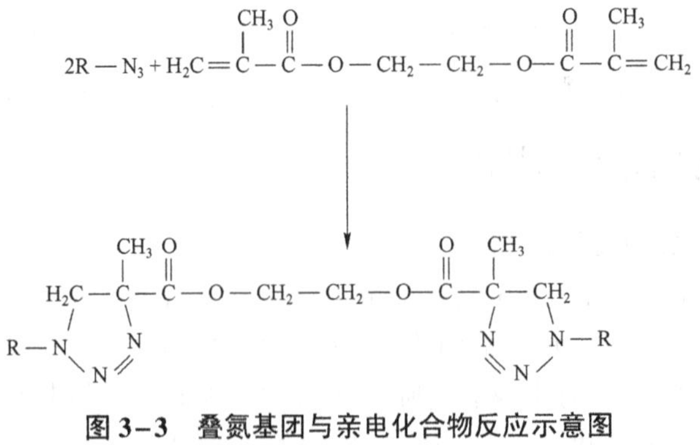

图3-3　叠氮基团与亲电化合物反应示意图

与聚氨酯反应体系相比,叠氮基与不饱和烯烃双键的反应不受水蒸气影响,可省去对反应原料的干燥处理。此外,由于该反应生成的三唑啉基团热稳定性差，其结构还可以提高推进剂燃速。通过叠氮基和丙烯酸、丙烯酸酯、丙烯酰胺类化合物的反应可制备高燃速叠氮聚醚推进剂[9]。

　　Varma 等人[10]研究了叠氮聚醚和双马来酸亚胺、双衣康酸亚胺、桥‑5‑降冰片烯‑2,3‑二碳酰胺的反应。实验表明：40～60 ℃条件下，上述化合物与叠氮聚醚生成的交联弹性体柔性好，热稳定性也较高。可用于叠氮聚醚交联的烯类化合物还有：二亚甲基甘醇二丙烯酸酯、四乙烯基甘醇二丙烯酸酯、乙烯基甘醇二丙烯酸酯、己二醇二丙烯酸酯、季戊四醇三/四丙烯酸酯、己烷二醇二丙烯酸酯等多官能度丙烯酸类化合物，以及己烷二胺双丙烯酸胺，亚甲基双丙烯酰胺等丙烯酰胺类化合物。

2. 炔基固化剂

　　与叠氮基和烯烃双键生成三唑啉化合物不同，叠氮基与炔基反应可生成 1,2,3‑三唑化合物。1,2,3‑三唑基团结构中三个氮原子和两个碳原子均以 sp^2 杂化轨道进行共价键键接，形成平面五元环；垂直于平面五元环、含 6 个电子的 5 个 p 轨道离域形成大 π 键，分子结构呈高度芳香性，三唑基团具有较高的稳定性，如图 3‑4 所示[11]。琥珀酸二丙炔酯、4,4′‑二乙炔基联苯、1,4‑二丙炔氧基苯等炔基化合物均可与叠氮基反应形成高热稳定性的三唑化合物。

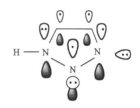

图 3‑4　1H‑1,2,3‑三唑分子轨道电子示意图

　　与常规苯环类芳香性化合物不同，1H‑1,2,3‑三唑分子结构中 3 个高电负性氮原子位于五元环一侧，使得五元环结构中的σ键骨架及离域 π 电子发生强烈极化[12]。密度泛函理论计算表明：1H‑1,2,3‑三唑化合物存在 4 种共振结构式，其叠加效应为五元环中 N^1、C^4、C^5 位携带正电荷，而 N^2、N^3 位携带负电荷；1H‑1,2,3‑三唑呈现 4.55 D（Debye）的高偶极矩（见式（3‑3））[13]。

1H-1,2,3-三唑　　　　　　　　　　　　　　　　　　　　$\mu=4.55\,D$

$$(3-3)$$

　　有关叠氮基与炔基的反应研究可追溯到 19 世纪末。1893 年，Michael 等[14]报道了非催化条件下叠氮化合物与炔基化合物的环加成反应，由于该反应产率极低，没有应用价值。1910 年，Dimroth 和 Fester 将 HN$_3$ 与乙炔的丙酮溶液进行反应，100 ℃下反应 70 h 可得到环加成产物[15]。Sheehan 和 Hartzel 等以苯为溶剂，将上述反应在密闭容器内，90～135 ℃下反应 29～48 h，产物收率达 30%～60%[16]。1963 年 Huisgen 提出有机叠氮化合物和端炔烃之间的环加成机制属于 1,3－偶极环加成反应，该反应活化能高，需在高温、高压条件下进行，且所得产物为 1,4－二取代三唑和 1,5－二取代三唑的混合物，反应方程式见式（3－4）[17]。上述研究结论是在叠氮基团与炔基基团等当量条件下反应获得的。

$$R{-}N_3 \; + \; \equiv\!\!-R' \xrightarrow{\;\triangle\;} \quad + \quad$$

（3－4）

当少量多官能度炔基化合物与叠氮聚醚混合时，叠氮基团浓度远高于炔基基团，可加速炔基与叠氮基的反应进程，形成无规三维交联网络结构。该反应在 0～90 ℃内均可进行，最佳反应温度为 25～40 ℃。在低温或增塑条件下时，上述固化反应速率较慢[18,19]。二官能度炔基固化剂与叠氮聚醚聚合物反应形成交联网络结构示意图，如图 3－5 所示。可以看出，该反应形成的交联网络属于无规交联。

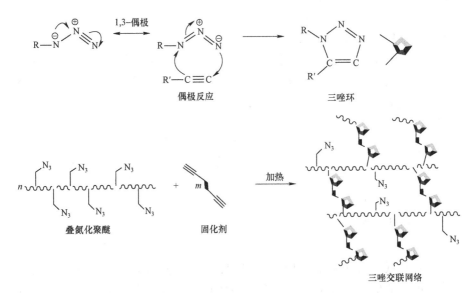

图 3－5　二官能度炔基固化剂交联叠氮聚醚示意图

3. 点击化学交联

虽然叠氮基或炔基组分之一官能团过量条件下，可促使三唑反应进行，但由于叠氮基与炔基高反应活化能，很长时间内抑制了其实际应用价值。2002 年，丹麦化学家 Meldal[20]和美国化学家 Sharpless[21]团队分别独自发现：溶液中，室温、亚铜离子（Cu^I）催化作用下等摩尔比端炔基/叠氮基可迅速进行 Huisgen 环加成反应，生成具有空间选择性的 1,4 – 二取代 1,2,3 – 三唑化合物。该反应被 Sharpless 称为 CuAAC 点击化学反应，见式（3 – 5）。点击化学作为目前最吸引人的化学反应之一，已经渗透到了诸多应用领域，如生命、高分子化学、功能材料、蛋白质组学、生物偶联技术和生物医药等[21]。

$$R_1 \!-\! C \!\equiv\! CH + R_2 \!-\! N_3 \xrightarrow{\quad CuAAC \quad} \underset{H}{\overset{R_2-N\diagdown N=N}{\bigtriangleup}} R_1 \qquad (3-5)$$

针对亚铜离子对端炔基/叠氮基反应展现的优异催化能力，Script 课题组采用密度泛函理论和反应动力学测试对 CuAAC 反应机理进行了详细研究[22-27]，结果表明，亚铜离子空轨道是 CuAAC 反应的关键活性点，端炔基结构中的 π 键与亚铜空轨道络合后，炔基端位活泼氢的 pKa 值较未络合时下降 9.8 个单位；即使在酸性条件下，此时以 π 键与亚铜空轨道络合的端炔基也能够通过端位脱氢过程形成以 σ 键配位的端炔基/亚铜络合中间体。动力学测试表明，亚铜催化剂对 CuAAC 反应速率的影响与其浓度有关。低浓度时，亚铜催化剂浓度与 CuAAC 反应速率成二级反应关系；高浓度时，催化剂易形成低活性的亚铜离子聚集体，此时催化剂浓度与 CuAAC 速率成零级反应关系。综合密度泛函和反应动力学研究结果，Finn 提出了双金属催化反应机理：炔基首先与双金属催化剂中的一个亚铜离子空轨道进行络合；随后，叠氮基再与该催化剂中的另外一个亚铜离子空轨道作用，所得中间体通过环化反应生成三唑目标产物，其反应历程如图 3 – 6 所示。

利用 BAMO-r-THF 共聚醚端羟基与异氰酸酯反应形成聚氨酯末端交联弹性体时，由于异氰酸酯对 H$_2$O 敏感、有副反应、反应条件苛刻等不足[32]，导致弹性体微观网络结构缺陷，偏离理论预测性能。借助 BAMO-r-THF 共聚醚分子链上的叠氮基与炔基反应则可避免上述情况发生。近来，利用叠氮基与炔基间的环加成反应也成为制备 BAMO – r – THF 共聚醚弹性体研究的热点。

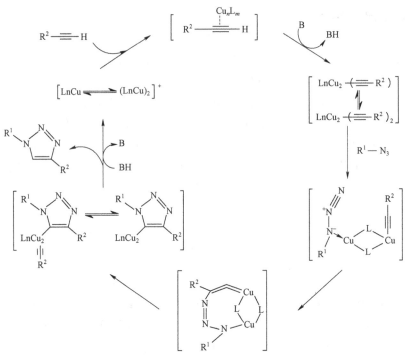

图 3‑6　双金属离子催化 CuAAC 反应历程[28‑31]

3.2　聚氨酯交联固化体系

线性端羟基 BAMO‑r‑THF 共聚醚的羟基官能度约为 2，借助羟基与异氰酸酯反应，制备聚氨酯交联 BAMO‑r‑THF 共聚醚弹性体的方法可分为两种情况：

（1）BAMO‑r‑THF 无规共聚醚端羟基与多官能度异氰酸酯化合物反应，进行交联固化。

（2）在共聚醚黏合剂体系中加入多官能度羟基化合物作为交联剂，然后与双官能度异氰酸酯固化剂反应，可制备得到三维交联的 BAMO‑r‑THF 共聚醚弹性体。

3.2.1　多官能度异氰酸酯为交联剂

以 BAMO‑r‑THF 共聚醚（分子量 M_n 为 3 910 g·mol^{-1}，多分散性指数为 1.68，羟基含量为 0.454 mmol·g^{-1}）为黏合剂、N‑100（六次甲基二异氰酸酯

与水加成的无定形低聚物，M_n 为 728 g·mol^{-1}，官能度为 3.87，异氰酸酯含量为 5.32 mmol·g^{-1}）为固化剂，制备多官能度异氰酸酯交联 BAMO-r-THF 共聚醚弹性体，分析弹性体网络结构调节方式及其力学性能响应规律。

　　N-100 为脂肪族类异氰酸酯固化剂，反应活性低，采用二月桂酸二丁基锡（T12）催化剂调节其交联反应速率。T12 使用前将其配置成 0.25% 的邻苯二甲酸二辛酯（DOP）溶液。交联剂 N-100 在 BAMO-r-THF 共聚醚弹性体中的交联点结构示意图如图 3-7 所示。

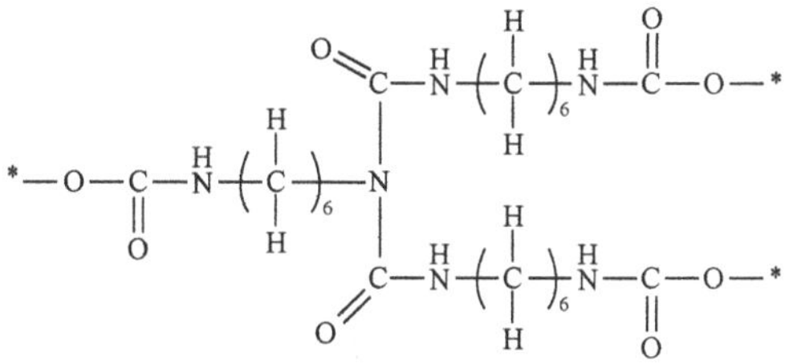

图 3-7　N-100 固化交联点结构示意图

（一）弹性体制备

　　按照表 3-1 所列配方组分质量比，将 BAMO-r-THF 共聚醚黏合剂、N-100 固化剂混合，搅拌均匀后，添加 T12 催化剂，再次搅拌均匀，倒入聚四氟乙烯模具中，60 ℃下真空除泡，然后置于 50 ℃隔水式恒温箱中，固化，得到不同固化参数（R 值）的聚氨酯交联 BAMO-r-THF 共聚醚弹性体。

表 3-1　BAMO-r-THF 弹性体组分质量比

R 值	BAMO-r-THF	N-100	T12（0.25% 的 DOP 溶液）
0.8	100	6.8	0.13
0.9	100	7.7	0.13
1.0	100	8.5	0.13
1.1	100	9.4	0.13
1.2	100	10.2	0.13
1.3	100	11.1	0.13

　　图 3-8 为 BAMO-r-THF 共聚醚弹性体固化前、后红外谱图。对比固化前、后红外谱图，可以看出，2 931 cm^{-1}、2 862 cm^{-1} 处为 BAMO-r-THF 共聚醚分子链结构中亚甲基的对称和不对称伸缩振动吸收峰，2 089 cm^{-1} 为叠氮

基（—N₃）的特征吸收峰，1 093 cm⁻¹ 为分子链上 C—O—C 的特征吸收峰。固化后，弹性体在 2 251 cm⁻¹ 处对应—NCO 的红外吸收峰完全消失（图 3–8 中箭头所示），说明高活性异氰酸酯基团已完全反应。

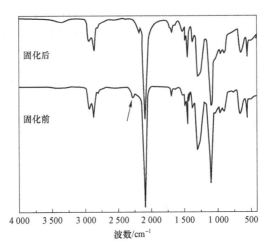

图 3–8　BAMO－r－THF 与 N–100 交联弹性体红外谱图

（二）网络结构

交联弹性体浸泡溶胀时，一方面，由于弹性体内外浓度差，溶剂分子试图渗入高聚物内部，使得弹性体体积发生膨胀；另一方面，交联弹性体体积膨胀导致交联网链向三维空间扩展，网链结构产生回缩力，力图使弹性体收缩，将弹性体内部的溶剂排出。当这两种趋势趋于平衡时，弹性体达到溶胀平衡。若弹性体交联密度低、网链分子量高，则弹性体体积平衡溶胀率大；反之亦然。通过测定平衡溶胀率可表征交联弹性体的网络结构。

1. 溶胀性能

异氰酸酯固化剂 N–100 的官能度大于 3，其与 BAMO－r－THF 共聚醚黏合剂端羟基反应时，形成三维交联网络弹性体，采用平衡溶胀法探究固化参数 R 值对 BAMO－r－THF 共聚醚弹性体交联网络结构的影响规律。

室温下，取 BAMO－r－THF 共聚醚弹性体试样约 0.2 g（约 10 mm×5 mm×4 mm）浸泡于甲苯溶液中。每隔一段时间取出试样，用滤纸快速吸除试样表面溶剂，称重，放回，直至连续两次质量变化小于 0.001 g。依据质量加和定律，弹性体体积溶胀率 q_v 由式（3–6）求得：

$$q_{v} = 1 + \left(\frac{m}{m_{0}} - 1 \right) \frac{\rho_{2}}{\rho_{1}} \qquad (3-6)$$

式中，m_{0} 为 BAMO－r－THF 共聚醚弹性体样品溶胀前质量；m 为溶胀任意时刻弹性体的质量；ρ_{1}、ρ_{2} 分别为溶剂和弹性体的密度。

图 3－9 是不同 R 值制备 BAMO－r－THF 共聚醚弹性体平衡溶胀曲线。可以看出，R 值越大，弹性体达到溶胀平衡的时间越短，体积平衡溶胀率越低。平衡溶胀率随 R 增大而单调下降。

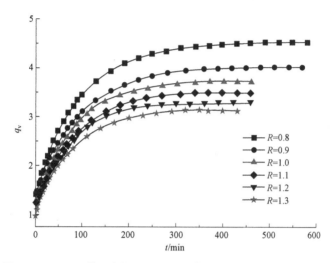

图 3－9　不同 R 值 BAMO－r－THF 共聚醚弹性体平衡溶胀曲线

2. 网络结构参数

除交联密度外，弹性体平衡溶胀率还与实验温度、弹性体与溶剂间的相互作用有关。依据 Flory-Huggins 溶液理论和弹性体网链高斯模型，可建立交联弹性体网络结构参数与上述各因素间的定量关系式。

BAMO－r－THF 共聚醚交联弹性体在溶剂中达到溶胀平衡后，BAMO－r－THF 共聚醚在溶胀弹性体中的积分数 v_{2m} 可用 Bristow-Watson 公式获得[33]，见式（3－7）；弹性体网链与溶剂间的 Flory-Huggins 相互作用参数 χ 可根据式（3－8）计算获得[34]；根据 Flory-Huggins 理论推导的 Flory-Rehner 方程可获得弹性体交联点间网链平均分子量 M_{c}，见式（3－9）[35]；弹性体单位体积内网链密度 N_{0} 可通过式（3－10）获得。

$$v_{2m} = \frac{1}{q_{v}} \qquad (3-7)$$

$$\chi \approx 0.34 + \frac{V_1}{RT}(\delta_p - \delta_s)^2 \qquad (3-8)$$

$$M_c = \frac{\rho V_1 \left(v_{2m}^{1/3} - \dfrac{v_{2m}}{2} \right)}{\left[\ln(1 - v_{2m}) + v_{2m} + \chi v_{2m}^2 \right]} \qquad (3-9)$$

$$N_0 = \frac{\rho}{M_c} \qquad (3-10)$$

式中，V_1 为甲苯溶剂摩尔体积，106.4 mL·mol^{-1}；R 为气体常数，8.314 J·mol^{-1}·K^{-1}；T 为绝对温度，K；δ_s 为甲苯的溶度参数，18.1 J$^{\frac{1}{2}}$·cm$^{-\frac{3}{2}}$；δ_p 为弹性体溶度参数，用 BAMO–r–THF 共聚醚溶度参数替代，18.05 J$^{\frac{1}{2}}$·cm$^{-\frac{3}{2}}$；ρ 为弹性体的密度[36]。

依据式（3-7）～式（3-10），不同固化参数 R 值所得 BAMO–r–THF 共聚醚弹性体网络结构参数如表 3-2 所示。固化参数 R 值由 0.8 增加至 1.3 时，BAMO–r–THF 共聚醚弹性体交联点间表观网链分子量 M_c 值由 5 132 g·mol^{-1} 单调下降至 2 161 g·mol^{-1}；有效网链表观密度由 0.231 9 mmol·cm^{-3} 单调增加至 0.552 6 mmol·cm^{-3}。

表 3-2　不同固化参数 R 值所得 BAMO–r–THF 弹性体网络结构参数

R 值	χ_1	q_v	v_{2m}	ρ/（g·cm^{-3}）	M_c/（g·mol^{-1}）	N_0/（mmol·cm^{-3}）
0.8	0.34	4.517	0.221 4	1.189 8	5 132	0.231 9
0.9	0.34	4.011	0.249 3	1.192 0	3 922	0.304 0
1.0	0.34	3.733	0.267 9	1.192 3	3 317	0.359 4
1.1	0.34	3.490	0.286 6	1.192 6	2 825	0.422 2
1.2	0.34	3.277	0.305 1	1.192 8	2 426	0.491 7
1.3	0.34	3.126	0.319 9	1.194 0	2 161	0.552 6

图 3-10 给出了不同固化参数条件下，聚氨酯交联 BAMO–r–THF 共聚醚弹性体网络结构示意图。固化参数 R 值小于 1.0 时，异氰酸酯摩尔量低于 BAMO–r–THF 共聚醚端羟基摩尔量，交联弹性体中的端羟基不能完全反应，弹性体网络结构存在悬挂链，故溶胀试验表现为较大的表观网链分子量和较低的表观网链密度。固化参数 R 值高于 1.0 时，异氰酸酯基团摩尔量大于羟基摩尔量，异氰酸酯与羟基等当量反应，生成氨基甲酸酯交联点后，尚余过剩异氰酸酯基团。高活性的异氰酸酯基团可发生副反应，其继续与氨基甲酸酯中的氨基进行反应，生成脲基交联点，使得弹性体内交联密度进一步升高。因此固化参数 R 值为 1.3 时，所得弹性体的网链平均分子量为 2 161 g·mol^{-1}，

远低于 BAMO–r–THF 共聚醚预聚物分子量 3 910 g·mol⁻¹。另外，弹性体结构中的网链物理缠结也是造成网链表观分子量下降的主要原因之一。上述讨论未涉及异氰酸酯基团与水的副反应。在制备聚氨酯交联 BAMO–r–THF 共聚醚弹性体过程中，还要特别注意共聚醚中水分的含量，其对弹性体交联固化质量及其力学性能具有重要影响。

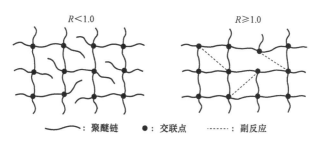

$R<1.0$ $R\geqslant1.0$

———：聚醚链   ●：交联点   ┅┅┅：副反应

图 3–10   BAMO–r–THF 聚氨酯弹性体交联网络模型

此外，上述计算弹性体网络结构时，是将 BAMO–r–THF 共聚醚预聚物溶度参数等效于高分子弹性体的溶度参数，获得溶剂与聚合物弹性体的 Flory–Huggins 作用参数 χ 值，得到交联弹性体网链平均分子量及其交联密度，这种情况通常仅在交联剂、扩链剂以及固化剂总体含量较小的条件下方可近似。对于交联剂、扩链剂以及固化剂总体含量较高的情况下，可使用溶度参数不同的溶剂对交联弹性体进行平衡溶胀，绘制溶度参数–平衡溶胀率曲线，借助最大平衡溶胀率对应的值，确定弹性体溶度参数[37]。

（三）力学特性

将表 3–1 所列 BAMO–r–THF 共聚醚弹性体样品制成哑铃状（宽度为 5 mm，标距为 16 mm），固定于 CMT4104 电子拉力试验机上；室温下对其进行力学性能测试，拉伸应变速率为 1.25 min⁻¹，其典型应力–应变曲线如图 3–11 所示。可以看出，不同固化参数 R 值制备的 BAMO–r–THF 共聚醚弹性体，其应力–应变曲线均表现为典型的无定型聚集态弹性体拉伸行为，即随应变增加，弹性体拉伸模量逐渐下降。

表 3–3 是不同 R 值 BAMO–r–THF 共聚醚弹性体断裂拉伸力学性能。随 R 值增加，弹性体表观网链密度逐渐增加，而弹性体拉伸强度、模量与其表观网链密度成正比，断裂延伸率与其成反比，因此，聚氨酯交联 BAMO–r–THF 共聚醚弹性体断裂拉伸强度由 R 值为 0.8 时（0.61±0.03）MPa 单调递增至 R 值为 1.3 时的（1.29±0.03）MPa，断裂延伸率由 R 值为 0.8 时 194%±20% 降至 R 值为 1.3 时 116%±7%，上述特性随 R 值变化趋势如图 3–12 所示。

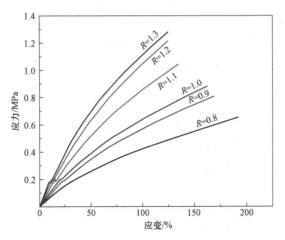

图 3-11 不同 R 值 BAMO-r-THF 弹性体常温典型应力-应变曲线

表 3-3 BAMO-r-THF 弹性体常温力学数据

R 值	应力与应变	力学性能				
		1	2	3	4	平均值
0.8	σ_b/MPa	0.65	0.59	0.59	0.62	0.61±0.03
	ε_b/%	192	176	185	223	194±20
0.9	σ_b/MPa	0.84	0.86	0.85	0.81	0.84±0.02
	ε_b/%	173	161	193	169	174±14
1.0	σ_b/MPa	0.83	0.88	0.93	0.82	0.87±0.05
	ε_b/%	158	163	187	163	168±13
1.1	σ_b/MPa	1.11	1.21	1.06	1.04	1.10±0.08
	ε_b/%	125	129	125	135	128±5
1.2	σ_b/MPa	1.26	1.09	1.21	1.04	1.15±0.10
	ε_b/%	123	121	125	135	126±7
1.3	σ_b/MPa	1.32	1.26	1.28	1.31	1.29±0.03
	ε_b/%	117	111	125	109	116±7

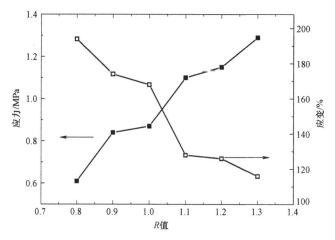

图 3－12　BAMO－r－THF 弹性体力学性能随 R 值变化趋势

（四）玻璃化转变温度

1. DSC 法

利用聚合物在玻璃化转变温度附近热容改变机制,通过对 BAMO－r－THF 共聚醚弹性体 DSC 曲线扫描,可判断其玻璃化转变温度。将 5～10 mg BAMO－r－THF 共聚醚弹性体薄片样品平置于 DSC 坩埚样品池中,采用 F204 Netzsch 示差扫描量热仪对其进行温度扫描,测试温度范围为 −90～70 ℃;升温速率为 10 K · min^{-1},氮气保护。

图 3－13 为不同固化参数 R 值时 BAMO－r－THF 共聚醚弹性体 DSC 曲线。

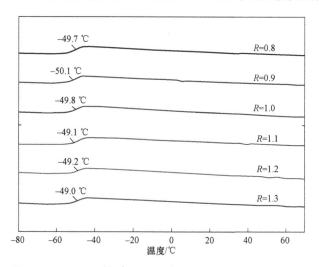

图 3－13　不同 R 值时 BAMO－r－THF 弹性体 DSC 曲线

可以看出，BAMO-r-THF 共聚醚弹性体玻璃化转变温度约为-49 ℃，随 R 值改变，弹性体玻璃化转变温度变化不大。BAMO-r-THF 共聚醚弹性体没有明显的放热、吸热峰，表明不同固化参数 R 值制得的 BAMO-r-THF 共聚醚弹性体在此温度范围内，聚集态无明显变化。

2. DMA 法

采用动态力学分析法（DMA）对固化参数 R 值为 1.0 的 BAMO-r-THF 共聚醚弹性体在加载频率为 1 Hz、升温速率为 3 K·min^{-1} 下进行 DMA 测试，储能模量、损耗模量及损耗因子与温度关系曲线如图 3-14～图 3-16 所示。

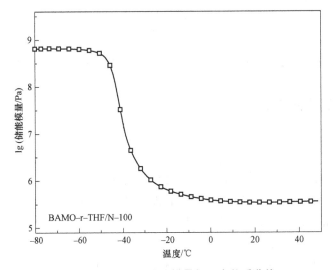

图 3-14　弹性体储能模量与温度关系曲线

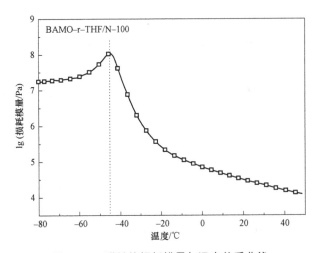

图 3-15　弹性体损耗模量与温度关系曲线

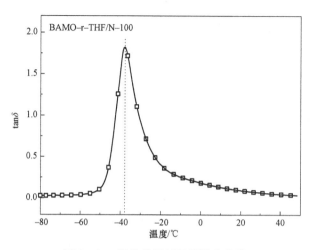

图 3-16　弹性体损耗因子温度曲线

由图 3-14、图 3-15 可知，-60 ℃附近 BAMO-r-THF 共聚醚弹性体储能模量开始减小，损耗模量开始上升，-50 ℃左右储能模量急剧减小，-45 ℃时损耗模量达到峰值。这表明，低于-60 ℃时，弹性体处于玻璃态，链段运动被完全冻结，受外力作用时仅分子中的键长、键角发生改变，形变量小，储能模量高，BAMO-r-THF 共聚醚弹性体几乎呈现理想的弹性特性。-60 ℃左右时，聚合物链段开始发生运动，出现能量损耗，随着温度继续升高，运动链段的数目也开始增加，损耗模量在-45 ℃时达到一个极大值；随着温度继续升高，聚合物链段开始完全运动，内耗变小，损耗模量也降低。由图 3-16 可以看出，BAMO-r-THF 共聚醚弹性体最大损耗因子（损耗模量与储能模量之比）对应温度为-37.88 ℃，对应于该弹性体玻璃化转变温度。由于 DMA 法测试弹性体玻璃化转变温度的依据是弹性体的玻璃态和高弹态两者间的力学响应特性存在差异，DSC 法是基于弹性体玻璃态和高弹态两者间热容存在差异，且两者没有建立相应的等价测试标准，因此，所得弹性体玻璃化转变温度值也存在差异。

多官能度异氰酸酯固化剂 N-100 与 BAMO-r-THF 共聚醚预聚物反应，可形成具有三维交联网络结构的弹性体。调节配方固化参数 R 值（R>1.0 时），借助异氰酸酯与氨基甲酸酯中氨基的反应可进一步调节聚合物交联网络结构，获得力学性能不同的弹性体材料。BAMO-r-THF 共聚醚弹性体玻璃化转变温度与 R 值关系不大。测试方法对弹性体的玻璃化转变温度值影响较大，测试方法不同所得弹性体的玻璃化转变温度值也不完全一致。

3.2.2　三羟甲基丙烷为交联剂

以 BAMO-r-THF 共聚醚（分子量为 6 000 g·mol^{-1}，PDI 为 1.68，羟基含量为 0.31 mmol·g^{-1}）为黏合剂，聚乙二醇 200（PEG200，分子量为 200 g·mol^{-1}）为扩链剂，三羟甲基丙烷（TMP，分子量为 134.17 g·mol^{-1}）为交联剂，甲苯二异氰酸酯（TDI，分子量为 174.156 1 g·mol^{-1}）为固化剂，固定固化参数 R 值为 1.0、硬段含量为 20%不变，制备 TMP 交联 BAMO-r-THF 共聚醚弹性体。本节介绍 TMP 交联弹性体网络结构调节方式及其力学性能响应规律。

1. 弹性体制备

按照表 3-4 所列 BAMO-r-THF 共聚醚弹性体配方组成，将计量的 BAMO-r-THF 共聚醚黏合剂、TDI 固化剂混合均匀，在 60 ℃烘箱中放置 1 h，再加入计量的扩链剂 PEG200、交联剂 TMP，快速搅拌混合均匀，注入聚四氟乙烯模具中，真空除泡，置于 60 ℃隔水式恒温箱中固化，至异氰酸酯红外特征吸收峰完全消失。弹性体化学交联点结构如图 3-17 所示。

表 3-4　不同 TMP 含量 BAMO-r-THF 共聚醚弹性体组分质量比

TMP	BAMO-r-THF	PEG200	TDI
1.2	80	7.64	11.16
1.5	80	7.17	11.33
2.0	80	6.38	11.62
3.0	80	4.81	12.19
5.8	80	0.40	13.80

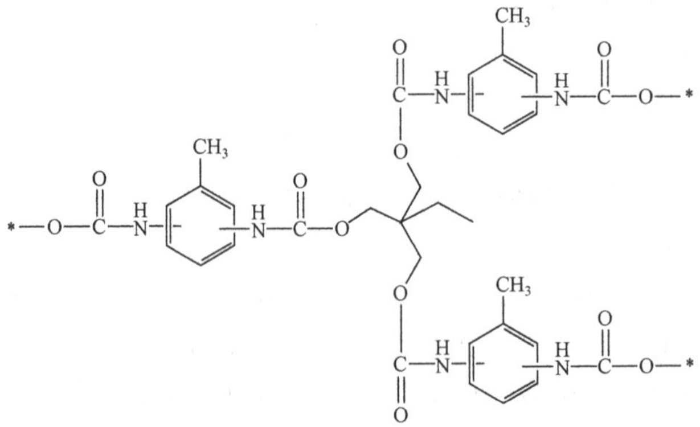

图 3-17　TMP/TDI 交联点结构示意图

图 3-18 为交联剂 TMP 不同用量制备 BAMO-r-THF 共聚醚弹性体 FTIR

图谱。从图中可看出，固化完全后，谱图中未见—OH 和—NCO 基团特征吸收峰。3 324 cm⁻¹ 处宽峰为氢键缔合—NH 伸缩振动峰，1 731 cm⁻¹ 处为氨基甲酸酯结构中羰基的伸缩振动吸收峰。以上结果表明，弹性体原料中的羟基与固化剂中—NCO 基团反应生成了氨基甲酸酯结构。2 099 cm⁻¹、1 093 cm⁻¹ 处吸收峰分别为共聚醚链结构中 C—O—C 和—N₃ 特征吸收峰，2 932 cm⁻¹、2 863 cm⁻¹ 处为其亚甲基的对称和不对称伸缩振动吸收峰。

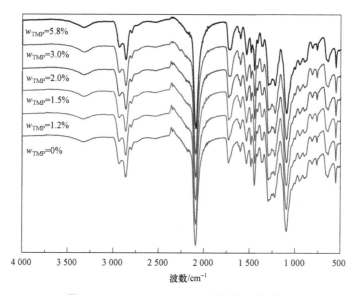

图 3–18　BAMO－r－THF 弹性体红外谱图

2. 交联网络

以甲苯为溶剂，对 TMP 交联 BAMO－r－THF 共聚醚弹性体进行溶胀，图 3–19 为其溶胀曲线。可以看出，所有共聚醚弹性体体积溶胀曲线均表现为起始快速上升，随后缓慢趋于平衡的过程。BAMO－r－THF 共聚醚弹性体体积平衡溶胀率随交联剂 TMP 含量增加而呈单调下降趋势。较高的溶胀比意味着较大的网链平均分子量和较低的交联密度；TMP 交联 BAMO－r－THF 共聚醚弹性体中，随着交联剂 TMP 含量增加，弹性体的交联密度增加，网链平均分子量下降。固化参数 R 值不变条件下，通过调节弹性体配方中交联剂 TMP 含量可改变弹性体交联网络结构。

3. 力学特性

不同 TMP 含量制备 BAMO－r－THF 共聚醚弹性体的典型拉伸应力–应变曲线如图 3–20 所示。可以看出，由于弹性体化学交联密度随 TMP 含量增加而逐渐增加，其起始拉伸模量也逐渐增加，与多异氰酸酯交联固化体系模量变化规律相一致。不过，TMP 交联弹性体应力－应变拉伸曲线较复杂，TMP含量高于 2.0%时，弹性体拉伸曲线呈明显反"S"形。

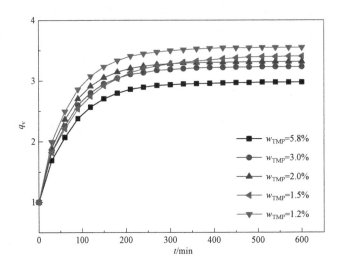

图 3-19 不同交联剂含量制备弹性体的体积溶胀曲线

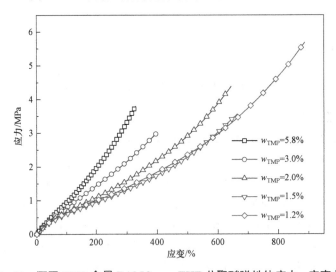

图 3-20 不同 TMP 含量 BAMO－r－THF 共聚醚弹性体应力－应变曲线

表 3-5 是不同 TMP 含量制备 BAMO－r－THF 共聚醚弹性体拉伸力学性能。可以看出，弹性体力学性能随 TMP 含量的增加变化较复杂。虽然弹性体断裂延伸率 ε_b 随 TMP 含量呈递减趋势，但其断裂拉伸强度 σ_b 则呈无规律状态。这与不同的交联剂含量导致弹性体内部物理相互作用改变有关。

表 3-5　交联剂 TMP 不同含量弹性体力学性能

样品	σ_b/MPa	$\varepsilon_b/\%$
$w_{TMP}=5.8\%$	3.72	327
$w_{TMP}=3.0\%$	3.00	412
$w_{TMP}=2.0\%$	4.24	647
$w_{TMP}=1.5\%$	3.58	668
$w_{TMP}=1.2\%$	5.77	896

4. 玻璃化转变温度

利用 DSC 测试分析交联剂 TMP 添加量对 BAMO-r-THF 共聚醚弹性体玻璃化转变温度的影响规律，升温速率为 $10\ K\cdot min^{-1}$，N_2 氛围，测试结果如图 3-21 所示。可以看出，通过调节扩链剂 PEG200 添加量而使硬段含量保持不变，不同 TMP 交联剂添加量所得弹性体玻璃化转变温度均处于约 46 ℃，交联剂 TMP 添加量对弹性体玻璃化转变温度影响不大。与多异氰酸酯化合物 N-100 交联弹性体相比，TMP 交联弹性体配方中由于引入大量的硬段结构，体系玻璃化转变温度较 N-100 交联体系高 3~4 ℃。

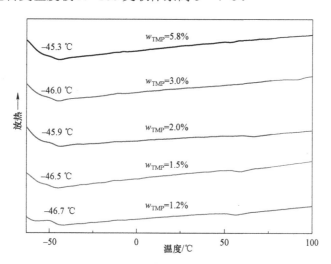

图 3-21　TMP 不同含量制备弹性体 DSC 曲线

3.2.3　三乙醇胺为交联剂

以 BAMO-r-THF 共聚醚（分子量为 $6\ 000\ g\cdot mol^{-1}$，PDI 为 1.68，羟基

含量为 0.31 mmol·g^{-1}）为黏合剂，聚乙二醇 200（PEG200，分子量为 200 g·mol^{-1}）为扩链剂，三乙醇胺（TEA，分子量为 149.188 g·mol^{-1}）为交联剂，甲苯二异氰酸酯（TDI，分子量为 174.156 1 g·mol^{-1}）为固化剂，固定固化参数 R 值为 1.0、硬段含量为 20%不变，制备 TEA 交联 BAMO－r－THF 共聚醚弹性体。本节介绍交联剂 TEA 含量对弹性体性能的影响规律。

（一）弹性体制备

按照表 3-6 所列 BAMO－r－THF 共聚醚弹性体配方组成，将计量的 BAMO－r－THF 共聚醚黏合剂、TDI 固化剂混合均匀，在 60 ℃烘箱中放置 1 h，再加入计量的扩链剂 PEG200、交联剂 TEA，快速搅拌混合均匀，注入聚四氟乙烯模具中，真空除泡，置于 60 ℃隔水式恒温箱中固化，至异氰酸酯红外特征吸收峰完全消失，所得弹性体交联点结构示意图如图 3-22 所示。

表 3-6　不同 TEA 含量的 BAMO－r－THF 共聚醚弹性体组分质量比

TEA	BAMO－r－THF	PEG200	TDI
1.4	80	7.48	11.12
1.7	80	7.04	11.26
2.2	80	6.30	11.50
3.3	80	4.68	12.02
6.2	80	0.42	13.38

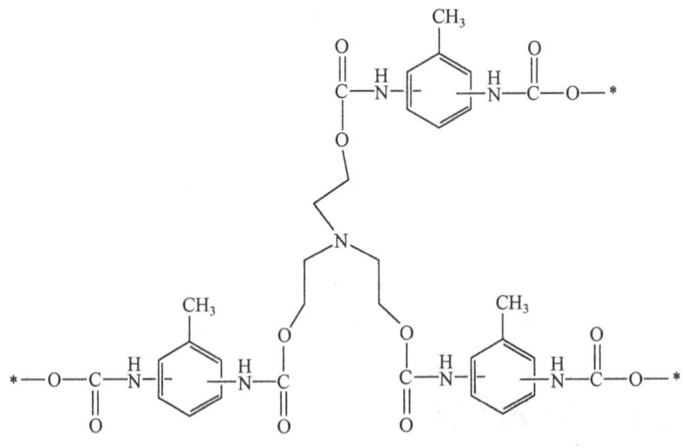

图 3-22　TEA/TDI 交联点结构示意图

图 3–23 为不同 TEA 交联剂用量制备 BAMO－r－THF 共聚醚弹性体 FTIR 谱图。从图中可以看出，谱图中未出现—OH 和—NCO 基团红外特征吸收峰，在 3 324 cm^{-1}、1 731 cm^{-1} 处出现—NH 和 C══O 的伸缩振动吸收峰。以上结果表明，TEA 交联 BAMO－r－THF 共聚醚弹性体基体中生成了氨基甲酸酯结构。至于谱图中 2 932 cm^{-1}、2 863 cm^{-1}、2 099 cm^{-1} 以及 1 093 cm^{-1} 处红外吸收峰，分别对应于共聚醚链结构上亚甲基对称伸缩振动、亚甲基不对称伸缩振动、—N$_3$ 振动、C—O—C 振动的红外特征吸收峰。

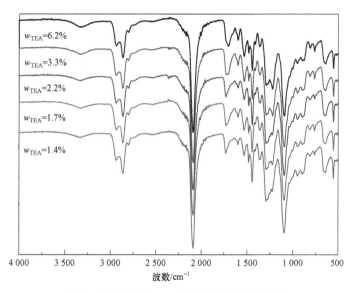

图 3–23　BAMO－r－THF 弹性体红外谱图

（二）交联网络结构

以甲苯为溶剂，对 TEA 交联 BAMO－r－THF 共聚醚弹性体进行溶胀，图 3–24 为 TEA 交联剂不同含量制备 BAMO－r－THF 共聚醚弹性体溶胀曲线。可以看出，所有弹性体溶胀曲线均表现为：弹性体体积溶胀率起始阶段快速上升，随后缓慢变化，达到溶胀平衡。随弹性体中交联剂 TEA 含量增加，弹性体体积平衡溶胀率逐渐下降。平衡溶胀率越高，弹性体网链分子量越大，交联密度越低。这表明 TEA 交联 BAMO－r－THF 共聚醚弹性体交联密度随 TEA 含量增加而增加。固化参数不变条件下，通过调节交联剂 TEA 含量，可有效调控弹性体交联网络结构。

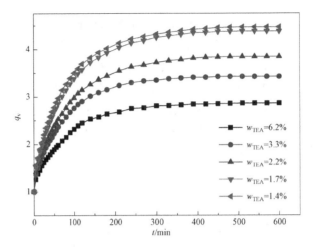

图3-24　不同 TEA 交联剂含量制备弹性体的溶胀曲线

（三）力学特性

室温下，采用变速率 1.25 min^{-1} 对 TEA 交联弹性体进行拉伸力学性能测试，不同 TEA 交联剂含量制备 BAMO-r-THF 共聚醚弹性体典型拉伸应力-应变曲线如图 3-25 所示。可以看出，与 N-100、TMP 交联 BAMO-r-THF 共聚醚弹性体一致，弹性体起始拉伸模量随着交联剂 TEA 含量增加而逐渐增加。TEA 交联弹性体断裂延伸率 ε_b 总体上随 TEA 含量增加呈下降趋势，断裂拉伸强度 σ_b 在 TEA 含量高于 1.7% 后几乎保持不变。表 3-7 列出了 TEA 交联 BAMO-r-THF 共聚醚弹性体断裂拉伸强度及延伸率测试结果。

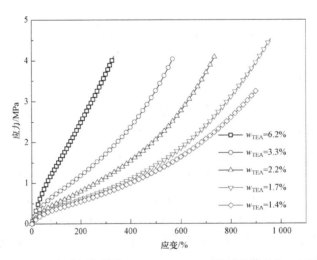

图3-25　不同交联剂含量的 BAMO-r-THF 弹性体的应力-应变曲线

表 3‑7　交联剂含量对 BAMO‑r‑THF 弹性体力学性能的影响

试样	σ_b/MPa	ε_b/%
$w_{TEA}=6.2\%$	4.20	337.53
$w_{TEA}=3.3\%$	3.92	546.49
$w_{TEA}=2.2\%$	4.08	731.50
$w_{TEA}=1.7\%$	4.69	974.97
$w_{TEA}=1.4\%$	3.18	876.34

（四）玻璃化转变温度

1. DSC 法

采用示差扫描量热法对 TEA 交联 BAMO‑r‑THF 共聚醚弹性体进行热扫描，升温速率为 $10\ K\cdot min^{-1}$，N_2 氛围。图 3‑26 是 TEA 交联剂不同含量制备 BAMO‑r‑THF 共聚醚弹性体 DSC 测试结果。由图可知，TEA 交联 BAMO‑r‑THF 共聚醚弹性体玻璃化转变温度整体上处于约 $-47\ ℃$ 附近，交联剂 TEA 添加量对弹性体玻璃化转变温度影响不大。

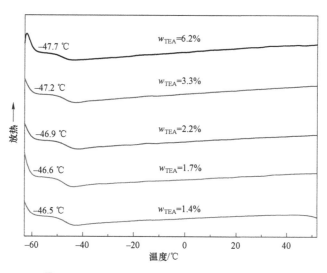

图 3‑26　TEA 不同用量制备弹性体 DSC 曲线

2. DMA 法

对交联剂 TEA 不同添加量制备的 BAMO‑r‑THF 共聚醚弹性体进行

DMA 测试。试样从室温淬温至－80 ℃，然后升温扫描，升温速率为 3 K·min⁻¹，频率为 1 Hz，振幅为 5 μm，其储能模量、损耗模量与温度关系曲线如图 3－27、图 3－28 所示。由图 3－27 可以看出，随着温度升高，TEA 交联 BAMO－r－THF 共聚醚弹性体储能模量在温度高于－45 ℃时开始急剧下降，高于－20 ℃时下降幅度变缓。由图 3－28 可以看出，从－80 ℃开始弹性体损耗模量随温度增加而增加，－45 ℃时达到峰值，随后迅速下降；高于 0 ℃时，损耗模量随温度升高下降趋势逐渐变缓。

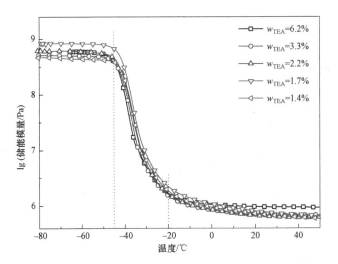

图 3－27　TEA 不同用量制备弹性体储能模量－温度曲线

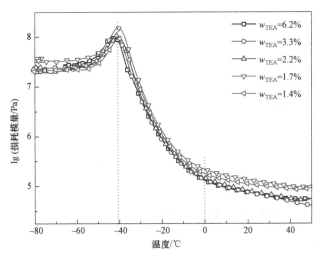

图 3－28　TEA 不同用量制备弹性体损耗模量－温度曲线

图 3－29 是 TEA 不同添加量制备 BAMO－r－THF 共聚醚弹性体损耗因子－温度曲线。可以看出，所有弹性体损耗因子－温度曲线仅在－33 ℃附近出现一峰值，对应其玻璃化转变温度。表 3－8 给出了弹性体玻璃化转变温度 DMA 测试结果。可以看出，随交联剂 TEA 含量增加弹性体玻璃化转变温度呈缓慢下降趋势，不过影响不大，该趋势与 DSC 法测试结果一致（见图 3－26）。此外，由图 3－29 还可看出，交联剂 TEA 添加量不同，弹性体室温下的损耗因子也存在明显差异；损耗因子随交联剂含量增加总体上呈下降趋势。

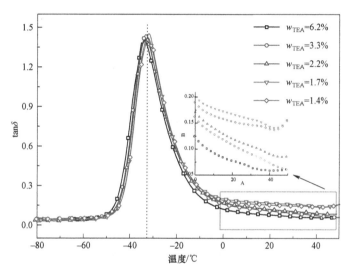

图 3－29　TEA 不同用量制备弹性体损耗因子－温度曲线

表 3－8　不同交联剂含量弹性体玻璃化转变温度

$w_{TEA}/\%$	$T_g/℃$
6.2	－34.32
3.3	－33.22
2.2	－33.40
1.7	－32.50
1.4	－31.89

通过调节 TEA 添加量，可获得化学交联密度不同的 BAMO－r－THF 共聚醚弹性体。TEA 交联 BAMO－r－THF 共聚醚弹性体力学性能良好。与 TMP 不同之处是，交联剂 TEA 分子结构中含叔氮原子，该交联剂呈现一定碱性。

3.3 聚三唑交联固化体系

炔基化合物与 BAMO－r－THF 共聚醚中叠氮基反应形成的三唑结构具有良好的热稳定性，利用聚三唑交联 BAMO－r－THF 共聚醚制备弹性体引起广泛关注。本节重点介绍聚三唑交联 BAMO－r－THF 共聚醚反应动力学特性，及所得弹性体力学特性，以明晰该反应的适用特性。

研究化学反应动力学的方法很多，有热分析法、高分辨核磁共振法、黏度法以及原位红外法等。对简单化合物而言，研究反应动力学可在溶液中进行，通过测定官能团浓度变化趋势，即可获得该反应动力学参数[38-40]。对于高分子交联反应，因高分子交联反应产物在溶液中难以溶解，传统的动力学测试方法无法使用。这种情况下，借助化学反应热效应、利用差示扫描量热仪（DSC）可研究聚合物交联反应动力学；基于聚合物凝胶、固化交联状态不影响特定官能团吸光频率、吸光系数，通过红外光谱法也可研究聚合物交联反应动力学[41]。

3.3.1 聚三唑非催化反应动力学

将真空处理的 BAMO－r－THF 共聚醚和琥珀酸二丙炔酯（BPS）按炔基/叠氮基等摩尔比混合均匀，取样品（100±15）mg，在室温至 430 K 温度范围内，分别采用 0.1 K·min⁻¹、0.2 K·min⁻¹、0.4 K·min⁻¹ 和 0.6 K·min⁻¹ 升温速率进行非等温微量热固化试验。根据 BPS 酯挥发特性，选取 333.15 K、343.15 K、353.15 K 和 363.15 K 四个温度进行等温试验，样品池采用膜混合反应池[42]。

1. 非等温固化特征参数

在四个不同升温速率下，BAMO－r－THF 共聚醚/BPS 混合体系微量热曲线如图 3-30 所示。可以看出，实验过程中升温速率越快，BAMO－r－THF 共聚醚/BPS 混合体系峰温越高、峰越窄，说明固化反应所需时间与实验升温速率成正比。混合体系随着实验升温速率增加，单位时间产生的热效应变大，导致固化反应向高温方向移动、时间变短。根据图 3-30 微量热曲线特征，借助 CALISTO PROCESSING 软件获得 BAMO－r－THF 共聚醚/BPS 混合体系固化反应数据，结果如表 3-9 所示。

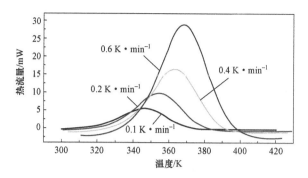

图 3-30　BAMO－r－THF/BPS 混合体系微量热曲线

表 3-9　BAMO－r－THF/BPS 体系固化反应的特征参数

$\beta/(K \cdot min^{-1})$	T_o/K	T_p/K	T_f/K	$\Delta H_0/(J \cdot g^{-1})$
0.1	321.68	346.74	369.04	-937.76
0.2	328.10	354.54	377.61	-929.34
0.4	335.97	363.07	387.56	-918.54
0.6	341.28	368.39	394.33	-921.89
平均值				-926.88 ± 8.54
注: T_o 为起始放热温度; T_p 为放热峰峰值温度, T_f 为终止放热温度, ΔH_0 为总反应热。				

　　将图 3-30 量热曲线中的纵坐标对温度求积分,可以得到 BAMO－r－THF/BPS 黏结剂体系不同升温速率下固化进度与温度的关系,如图 3-31 所示。由图 3-31 可知,升温速率越慢,黏结剂体系完全固化的温度越低;相同温度下,升温速率越快,固化进度越低;黏结剂体系完全固化时,升温速率快则所对应的温度高,这是因为升温速率越快,达到相同温度所需时间就越短,BAMO－r－THF 分子链上叠氮基与炔基的反应时间也较短,因此固化程度就会降低,黏结剂体系完全固化所需温度就会增加。

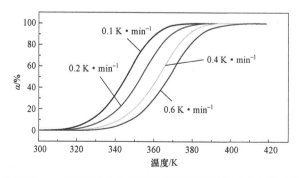

图 3-31　BAMO－r－THF/BPS 在不同升温速率下固化进度与温度的关系曲线

2. 固化反应活化能

根据升温速率 β 和固化反应峰温 T_p，利用 Kissinger 法可直接求出表观活化能 E_α 和指前因子 A 值；与利用反应机理函数求活化能相比，该法可避免因反应机理函数不准引发的误差。Kissinger 方程如式（3–11）所示[43]。

$$\ln\left(\frac{\beta}{T_p^2}\right) = \ln\frac{AR}{E_\alpha} - \frac{E_\alpha}{R}\frac{1}{T_p} \qquad (3-11)$$

式中，β 为动态升温速率，$\text{K} \cdot \text{min}^{-1}$；$T_p$ 为放热峰峰值温度，K；A 为指前因子，s^{-1}；E_α 为表观活化能，$\text{kJ} \cdot \text{mol}^{-1}$；$R$ 为气体常数，$8.314\,5\ \text{J} \cdot \text{mol}^{-1} \cdot \text{K}^{-1}$。

$\ln(\beta/T_p^2)$ 对 $1/T_p$ 进行拟合所得曲线如图 3–32 所示。由图 3–32 可计算得到曲线的斜率和截距，根据 Kissinger 方程计算获得表观活化能 E_α 和指前因子 A 分别为 $81.94\ \text{kJ} \cdot \text{mol}^{-1}$ 和 $108.48\ \text{s}^{-1}$，相关系数 r_k 为 0.999。

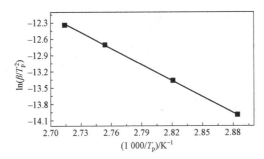

图 3–32　$\ln(\beta / T_p^2) - 1/T_p$ 曲线

3. 固化反应级数

利用 Kissinger 法获得的 BAMO–r–THF/BPS 反应表观活化能，通过 Crane 法可直接计算该黏结剂体系固化反应的反应级数 n，Crane 方程如式（3–12）所示[44]：

$$\frac{\mathrm{d}(\ln\beta)}{\mathrm{d}(1/T_p)} = -\left(\frac{E_\alpha}{nR} + 2T_p\right) \qquad (3-12)$$

由于 $E_\alpha/(nR)$ 远大于 $2T_p$，因此可将式（3–12）简化为式（3–13）。

$$\frac{\mathrm{d}(\ln\beta)}{\mathrm{d}(1/T_p)} = -\frac{E_\alpha}{nR} \qquad (3-13)$$

式中，E_α 为 Kissinger 法计算获得的表观活化能，$\text{kJ} \cdot \text{mol}^{-1}$；$n$ 为反应级数。

$\ln\beta$ 与 $1/T_p$ 关系曲线如图 3–33 所示。通过拟合可得到斜率为 -1.06×10^4 K，相关系数 r_c 为 0.999 9，由式（3–13）计算获得 BAMO–r–THF/BPS 黏结剂体系固化反应的反应级数为 0.93。BAMO–r–THF/BPS 混合体系固化反应级数为非整数，说明该固化反应是一个复杂反应，根据 n 级反应动力学模型可获得 BAMO－r－THF/BPS 混合体系固化反应动力学方程式为：

$$\frac{\mathrm{d}\alpha}{\mathrm{d}t} = 10^{8.48} \exp\left(\frac{-9\,855.66}{T}\right)(1-\alpha)^{0.93} \qquad (3-14)$$

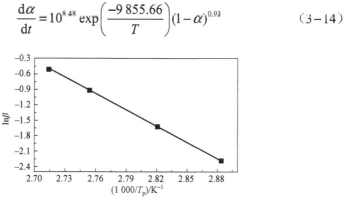

图 3－33　$\ln\beta$－$1/T_\mathrm{p}$ 曲线

3.3.2　聚三唑催化反应动力学

叠氮基/炔基非催化条件下反应活化能为 $81.94\,\mathrm{kJ \cdot mol^{-1}}$，高活化能使得叠氮基/炔基在等当量条件下难以完全、彻底反应，采用催化剂降低反应活化能是促进叠氮基/炔基彻底反应的重要途径。本节介绍利用光谱分析测定聚三唑催化反应动力学的方法。

通常，利用小分子化合物是研究催化反应动力学的主要方法，鉴于 BAMO－r－THF 齐聚物难以制备、BAMO 齐聚物又易结晶，本节将叠氮缩水甘油醚齐聚物（GAP，叠氮含量为 $7.985\,\mathrm{mmol \cdot g^{-1}}$）与端丙炔基聚乙二醇（PTPEG，分子量约为 $480\,\mathrm{g \cdot mol^{-1}}$，官能度为 2.0）进行官能团等摩尔比混合，然后加入总质量千分之三的六氟乙酰丙酮－环辛二烯铜（I）催化剂，研究催化剂对叠氮基/炔基固化交联反应速率的影响。催化交联反应动力学采用配备有自动温控箱的红外光谱仪（Nicolet 6700）开展研究。将被测试样固定于两溴化钾单晶片间，置于图 3－34 所示恒温原位池中。通过恒温原位池两侧小孔，每隔一定时间对试样进行红外扫描，跟踪反应进度。原料 PTPEG 和 GAP 红外光谱采用衰减全反射（ATR）模式进行测定[45]。

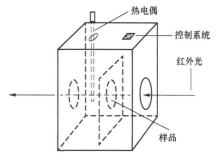

图 3－34　原位温控装置示意图

1. 光谱特性

PTPEG 和 GAP 红外谱图如图 3-35 所示。可以看出，PTPEG 谱图中的 3 242 cm^{-1} 处为端炔基 C—H 伸缩振动吸收峰，2 109 cm^{-1} 处为端炔基 C≡C 弱伸缩振动吸收峰，2 870 cm^{-1}、1 348 cm^{-1} 处为亚甲基的伸缩振动和弯曲振动吸收峰，1 086 cm^{-1} 处为 C—O—C 醚键伸缩振动吸收峰；GAP 红外谱图中的 3 430 cm^{-1} 处为端羟基—OH 振动吸收峰，2 100 cm^{-1} 处为叠氮基振动吸收峰，2 870 cm^{-1}、1 348 cm^{-1} 处为亚甲基伸缩振动吸收峰和弯曲振动吸收峰，1 086 cm^{-1} 处为 C—O—C 醚键伸缩振动吸收峰。

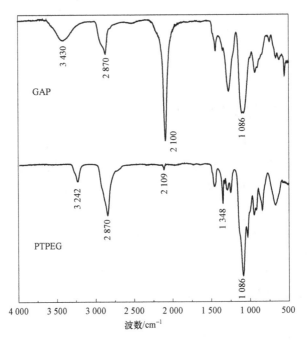

图 3-35　PTPEG 和 GAP 原料红外谱图

图 3-36 是 60 ℃时 PTPEG/GAP 不同反应时间的红外谱图。可以看出，PTPEG/GAP 反应初期在 3 430 cm^{-1}、3 242 cm^{-1}、2 870 cm^{-1}、2 100 cm^{-1}、1 348 cm^{-1}、1 086 cm^{-1} 等处出现了 PTPEG、GAP 特征吸收峰；由于 C≡C 在 2 109 cm^{-1} 处弱吸收峰与—N$_3$ 在 2 100 cm^{-1} 处强吸收峰接近，其吸收峰没有体现。100 min 后，叠氮基与炔基反应在 1 742 cm^{-1}、1 641 cm^{-1} 处出现三唑环特征吸收峰[46]，同时 2 100 cm^{-1} 处—N$_3$ 吸收峰和 3 242 cm^{-1} 处端炔 C—H 吸收峰减弱。反应结束后，2 100 cm^{-1} 处—N$_3$ 吸收峰和 3 242 cm^{-1} 处端炔 C—H 吸收

峰完全消失，1 742 cm⁻¹ 和 1 641 cm⁻¹ 处三唑环特征吸收峰增强，PTPEG/GAP 生成了三唑交联聚合物。

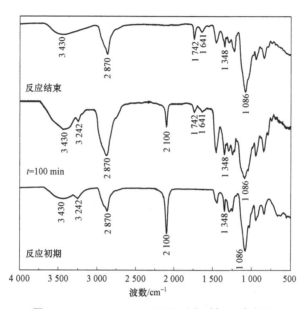

图 3-36　PTPEG/GAP 不同反应时间红外谱图

综上看出，PTPEG/GAP 反应体系在 2 100 cm⁻¹ 处吸收峰变化显著，可度量反应程度；鉴于 1 086 cm⁻¹ 处醚键峰形显著且与 PTPEG/GAP 反应无关，可作为反应程度参比对象。

2. 速率方程

分子中官能团振动频率与照射光频率一致时产生光谱吸收，利用原位红外可实时获得该官能团吸光度随时间变化规律；基于 Lambert-Beer 定律，可进一步获得官能团浓度随时间变化规律[47,48]。由于 C≡C（2 109 cm⁻¹）与 —N₃（2 100 cm⁻¹）在 2 100 cm⁻¹ 处吸收峰较为接近，依据吸光度加合原理[49,50]，2 100 cm⁻¹ 处吸光度（$A_{2\,100}$）可表示为式（3-15）。

$$A_{2\,100} = b \cdot (\varepsilon_{\text{allyme}} \cdot c_{\text{alkyne}} + \varepsilon_{\text{azide}} \cdot c_{\text{azidd}}) \qquad (3-15)$$

由于叠氮基与炔基等摩尔比混合，$c_{\text{alkyne}} = c_{\text{azide}}$，于是式（3-15）变为：

$$A_{2\,100} = b \cdot (\varepsilon_{\text{alkyne}} + \varepsilon_{\text{azide}}) \cdot c_{\text{azide}} \qquad (3-16)$$

式中，$\varepsilon_{\text{alkyne}}$、$\varepsilon_{\text{azide}}$ 为炔基、叠氮基在 2 100 cm⁻¹ 处的摩尔吸光系数，$L \cdot mol^{-1} \cdot cm^{-1}$；$c_{\text{alkyne}}$、$c_{\text{azide}}$ 分别为炔基、叠氮基浓度，$mol \cdot L^{-1}$；b 为被测

样品厚度，cm。

鉴于 PTPEG/GAP 反应初始为液态，流动性易导致样品厚度改变从而影响官能团浓度测试精度。以被测样品中浓度不变官能团醚键（1 086 cm^{-1} 处）吸光度为参比，消除厚度 b，推导见式（3-17）～式（3-19），则叠氮基浓度正比于 2 100 cm^{-1} 与 1 086 cm^{-1} 两处吸光度比值。

醚键吸光度为：

$$A_{1\,086} = \varepsilon_{\text{ether}} \cdot b \cdot c_{\text{ether}} \qquad (3-17)$$

式（3-16）除以式（3-17）得：

$$\frac{A_{2\,100}}{A_{1\,086}} = \frac{(\varepsilon_{\text{alkyne}} + \varepsilon_{\text{azide}}) \cdot c_{\text{azide}}}{\varepsilon_{\text{ether}} \cdot c_{\text{ether}}} = h\frac{c_{\text{azide}}}{c_{\text{ether}}} \qquad (3-18)$$

$$c_{\text{azide}} = \frac{c_{\text{ether}}}{h} \cdot \frac{A_{2\,100}}{A_{1\,086}} = H\frac{A_{2\,100}}{A_{1\,086}} \qquad (3-19)$$

式中，$A_{1\,086}$ 为 1 086 cm^{-1} 处吸光度；$\varepsilon_{\text{ether}}$ 为醚键在 1 086 cm^{-1} 处的摩尔吸光系数，L·mol^{-1}·cm^{-1}；c_{ether} 为醚键官能团浓度，mol·L^{-1}；h 为摩尔吸光系数比值；H 为 c_{ether} 与 h 的比值，mol·L^{-1}。

催化剂浓度不变时，CuAAC 反应速率与反应官能团浓度成正比[51-53]，则等摩尔投料比下 PTPEG/GAP 本体反应速率方程如式（3-20）所示。其中，$[c_{\text{azide}}]_t$ 为 t 时刻叠氮基浓度，mol·L^{-1}；K 为反应速率常数，L·mol^{-1}·cm^{-1}；则反应速率常数 K 与常数 H 的乘积（HK）可由式（3-23）求得。

$$-\frac{\mathrm{d}[c_{\text{azide}}]_t}{\mathrm{d}t} = K[c_{\text{azide}}]_t^2 \qquad (3-20)$$

移项定积分：

$$\int_{[c_{\text{azide}}]_0}^{[c_{\text{azide}}]_t} \frac{-1}{[c_{\text{azide}}]_t^2} \mathrm{d}[c_{\text{azide}}]_t = \int_0^t K\mathrm{d}t \qquad (3-21)$$

整理得：

$$1/[c_{\text{azide}}]_t = Kt + 1/[c_{\text{azide}}]_0 \qquad (3-22)$$

将式（3-19）代入式（3-22）得：

$$1/\left[\frac{A_{2\,100}}{A_{1\,086}}\right]_t = HKt + 1/\left[\frac{A_{2\,100}}{A_{1\,086}}\right]_0 \qquad (3-23)$$

3. HK 常数

由速率方程可知，HK 值是不同温度下反应速率常数 K 与常量 H 的乘积；

获得不同温度下的 *HK* 值，即可求得反应速率常数 *K* 值，从而进一步得到该反应活化能。图 3–37 为不同温度下 PTPEG/GAP 本体末端交联反应原位三维红外谱图。可以看出，由于 PTPEG/GAP 反应体系的流动性，反应初始时 2 870 cm⁻¹、1 086 cm⁻¹ 等处吸收峰呈递降趋势，至某一时刻为定值；2 100 cm⁻¹ 处吸收峰随反应进行逐渐减弱直至消失。

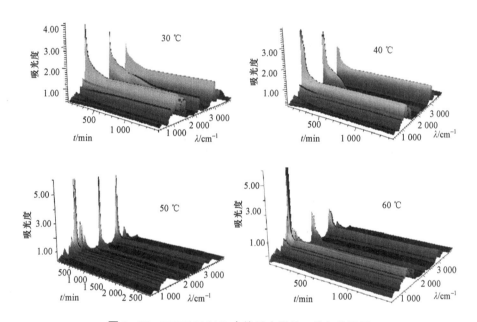

图 3–37   PTPEG/GAP 本体反应原位三维红外谱图

依据谱图 3–37，不同温度下 $1/[A_{2\,100}/A_{1\,086}]$ 随时间 t 的变化曲线如图 3–38 所示。可以看出，反应初始阶段，$1/[A_{2\,100}/A_{1\,086}]_t$–$t$ 曲线波动性大；随后，曲线上升过程分两个阶段，30 ℃时约在 535 min 出现拐点，900 min 时趋于恒定，反应结束；40 ℃时在 305 min 出现拐点，415 min 时反应结束；50 ℃时在 295 min 出现拐点，400 min 时反应结束；60 ℃时在 115 min 出现拐点，165 min 时反应结束。

依据式（3–22）对图 3–38 曲线进行分段拟合所得 *HK* 值如表 3–10 所示。可以看出，PTPEG/GAP 反应第 1 阶段和第 2 阶段 *HK* 值均随温度升高而增加；因 *H* 为常数，表明 PTPEG/GAP 反应速率随温度增加而加快。此外，从表 3–10 还可看出，PTPEG/GAP 反应第 2 阶段 *HK* 值高于第 1 阶段。

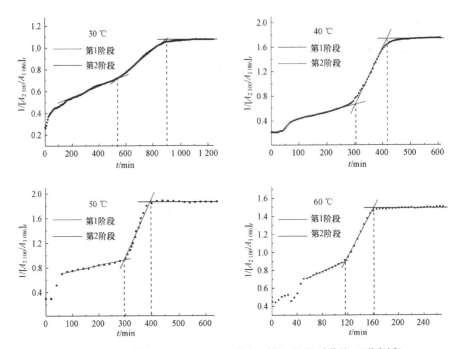

图 3－38 不同温度下 $1/[A_{2\,100}/A_{1\,086}]_t$ 值与时间 t 的关系曲线（附彩插）

表 3－10 不同温度下拟合方程及 *HK* 值

阶段	$T/℃$	拟合方程	相关性系数	$HK×10^{-3}$
第1阶段	30	$y=[(0.600\,0±0.002\,1)×10^{-3}]t+(0.446\,6±0.001\,6)$	0.995	$0.600\,0±0.002\,1$
	40	$y=[(1.200\,0±0.003\,9)×10^{-3}]t+(0.587\,4±0.001\,9)$	0.997	$1.200\,0±0.003\,9$
	50	$y=[(1.800\,0±0.021\,8)×10^{-3}]t+(0.446\,6±0.005\,4)$	0.988	$1.800\,0±0.021\,8$
	60	$y=[(3.200\,0±0.015\,1)×10^{-3}]t+(0.530\,3±0.002\,6)$	0.992	$3.200\,0±0.015\,1$
第2阶段	30	$y=[(1.700\,0±0.007\,2)×10^{-3}]t+(0.202\,5±0.001\,0)$	0.996	$1.700\,0±0.007\,2$
	40	$y=[(4.500\,0±0.020\,9)×10^{-3}]t-(0.985\,8±0.006\,4)$	0.985	$4.500\,0±0.020\,9$
	50	$y=[(8.500\,0±0.079\,8)×10^{-3}]t-(1.863\,7±0.017\,5)$	0.991	$8.500\,0±0.079\,8$
	60	$y=[(13.200±0.060\,3)×10^{-3}]t-(0.639\,2±0.003\,2)$	0.996	$13.200±0.060\,3$

注：t 为反应时间，min；y 为 $1/[A_{2\,100}/A_{1\,086}]_t$ 值。

4. 黏度曲线

利用 HAAKE RS300 流变仪检测 PTPEG/GAP 本体末端 CuAAC 交联反应体系黏度随时间变化规律。图 3–39 是 PTPEG/GAP 不同温度反应体系黏度随时间变化曲线。可以看出，由于聚合物黏度与其分子量成正比[54-56]，反应初始，PTPEG 端炔基与 GAP 叠氮基发生扩链、支化反应，聚合物分子量缓慢增加，PTPEG/GAP 黏度随反应时间也缓慢增加。当支化 PTPEG 由黏性液体形成三维交联凝胶结构时，PTPEG/GAP 体系分子量突然趋于无穷大[23]，导致黏度突然增大，黏度（η）–时间（t）曲线呈"反 L"形。

此外，从图 3–39 还可看出，30 ℃时 η–t 曲线拐点时间约为 540 min，40 ℃时为 320 min，50 ℃时为 305 min，60 ℃时为 118 min；拐点时间随反应温度升高而减小；"L"曲线拐点前后分别对应 PTPEG/GAP 凝胶前、凝胶后状态，随后 PTPEG/GAP 进一步反应完善网络结构。对比图 3–39 可以看出，η–t 曲线拐点时间与 $1/[A_{2\,100}/A_{1\,086}]_t$–$t$ 曲线上升区间拐点相吻合；这表明 $1/[A_{2\,100}/A_{1\,086}]_t$–$t$ 曲线第 1 阶段对应于 PTPEG/GAP 凝胶前反应，第 2 阶段对应凝胶后反应。

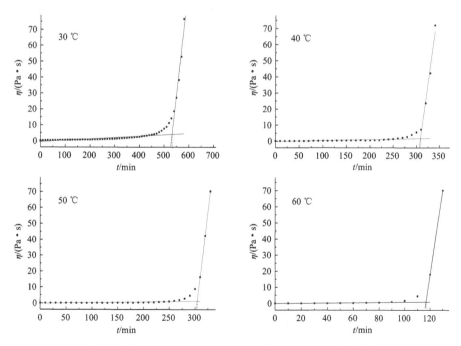

图 3–39　不同温度下 PTPEG/GAP 黏度随温度变化曲线

5. 活化能

依据阿伦尼乌斯公式[57-59]，获得了 PTPEG/GAP 本体末端交联反应表观活化能 E_α，推导见式（3-24）～式（3-26）。图 3-40 是 ln（HK）-1/T 拟合曲线，ln（HK）-1/T 曲线拟合方程及反应表观活化能如表 3-11 所示。

$$\ln(HK) = -\frac{E_\alpha}{RT} + B \tag{3-24}$$

由于 H 为常数，

$$\ln K = -\frac{E_\alpha}{RT} + (B - \ln H) \tag{3-25}$$

$$E_\alpha = -slope \cdot R \tag{3-26}$$

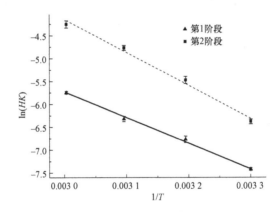

图 3-40　ln(HK)-1/T 拟合曲线

结合图 3-39 可以看出，PTPEG/GAP 凝胶前体系黏度低，反应官能团易于移动，活度系数高，表观活化能低 [（45.57±2.77）kJ·mol^{-1}]；同时，其良好相关性（相关系数为 0.990）表明聚合物凝胶前扩链和支化反应并不影响端基官能团反应活性。PTPEG/GAP 凝胶后，三维网络结构牵制了反应官能团活动能力，活度系数下降，第 2 阶段表观反应活化能 [（59.50±4.01）kJ·mol^{-1}]大于第 1 阶段；其良好相关性（相关系数为 0.987）表明弹性体网络结构完善的反应过程其活化能也为定值。此外，鉴于反应活化能与反应速率常数为负相关，结合表 3-11 反应活化能可以推断，PTPEG/GAP 凝胶前、后物态对官能团摩尔吸光系数的影响[60,61]导致 H 值不同，使所得凝胶后 HK 值高于凝胶前。

表 3-11　ln(HK)～1/T 曲线拟合方程及反应表观活化能

阶段	拟合方程	相关性系数	Slope (斜率)	E_α/（kJ·mol^{-1}）
1	ln(HK)=(-5 480.68±331.17)·(1/T)+(10.70±1.05)	0.990	-5 480.68±331.17	45.57±2.77
2	ln(HK)=(-7 157.00±482.32)·(1/T)+(22.39±1.52)	0.987	-7 157.00±482.32	59.50±4.01

PTPEG/GAP 本体反应过程可分为两个阶段，第 1 阶段对应于体系凝胶前反应，表观活化能 E_α 为（45.57±2.77）kJ·mol^{-1}；凝胶后，反应官能团活度系数下降，第 2 阶段表观反应活化能 E_α 升至（59.50±4.01）kJ·mol^{-1}。与 3.3.1 节测定的非催化条件反应活化能 81.94 kJ·mol^{-1} 相比，亚铜催化剂可显著降低叠氮基与炔基化合物的本体反应活化能。

3.3.3　聚三唑交联叠氮聚醚弹性体

正如 3.3.1 节中 BAMO – r – THF 和琥珀酸二丙炔酯（BPS）反应动力学所示，叠氮共聚醚上的每个叠氮基团均可与炔基发生反应，生成三唑交联点。因此，采用叠氮聚醚与炔基固化剂形成弹性体网络属于无规交联。为揭示无规交联弹性体力学性能特性，同时避免 BAMO – r – THF 共聚醚无规度对无规交联网络的影响，本节分别以端羟基聚 3-叠氮甲基-3-甲基环氧丁环（PAMMO，数均分子量为 3 773 g·mol^{-1}，羟值为 0.607 mmol·g^{-1}）、端羟基聚叠氮缩水甘油醚（GAP，数均分子量为 3 623 g·mol^{-1}，羟值为 0.482 mmol·g^{-1}）均聚物为黏合剂，1,4-环己基二甲酸丙炔酯为固化剂（BPHA），制备聚三唑交联叠氮聚醚弹性体，介绍聚三唑无规交联叠氮聚醚弹性体力学性能特性[62]。

1. 弹性体制备

为了与聚氨酯末端交联弹性体的固化参数相匹配，以炔基化合物作为固化剂制备三唑交联叠氮聚醚弹性体时，固化参数 R 值依据定义为：所用固化剂炔基的摩尔数与叠氮聚醚黏合剂中羟基的摩尔数之比。实验时，将叠氮聚醚与炔基固化剂 BPHA 依照表 3-12 质量比混合均匀，真空除泡，将除泡后的透明溶液浇注到四氟乙烯模具中，50 ℃下固化 4 天，得到不同固化参数的透明弹性体。制备聚三唑交联叠氮聚醚弹性体的交联网络结构如图 3-41所示。

表 3－12　聚三唑交联叠氮聚醚弹性体组分质量比

体系	样品	R 值	黏合剂	固化剂
PAMMO	S1	1.2	10	0.903
	S2	1.4	10	1.054
	S3	1.6	10	1.204
	S4	1.8	10	1.355
	S5	2.0	10	1.505
GAP	S1	1.2	10	0.717
	S2	1.4	10	0.834
	S3	1.6	10	0.956
	S4	1.8	10	1.076
	S5	2.0	10	1.195

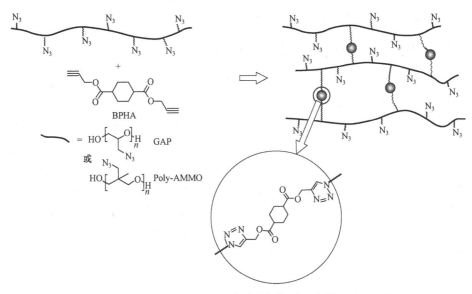

图 3－41　BPHA 交联叠氮聚醚示意图

2. 网络结构

分别采用溶度参数不同的环己烷、2,2-二氯丙烷、四氯化碳、哌啶、甲苯、四氢呋喃、氯仿、乙酸乙酯、二氧六环、二硫化碳、正己醇、正丁醇、乙醇溶剂对聚三唑交联叠氮聚醚弹性体进行溶胀，弹性体平衡溶胀率与溶度参数的关系如图 3－42 所示。与其他交联弹性体一致，三唑交联弹性体的平衡溶胀率与溶液溶解度关系呈现高斯分布。由弹性体最大溶胀比对应溶解度参数可以看出，三唑交联 PAMMO 和 GAP 弹性体的溶度参数分别为 20.31 MPa$^{1/2}$ 和 20.09 MPa$^{1/2}$。

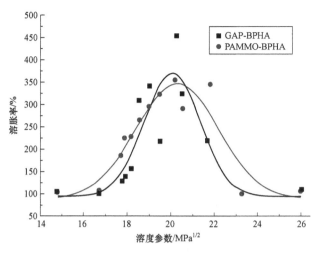

图 3-42　三唑交联叠氮聚醚弹性体平衡溶胀率与溶剂溶解度关系曲线

以 1,4－二氧六烷对三唑交联弹性体进行溶胀，依据弹性体平衡溶胀率，结合式（3-6）～式（3-9）可计算出三唑交联弹性体网链平均分子量和网链密度，计算结果如表 3-13 所示。可以看出，随着固化参数 R 值增加，弹性体网链平均分子量逐渐下降，网链密度逐渐增加。对于聚三唑交联 PAMMO 弹性体聚合物，网链密度由 R 值为 1.2 时的 0.349 mmol·cm^{-3} 增加至 R 值为 2.0 时的 0.874 mmol·cm^{-3}，网链平均分子量则由 3 345 g·mol^{-1} 下降至 1 349 g·mol^{-1}。对于三唑交联 GAP 基弹性体，网链密度由 R 值为 1.2 时的 0.271 mmol·cm^{-3} 增加至 R 值为 2.0 时的 0.659 mmol·cm^{-3}，网链平均分子量则由 4 720 g·mol^{-1} 下降至 1 948 g·mol^{-1}。PAMMO 弹性体更高的网链密度源于 PAMMO 较高的羟基含量。总体上看，随着炔基固化剂添加量增加，所得三唑交联叠氮聚醚弹性体的表观网链密度呈逐渐增加趋势，网链平均分子量呈逐渐下降趋势。

表 3-13　不同交联剂含量的 PBT 弹性体的网络结构参数

体系	R	ρ_e	q_v	χ	v_{2m}	$V/$ (mL·mol^{-1})	$M_c/$ (g·mol^{-1})	$N_0/$ (mmol·cm^{-3})
PAMMO	1.2	1.169	4.111	0.341	0.243	87	3 345	0.349
	1.4	1.172	3.684	0.341	0.271	87	2 596	0.451
	1.6	1.177	3.290	0.341	0.304	87	1 984	0.593
	1.8	1.174	3.062	0.341	0.327	87	1 655	0.709
	2.0	1.180	2.821	0.341	0.356	87	1 349	0.874
GAP	1.2	1.278	4.561	0.346	0.219	87	4 720	0.271
	1.4	1.281	3.879	0.346	0.258	87	3 261	0.393

体系	R	ρ_e	q_v	χ	v_{2m}	$V/$ $(\text{mL} \cdot \text{mol}^{-1})$	$M_c/$ $(\text{g} \cdot \text{mol}^{-1})$	$N_0/$ $(\text{mmol} \cdot \text{cm}^{-3})$
GAP	1.6	1.283	3.642	0.346	0.275	87	2 812	0.456
	1.8	1.283	3.382	0.346	0.296	87	2 352	0.545
	2.0	1.285	3.132	0.346	0.319	87	1 948	0.659

3. 力学特性

将表 3－13 所列三唑交联叠氮聚醚弹性体样品制成哑铃状（宽度为 5 mm，标距为 16 mm），固定于 INSTRON 6022 电子拉力试验机上；室温下对其进行力学性能测试，拉伸应变速率为 1.25 min^{-1}。图 3－43、图 3－44、图 3－45 分别给出了弹性体拉伸模量、拉伸强度和断裂延伸率随其固化参数 R 值的变化趋势。可以看出，随固化参数 R 值的增加，由于三唑交联弹性体网链密度逐渐增加，拉伸模量和拉伸强度呈逐渐增加趋势；由于弹性体网链平均分子量逐渐下降，弹性体延伸率呈逐渐下降趋势。

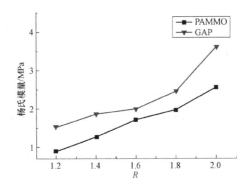

图 3－43　聚三唑交联叠氮聚醚弹性体拉伸模量变化曲线

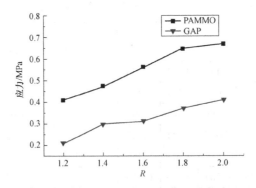

图 3－44　聚三唑交联叠氮聚醚弹性体拉伸强度变化曲线

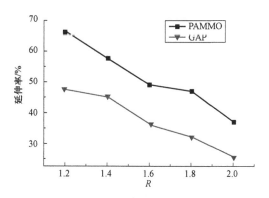

图 3–45　聚三唑交联叠氮聚醚弹性体断裂延伸率变化曲线

此外,从图 3–43～图 3–45 还可看出,三唑交联 PAMMO 弹性体和 GAP 弹性体拉伸模量分别由 R 值为 1.2 时的 0.89 MPa、1.52 MPa 增加至 R 值为 2.0 时的 2.56 MPa 和 3.60 MPa;拉伸强度分别由 0.41 MPa、0.21 MPa 增加至 0.67 MPa 和 0.41 MPa。三唑交联 PAMMO 弹性体和 GAP 弹性体的断裂延伸率分别由 R 值为 1.2 时的 66.4% 和 47.6% 下降到 R 值为 2.0 时的 37.0% 和 25.4%。

与聚氨酯末端交联叠氮聚醚弹性体网络结构不同,叠氮聚醚主链上含有许多悬挂的叠氮甲基,且其化学环境相似。当叠氮聚醚与炔基固化剂反应时,理论上炔基基团可与主链上的任一叠氮基团进行反应,所得交联弹性体呈无规交联网络结构(见图 3–41)。无规交联结构不能有效利用叠氮聚醚预聚物的分子链长度,叠氮聚醚预聚物的部分链段以悬挂的形式存在于黏合剂网络体系中,对弹性体力学性能有效的叠氮聚醚网链含量下降,有效网链构象熵降低。与充分利用预聚物链段长度、末端交联的聚氨酯弹性体相比,无规交联弹性体力学性能欠佳。

BAMO–r–THF 共聚醚黏合剂分子结构中含两种官能团:端羟基基团和叠氮基基团。利用端羟基与多官能度异氰酸酯固化剂反应可制得聚氨酯末端交联的 BAMO–r–THF 共聚醚弹性体,利用叠氮基与多官能度炔基固化剂反应可制得聚三唑无规交联的 BAMO–r–THF 共聚醚弹性体。与聚三唑无规交联弹性体相比,聚氨酯末端交联 BAMO–r–THF 共聚醚弹性体呈现良好的力学性能。

参 考 文 献

[1] DIEZ-GONZALEZ S, NOLAN S P. [（NHC）$_2$Cu] X Complexes as Efficient Catalysts for Azide-Alkyne Click Chemistry at Low Catalyst Loadings [J]. Angewandte Chemie International Edition，2008，47（46）：8881－8884.

[2] HILD G. Model Networks Based on Endlinking Processes：Synthesis，Structure and Properties [J]. Progress in Polymer Science，1998，23（6）：1019－1149.

[3] BUI V T，AHAD E，RHEAUME D，et al. Evaluation of Banched Glycidy Azide Polymer Purified by Solvent Extraction [J]. Industrial & Engineering Chemistry Research，1997，36（6）：2219－2224.

[4] WANG P，XIA Z，ZHOU Y，LI C. Investigation of High Molecular Weight GAP [C]. In 27th Int.Annu.ICT Conf.（Energetic Materials），1996.

[5] AHAD E. Branched Energetic Polyether Elastomers：US，5191034.A [P]. 1993－03－02.

[6] 耿泽，郭晓燕，丁腾飞，等. 3,3－二（叠氮甲基）氧丁环与四氢呋喃共聚醚弹性体硬段结构组成对其力学性能的影响 [J]. 高分子材料科学与工程，2020，36（6）：1－6.

[7] SCHEINER P，DCHOMAKER J H，DEMING S，et al. The Addition of Aryl Azides to Norbornene. A Kinetic Investigation [J]. Journal of the American Chemical Society，1965，87（2）：306－311.

[8] RUSSEL R J，CHEN L M. Glycidyl Azide Propellant with Antigassing Additives：US，5092945.A [P]. 1992－03－03.

[9] MANZARA A P. Azido Polymers Having Improved Burn Rates：US，5681904.A [P]. 1997－10－28.

[10] VARMA I K，CHAUDHARY V，G，et al. A Process for the Production of Energetic Binder (azide polymer). Indian Patent 1316 [P]. 2002－12－31.

[11] RAMSDEN C A. The Influence of Aza-substitution on Azole Aromaticity [J]. Tetrahedron，2010，66（14）：2695－2699.

[12] LIU Y，ZHAO W，CHEN C H，et al. Chloride Capture Using a C—H Hydrogen-Bonding Cage [J]. Science，2019，365（6449）：159－161.

[13] LAUKO J，KOUWER P H J，ROWAN A E. ^{1}H－1,2,3－Triazole：from

Structure to Function and Catalysis [J]. Journal of Heterocyclic Chemistry, 2017, 54 (3): 1677−1699.

[14] MICHAEL A. Ueber die Einwirkung von Diazobenzolimid auf Acetylendicarbonsäuremethylester [J]. Journal für Praktische Chemie, 1893, 48 (1), 94−95.

[15] DIMROTH O, FESTER G. Triazol and Tetrazol from Nitrogen Hydrogen Acid [J]. Berichte Der Deutschen Chemischen Gesellschaft, 1910, 43: 2219−2223.

[16] SHEEHAN J C, ROBINSON C A. The Synthesis of Triazole Analogs of Histamine and Related Compounds [J]. Journal of the American Chemical Society, 1949, 71 (4): 1436−1440.

[17] HARTZEL L, BENSON F. Synthesis of 4−Alkyl−V−Triazoles from Acetylenic Compounds and Hydrogen Azide1 [J]. Journal of the American Chemical Society, 1954, 76: 667−680.

[18] HUISGEN R. Kinetics and Mechanism of 1,3−Dipolar Cycloadditions [J]. Angewandte Chemie International Edition in English, 1963, 2 (11): 633−645.

[19] RUSSEL R J, CHEN L M. Glycidyl Azide Propellant with Antigassing Additives: US 5092945.A [P]. 1992−03−03.

[20] TORNOE C W, CHRISTENSEN C, MELDAL M. Peptidotriazoles on Solid Phase: [1, 2, 3] −Triazoles by Regiospecific Copper (I) −Catalyzed 1, 3−Dipolar Cycloadditions of Terminal Alkynes to Azides [J]. Journal of Organic Chemistry, 2002, 67 (9): 3057−3064.

[21] ROSTOVTSEV V V, GREEN L G, FOKIN V V, et al. A Stepwise Huisgen Cycloaddition Process: Copper (I) −Catalyzed Regioselective "Ligation" of Azides and Terminal Alkynes [J]. Angewandte Chemie-International Edition, 2002, 114 (14): 2708−2711.

[22] 陈晓勇. 点击化学在高分子研究中的进展 [J]. 化学推进剂与高分子材料, 2010, 8 (1): 17−19.

[23] HIMO F, LOVELL T, HILGRAF R, et al. Copper (I) −Catalyzed Synthesis of Azoles.DFT Study Predicts Unprecedented Reactivity and Intermediates [J]. Journal of the American Chemical Society, 2005, 127 (1): 210−216.

[24] AHLQUIST M, FOKIN V V. Enhanced Reactivity of Dinuclear Copper (I) Acetylides in Dipolar Cycloadditions [J]. Organometallics, 2007, 26 (18):

4389－4391.

[25] STRAUB B F. μ－Acetylide and μ－Alkenylidene Ligands in "Click" Triazole Syntheses[J]. Chemical Communications, 2007 (37): 3868－3870.

[26] RODIONOV V O, FOKIN V V, FINN M G. Mechanism of the Ligand-Free CuI-Catalyzed Azide-Alkyne Cycloaddition Reaction [J]. Angewandte Chemie-International Edition, 2005, 44 (15): 2210－2215.

[27] RODIONOV V O, PRESOLSKI S I, DIAZ D D, et al. Ligand-Accelerated Cu-Catalyzed Azide-Alkyne Cycloaddition: A Mechanistic Report [J]. Journal of the American Chemical Society, 2007, 129 (42): 12705－12712.

[28] HEIN J E, FOKIN V V. Copper-Catalyzed Azide-Alkyne Cycloaddition (CuAAC) and Beyond: New Reactivity of Copper (I) Acetylides [J]. Chemical Society Reviews, 2010, 39 (4): 1302－1315.

[29] RODIONOV V O, PRESOLSKI S I, GARDINIER S, et al. Benzimidazole and Related Ligands for Cu-Catalyzed Azide-Alkyne Cycloaddition [J]. Journal of the American Chemical Society, 2007, 129 (42): 12696－12704.

[30] GOLAS P L, TSAREVSKY N V, SUMERLIN B S, et al. Catalyst Performance in "Click" Coupling Reactions of Polymers Prepared by ATRP: Ligand and Metal Effects [J]. Macromolecules, 2006, 39 (19): 6451－6457.

[31] SHAO C W, WANG X Y, XU J M, et al. Carboxylic Acid-Promoted Copper (I) －Catalyzed Azide-Alkyne Cycloaddition [J]. Journal of Organic Chemistry, 2010, 75 (20): 7002－7005.

[32] WANG W J, LI T, YU T, et al. Synthesis of Multiblock Copolymers by Coupling Reaction Based on Self-assembly and Click Chemistry [J]. Macromolecules, 2008, 41 (24): 9750－9754.

[33] TILLET G, BOUTEVIN B, AMEDURI B. Chemical Reactions of Polymer Crosslinking and Post-crosslinking at Room and Medium Temperature [J]. Progress in Polymer Science, 2011, 36 (2): 191－217.

[34] BRISTOW G M, WATSON W F. Cohesive Energy Density of Polymers. Part 2.－Cohesive Energy Density from Viscosity Measurements[J]. Transactions of the Faraday Society, 1958, 54: 1742－1747.

[35] KREVELE D W. Properties of Polymers: Their Correlation with Chemical Structure, Their Numerical Estimation and Prediction from Additive Group

Contributions [M]. 4th Edition. Amsterdam，Boston：Elsevier，2009.

[36] FLORY P J，REHNER J. Statistical Mechanics of Cross-linked Polymer Networks II.Swelling [J]. Journal of Chemical Physics，1943，11（11）：521－526.

[37] 邓蕾，张炜，鲍桐，等. PBT 与含能增塑剂相互作用的分子动力学模拟 [J]. 含能材料，2017，25（1）：32－38.

[38] WANG Y Z，BI L Y，ZHANG H J，et al. Predictive Power in Oil Resistance Offluororubber and Fluorosilicone Rubbersbased on Three-dimensional Solubility Parameter Theory [J]. Polymer Testing，2019，75：380－386.

[39] REEGEN S L，FRISCH K C. In Advances in Urethane Science and Technology [M]. Westport，CT：Technomic Publishing，1971.

[40] BORKENT G. In Advances in Urethane Science and Technology [M]. Westport，CT：Technomic Publishing，1978.

[41] KOTHANDARAMAN H，NASAR A S. The Kinetics of the Polymerization Reaction of Toluene Diisocyanate with HTPB Prepolymer [J]. Journal of Applied Polymer Science，1993，50（9）：1611－1617.

[42] MANU S K，SEKKAR V，SCARIAH K J，et al. Kinetics of Glycidyl Azide Polymer-Based Urethane Network Formation [J]. Journal of Applied Polymer Science，2008，110（2）：908－914.

[43] 肖立柏，高红旭，任晓宁，等. PBT 与 BPS 固化反应特性 [J]. 含能材料，2021，29（1）：48－52.

[44] KISSINGER H E. Reaction Kinetics in Different Thermo Analysis [J]. Analytical Chemistry，1957，29（11）：1702－1706.

[45] CRANE L W，DYNES P J，KAELBLE D H. Analysis of Curing Kinetics in Polymer Composites [J]. Polymer Science：Polymer Letter Edition，1973，11：533－540.

[46] 邹业成，曲正阳，翟进贤，等. 聚醚本体末端点击化学交联反应动力学研究 [J]. 高分子学报，2016（2）：219－225.

[47] HAN S，YUE B，YAN L. Improving the Performances of Poly（Vinylphosphonic Acid）by Compositing or Copolymerization with Poly（4－（Alpha-Methyl）Vinyl－1H－1，2，3－triazole）[J]. Electrochimica Acta 2014，138：256－263.

[48] GOBRECHT A，BENDOULA R，ROGER J M，et al. Combining Linear Polarization Spectroscopy and the Representative Layer Theory to Measure

the Beer-Lambert Law Absorbance of Highly Scattering Materials [J]. Analytica Chimica Acta, 2015, 853: 486−494.

[49] MELLQVIST J, ROSÉN A. DOAS for Flue Gas Monitoring—II.Deviations from the Beer-Lambert Law for the U.V./Visible Absorption Spectra of NO, NO_2, SO_2 and NH_3 [J]. Journal of Quantitative Spectroscopy and Radiative Transfer, 1996, 56 (2): 209−224.

[50] ČAKAR M M, VASIĆ M V, PETKOVSKA L T, et al. Spectrophotometric and Electrochemical Study of Protolytic Equilibria of Some Oximes-Acetylcholinesterase Reactivators [J]. Journal of Pharmaceutical and Biomedical Analysis, 1999, 20 (4): 655−661.

[51] FANG G, LIU N. Determination of Eight Essential Amino Acids in Mixtures by Chemometrics-Spectrophotometry Without Separation [J]. Analytica Chimica Acta, 2001, 445 (1−2): 245−253.

[52] AHLQUIST M, FOKIN V V. Enhanced Reactivity of Dinuclear Copper (I) Acetylides in Dipolar Cycloadditions [J]. Organometallics, 2007, 26 (18): 4389−4391.

[53] HEIN J E, FOKIN V V. Copper-Catalyzed Azide-Alkyne Cycloaddition (CuAAC) and Beyond: New Reactivity of Copper (I) Acetylides [J]. Chemical Society Reviews, 2010, 39 (4): 1302−1315.

[54] HIMO F, LOVELL T, HILGRAF R, et al. Copper (I)−Catalyzed Synthesis of Azoles.DFT Study Predicts Unprecedented Reactivity and Intermediates [J]. Journal of the American Chemical Society, 2005, 127 (1): 210−216.

[55] 吴林波, 李伯耿, 曹堃, 等. 超高分子量聚苯乙烯的流变性能 [J]. 高分子学报, 2001 (5): 633−638.

[56] 兰建武, 吴大诚. 聚醚酯嵌段共聚物熔体的流变性能 [J]. 高分子学报, 2000 (1): 50−54.

[57] 杨菊萍. 黏度法测定部分水解聚丙烯酰胺的分子量 [J]. 高分子学报, 2001 (6): 783−786.

[58] SCHWAAB M, PINTO J C. Optimum Reference Temperature for Reparameterization of the Arrhenius Equation. Part 1: Problems Involving One Kinetic Constant [J]. Chemical Engineering Science, 2007, 62 (10): 2750−2764.

[59] HAJ-KACEM R B, OUERFELLI N, HERRÁEZ J V, et al. Contribution to Modeling the Viscosity Arrhenius-type Equation for Some Solvents by

Statistical Correlations Analysis ［J］. Fluid Phase Equilibr，2014，383：11－20.

［60］ FU M，PERLMAN M，LU Q，et al. Pharmaceutical Solid-state Kinetic Stability Investigation by Using Moisture-modified Arrhenius Equation and JMP Statistical Software ［J］. Journal of Pharmaceutical and Biomedical Analysis，2015，107：370－377.

［61］ PEÑALVER M J，RODRÍGUEZ-LÓPEZ J N，GARCÍA-MOLINA F，et al. Method for the Determination of Molar Absorptivities of Thiol Adducts Formed from Diphenolic Substrates of Polyphenol Oxidase ［J］. Analytical Biochemistry，2002，309（2）：180－185.

［62］ PRENESTI E，DANIELE P G，TOSO S. Visible Spectrophotometric Determination of Metal Ions：the Influence of Structure on Molar Absorptivity Value of Copper（II）Complexes in Aqueous Solution［J］. Analytica Chimica Acta，2002，459（2）：232－336.

［63］ LI H，ZHAO F Q，YU Q Q，et al. A Comparison of Triazole Cross-linked Polymers Based on Poly-AMMO and GAP：Mechanical Properties and Curing Kinetics ［J］. Journal of Applied Polymer Science，2016，133（17）：43341.

第 4 章
温度对 BAMO‐r‐THF
弹性体力学性能影响

高分子聚合物材料力学性能具有显著温度依赖性。对于共价键交联 BAMO‐r‐THF 弹性体，其仅有玻璃态和高弹态两种力学状态。玻璃化转变温度以下，分子运动能量低，BAMO‐r‐THF 共聚醚链段处于冻结状态，链段受力运动弛豫时间远远大于实验观察时间，聚合物受力变形小，拉伸模量高。玻璃化转变温度以上，弹性体链段运动能力增强，链段可通过运动改变其构象熵，聚合物进入高弹态；由于链段弛豫时间与实验观察时间相当，链段运动可被观察到。

共价键交联 BAMO‐r‐THF 弹性体具有较宽高弹态温度区间，依据链段弛豫时间与温度的关系，温度不同，链段弛豫时间也不同；BAMO‐r‐THF 交联弹性体在较宽温度范围内，其宏观力学行为也不同[1]。探讨 BAMO‐r‐THF 交联弹性体力学性能与温度的关系，有助于揭示力学行为演化规律，明确弹性体材料使用极限。本章详细介绍了 BAMO‐r‐THF 交联弹性体力学性能与温度的关系，并对应变速率与力学性能关系进行简要说明。

4.1　环境温度对非增塑弹性体力学性能的影响

以等摩尔比准理想 BAMO‐r‐THF 共聚醚（数均分子量为 6 500 g·mol^{-1}，分散指数 PDI 为 1.68，羟基含量为 0.31 mmol·g^{-1}）为黏合剂、六次甲基二异氰酸酯与水加成的无定形低聚物 N‐100（数均分子量为 728 g·mol^{-1}，官能度为 3.87）为固化剂、二月桂酸二丁基锡（T12）为催化剂，按照第 3 章多官能度异氰酸酯制备弹性体的方法，制备得到固化参数 R 值分别为 0.8、0.9、1.0、1.1、1.2、1.3 的聚氨酯交联 BAMO‐r‐THF 弹性体。

4.1.1　弹性体聚集态

以固化参数 R 值为 1.0 制备的聚氨酯交联 BAMO–r–THF 弹性体为研究对象，将 5～10 mg 弹性体样品置于 DSC 样品池中，采用 F204 Netzsch 示差扫描量热仪对其进行热扫描（DSC）。实验前，用液氮将样品冷却至−90 ℃，以 10 K·min⁻¹ 升温速率升至 70 ℃，氮气保护。图 4–1 是该弹性体典型 DSC 曲线。可以看出，弹性体在−50.7 ℃附近出现一台阶峰，对应 BAMO–r–THF 共聚醚弹性体网链玻璃化转变温度；高于玻璃化转变温度后，曲线没有明显吸、放热效应，也无其他台阶峰，表明弹性体聚集态在此温度范围内没有明显变化。

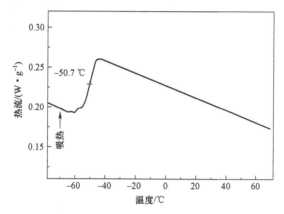

图 4–1　BAMO–r–THF 弹性体 DSC 曲线

利用变温 XRD 对弹性体进行测试，可进一步确定弹性体聚集态结构。图 4–2 是 BAMO–r–THF 共聚醚弹性体在不同温度、非载荷条件下的 XRD 衍射曲线。可以看出，−40～60 ℃区间内，聚氨酯交联 BAMO–r–THF 弹性体 XRD 衍射曲线均只呈现一平缓衍射峰，表明 BAMO–r–THF 共聚醚弹性体在静态、非载荷条件下为无定形聚集态，且该聚集态在此温度范围区间内无变化。变温 XRD 和 DSC 测试结果表明，常规 60 ℃固化交联工艺所得 BAMO–r–THF 共聚醚弹性体在非

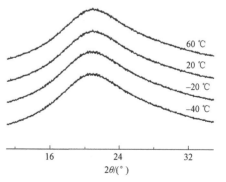

图 4–2　不同温度下 BAMO–r–THF 弹性体的 XRD 曲线

载荷条件下为无定形聚集态。

4.1.2 弹性体力学性能

将不同固化参数 R 值制备的 BAMO－r－THF 共聚醚弹性体制成哑铃状力学试件（宽度为 5 mm，标距为 16 mm），在 MTS 公司的 CMT4104 电子拉力试验机上对其进行力学性能测试，拉伸应变速率均为 1.25 min^{-1}。

1. 不同 R 值弹性体高温力学性能

图 4－3 为 BAMO－r－THF 共聚醚弹性体在 60 ℃下的典型应力－应变曲线。可以看出，不同 R 值制备弹性体的应力－应变曲线均呈现典型的无定形态弹性体拉伸行为，拉伸模量随应变增加而逐渐下降，与橡胶弹性体状态方程吻合。交联弹性体断裂拉伸强度主要依赖于弹性体交联点间网链分子量及有效网链密度；增加弹性体交联点密度有利于提高弹性体拉伸强度，提高网链分子量有利于提高弹性体断裂延伸率[2]。因此，随 R 值增加，弹性体交联点密度增加，网链分子量下降，BAMO－r－THF 弹性体拉伸强度呈逐渐增加趋势，断裂延伸率呈单调下降趋势。BAMO－r－THF 弹性体在 60 ℃下的力学性能变化趋势与第 2 章描述的常温变化趋势相一致。

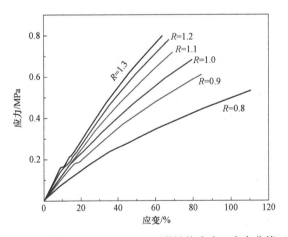

图 4－3 不同 R 值的 BAMO－r－THF 弹性体应力－应变曲线（60 ℃）

不同 R 值制备的 BAMO－r－THF 弹性体力学性能数据如表 4－1 所示。可以看出，固化参数 R 值由 0.8 增至 1.3 时，弹性体断裂延伸率由 107%±13% 单调下降至 60%±4%，强度由（0.52±0.04）MPa 逐渐升至（0.77±0.03）MPa。

表 4-1　不同 R 值制备的 BAMO-r-THF 弹性体的力学性能（60 ℃）

R 值	应力与应变	力学性能			
		1	2	3	平均值
0.8	σ_b/MPa	0.47	0.54	0.54	0.52±0.04
	ε_b/%	92	111	118	107±13
0.9	σ_b/MPa	0.66	0.61	0.67	0.65±0.03
	ε_b/%	104	85	108	99±13
1.0	σ_b/MPa	0.74	0.68	0.75	0.72±0.04
	ε_b/%	90	86	102	92±8
1.1	σ_b/MPa	0.77	0.72	0.80	0.76±0.04
	ε_b/%	64	69	77	70±6
1.2	σ_b/MPa	0.78	0.77	0.74	0.76±0.02
	ε_b/%	67	68	66	67±1
1.3	σ_b/MPa	0.76	0.80	0.75	0.77±0.03
	ε_b/%	56	64	61	60±4

2. 不同 R 值弹性体的低温力学性能

-40 ℃时，不同 R 值的 BAMO-r-THF 共聚醚弹性体的典型应力-应变曲线如图 4-4 所示。可以看出，各个 R 值制备的 BAMO-r-THF 弹性体应力-应变曲线均出现上扬的"拐点"，即弹性体应变达到一定值后，拉伸模量随应变增加而增加。依据弹性体状态方程，可以推断，上述弹性体在拉伸过程中，交联网络发生改变，使得弹性体拉伸应力-应变曲线出现"拐点"。R 值在 0.8~1.3 范围内时，BAMO-r-THF 共聚醚弹性体这种应力-应变曲线变化趋势不变，只是随固化参数 R 值增加，弹性体应力-应变曲线"拐点"向低应变方向移动。

3. 力学性能随环境温度的变化规律

以固化参数 R 值为 1.0 制备的样品为研究对象，分别在环境温度为-40 ℃、-20 ℃、0 ℃、20 ℃、60 ℃下对弹性体力学性能进行测试，其典型应力-应变曲线如图 4-5、图 4-6 所示。由图 4-5 可以看出，60 ℃、20 ℃和 0 ℃环境下，BAMO-r-THF 共聚醚弹性体应力-应变曲线呈抛物线形，相同应变下的应力值随温度下降而降低；该结果与橡胶弹性体状态方程相吻合。由图 4-6 可以看出，低于-20 ℃时，BAMO-r-THF 共聚醚弹性体断裂强度和延伸率显著提升；-40 ℃时应力-应变曲线在 330%处出现明显"拐点"，其断裂强度和延伸率也较-20 ℃时显著增加[3]。

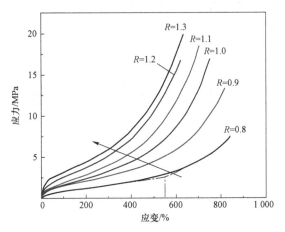

图4-4 不同 *R* 值的 BAMO-r-THF 弹性体低温典型应力-应变曲线（-40 ℃）

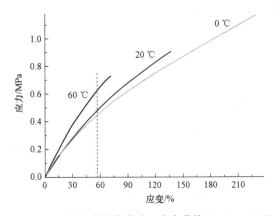

图4-5 BAMO-r-THF 弹性体应力-应变曲线（0 ℃、20 ℃、60 ℃）

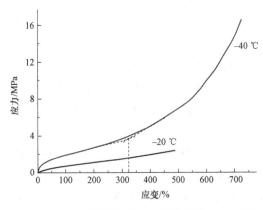

图4-6 BAMO-r-THF 弹性体应力-应变曲线（-20 ℃、-40 ℃）

表 4-2 是 *R* 值为 1.0 时 BAMO-r-THF 共聚醚弹性体在不同温度下的拉伸断裂力学性能。可以看出，从 60 ℃降至−40 ℃，弹性体断裂拉伸强度由高温下的（0.72±0.05）MPa 单调增至−40 ℃时的（27.06±1.06）MPa，拉伸强度提高近 40 倍；断裂延伸率由 60 ℃时的 72%±3% 单调增至−40 ℃时的 1 010%±32%；断裂延伸率提高近 15 倍，弹性体断裂拉伸强度和延伸率均随温度下降而增加。此种特殊现象将在随后章节中进行描述。

表 4-2   不同温度下 BAMO-r-THF 弹性体力学性能

温度	60 ℃	20 ℃	0 ℃	−20 ℃	−40 ℃
σ_b/MPa	0.72±0.05	0.90±0.02	1.21±0.03	2.21±0.11	27.06±1.06
ε_b/%	72±3	128±8	205±14	446±21	1 010±32

4.1.3　应变诱发结晶

−40 ℃时，将固化参数 *R* 值为 1.0 的 BAMO-r-THF 弹性体样条首先拉伸至 700%，然后将样条迅速从夹具卸下、拍照。图 4-7 是 BAMO-r-THF 弹性体样条拉伸前（左）、后（右）外观对比图。从图中可清晰地看出，拉伸前弹性体样条呈透明状，拉伸后弹性体样条中段呈乳白状，透光性明显降低。这表明，BAMO-r-THF 共聚醚弹性体在低温应变过程中，聚集态由拉伸前无定形态变为结晶态，导致样条透光性能变差，即低温下，BAMO-r-THF 弹性体可产生应变诱发结晶，弹性体呈现良好的低温力学性能。

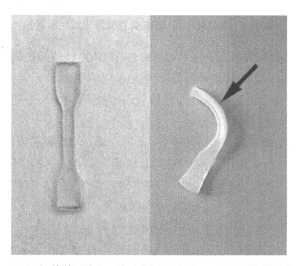

图 4-7　−40 ℃拉伸前（左）、后（右）BAMO-r-THF 弹性体外观对比图

依据共聚物序列结构统计理论[4]，等摩尔比准理想 BAMO-r-THF 共聚醚链中存在由同一单体键接形成的微嵌段（即 BAMO 微嵌段和 THF 微嵌段）；结合 BAMO-r-THF 共聚醚物性（见第 2 章）、BAMO-r-THF 共聚醚弹性体应力-应变曲线（见图 4-5）和低温拉伸形态（见图 4-6、图 4-7），图 4-8 给出了 BAMO-r-THF 弹性体聚集态演化示意图。当 BAMO-r-THF 共聚醚弹性体高于 BAMO 微晶熔融温度交联固化时，共聚醚链段处于无定形态，交联后的弹性体也处于无定形态；即使弹性体由固化温度降至室温，由于固化反应生成氨基甲酸酯交联点的抑制作用，BAMO-r-THF 共聚醚网链难以运动，阻止网链中的 BAMO 微嵌段微结晶，弹性体在室温及低于室温下仍为无定形态（见图 4-2）。

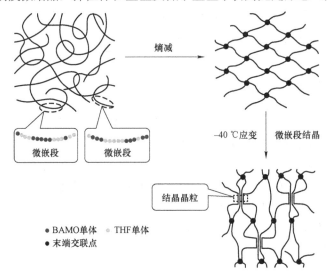

图 4-8　BAMO-r-THF 弹性体聚集演化示意图

较高环境温度拉伸应变时，BAMO-r-THF 弹性体网链沿应变方向取向、构象熵下降，但高温使弹性体在整个应变过程中仍处于无定形聚集态，弹性体应力-应变曲线与无定形橡胶弹性体状态方程相吻合（见图 4-5 中 60 ℃、20 ℃和 0 ℃时应力-应变曲线）。

鉴于 BAMO 微嵌段可结晶特性（见第 2 章），随着温度继续下降，弹性体中 BAMO 微嵌段形成微结晶趋势逐渐增强。-40 ℃、BAMO-r-THF 弹性体应变达到某一值时，由于低温和应变取向双重效应[5]，网链中的 BAMO 微嵌段迅速出现微结晶，提了网链间物理相互作用，表观交联密度增加，弹性体应力-应变曲线出现拐点（应变诱发结晶起始点）。低温条件下，BAMO-r-THF 共聚醚的应变诱发结晶现象使得弹性体最大拉伸强度大幅增至（27.06±1.06）MPa；同时，由于 BAMO 微嵌段形成微结晶构象伸展，弹性体中无定形区的链段进一步松弛，最大延伸率增至 1 010%±32%[6]。

末端三维交联 BAMO-r-THF 无规共聚醚弹性体虽在非载荷条件下为无定形态，但在低温下仍能应变诱发 BAMO 微嵌段形成微结晶，显著提高了 BAMO-r-THF 弹性体力学性能。

4.1.4　低温循环拉伸

鉴于 BAMO-r-THF 弹性体在低温下展现出较高温更优异的力学性能，为进一步验证 BAMO-r-THF 弹性体网链取向对 BAMO 微嵌段形成微结晶性能的影响，采取低温循环拉伸方法对弹性体力学性能进行探究。

表 4-3 给出了 BAMO-r-THF 弹性体在 -40 ℃下定应变 500% 的循环拉伸力学特性。可以看出，当应变 500% 高于应变诱发结晶起始点（约 330%，见图 4-6）的拉伸过程中，BAMO-r-THF 弹性体拉伸强度随循环次数增加而逐渐下降；第 4 次的拉伸强度由初始（5.92±0.68）MPa 降至（4.98±0.66）MPa，约为初始值的 84.1%。

表 4-3　BAMO-r-THF 弹性体 500% 应变下的强度（-40 ℃）

	应力 σ_b/MPa	相对百分比/%
1st	5.92±0.68	100
2nd	5.59±0.61	94.4
3rd	5.35±0.50	90.4
4th	4.98±0.66	84.1

室温 25 ℃条件下，以甲苯为溶剂，采用平衡溶胀法对 BAMO-r-THF 弹性体循环拉伸样条的网络结构进行表征。图 4-9 是弹性体循环拉伸样条平衡溶胀曲线。溶胀过程中，同一时间点弹性体体积溶胀率随循环拉伸次数增加而增加；约 370 min 后体积溶胀达到平衡，初始样品平衡体积溶胀率最低，第 4 次拉伸后样品平衡体积溶胀率最高。依据 Flory-Huggins 理论，通过式（3-5）～式（3-9）可计算弹性体表观网链平均分子量 M_c 和表观有效网链密度 N_0。

表 4-4 是不同循环拉伸次数下 BAMO-r-THF 弹性体网络结构参数。可以看出，随循环拉伸次数增加 BAMO-r-THF 弹性体交联点间表观网链分子量 M_c 逐渐增大，表观网链密度逐渐减小；且第 4 次循环拉伸后网链相对密度由拉伸前 82% 降至拉伸后 65%。这表明 BAMO-r-THF 弹性体在 -40 ℃、应变高于初始结晶应变点（330%）的循环拉伸过程中均有网链断裂。

鉴于 BAMO-r-THF 弹性体低温高应变、高拉伸强度源于网链中 BAMO

微嵌段形成微晶现象，可以推断，BAMO－r－THF 弹性体每次应变过程中会出现网链依次发生取向、BAMO 微嵌段形成微结晶、部分网链断裂现象；此时，断裂网链的 BAMO 微嵌段结晶点仍维持有效物理交联，因此 BAMO－r－THF 弹性体四次循环拉伸相对强度均与其拉伸前网链相对密度高度一致（见表 4-3、表 4-4）。第 2 次拉伸应变时，上次拉伸断裂的悬挂网链很难再通过应变取向使其构象熵下降，BAMO 微嵌段也难再形成微晶，弹性体应变时通过 BAMO 微嵌段结晶形成物理交联点密度下降，拉伸强度随之降低。BAMO－r－THF 弹性体低温、高应变下的拉伸强度高度依赖于其应变前有效网链密度。

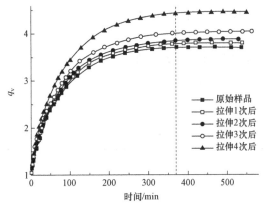

图 4-9　BAMO－r－THF 循环拉伸样条平衡溶胀曲线

表 4-4　BAMO－r－THF 循环拉伸样条网络结构参数

拉伸次数	q_v	v_{2m}	$V_s/$ $(\mathrm{mL \cdot mol^{-1}})$	ρ_e	χ_1	$M_c/$ $(\mathrm{g \cdot mol^{-1}})$	$N_0/$ $(\mathrm{mmol \cdot cm^{-3}})$	相对百分比/%
0	3.711	0.269 47	106.4	1.192 3	0.34	3 263	0.365 9	100
1	3.801	0.263 09	106.4	1.192 3	0.34	3 469	0.344 2	94.1
2	3.878	0.257 87	106.4	1.192 3	0.34	3 635	0.328 5	89.8
3	4.043	0.247 34	106.4	1.192 3	0.34	3 979	0.300 1	82.0
4	4.468	0.223 81	106.4	1.192 3	0.34	5 022	0.237 7	65.0

4.2　环境温度对增塑弹性体力学性能的影响

固体复合推进剂制备过程中，为满足固体推进剂药浆制备工艺条件、固化完全、使推进剂具有良好的低温力学性能，通常在其聚合物黏合剂体系中添加增塑剂，改善聚合物黏合剂分子链段运动能力，方便推进剂的加工与制备和具有较低的玻璃化转变温度。揭示增塑剂对 BAMO－r－THF 共聚醚弹性体力学性能的影响，可为其复合推进剂制备提供理论依据。因此，本节介绍增塑 BAMO－r－THF 共聚醚弹性体力学性能与温度的关系。

4.2.1　弹性体制备

以数均分子量为 4 000 g·mol^{-1}、分散指数 PDI 为 1.68、羟值为 0.31 mmol·g^{-1} 的 BAMO－r－THF 共聚醚为预聚物，分子量为 728 g·mol^{-1}、官能度为3.87的六次甲基二异氰酸酯与水加成的无定形低聚物 N－100 为固化剂；2,2－二硝基丙醇缩甲醛和 2,2－二硝基丙醇缩乙醛混合物（A3）为增塑剂、二月桂酸二丁基锡（T12）为固化促进剂，依照表 4-5 按比例称取 BAMO－r－THF 共聚醚、增塑剂 A3、催化剂 T12 和固化剂 N－100 并充分搅拌均匀，倒置于聚四氟乙烯模具中，50 ℃真空除气泡，且于 50 ℃恒温箱中固化至异氰酸酯基团完全消失。

表 4-5　BAMO－r－THF 弹性体配方组分质量比

增塑比	BAMO－r－THF	N－100	A3	T12
0	100	5.8	0	0.13
0.5	100	5.8	50	0.13

4.2.2　聚集态

1. DSC 分析

利用示差扫描量热法是检测聚合物弹性体聚集态结构的一种有效方法。采用 F204 Netzsch 示差扫描量热仪（DSC），将 5～10 mg 弹性体样品置于 DSC 样品坩埚中，利用液氮将样品冷却至－90 ℃，以 10 K·min^{-1} 的升温速率升至 70 ℃进行热扫描，氮气保护。

图4-10为增塑与未增塑BAMO－r－THF共聚醚弹性体的DSC扫描曲线。从图中可以看出，加入增塑剂 A3，BAMO－r－THF 共聚醚弹性体网链分子链运动能力增强，柔顺性变好，共聚醚弹性体玻璃化转变温度为－53.2 ℃，较未添加增塑剂弹性体的玻璃化转变温度－50.5 ℃低约 3 ℃。此外，从 DSC 扫描曲线上还可以看出，含增塑剂与不含增塑剂的 BAMO－r－THF 共聚醚弹性体在其玻璃化转变温度至 70 ℃范围内，无吸、放热响应，表明其在该温度范围

内聚集态无变化。

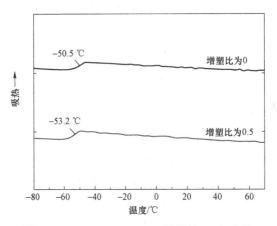

图 4-10　BAMO-r-THF 弹性体 DSC 曲线

2. XRD 分析

利用自动粉末 X 射线衍射仪（XRD，D8 Advance，Bruker-AXS）对增塑 BAMO-r-THF 共聚醚弹性体进行 X 射线扫描，镍滤铜靶 Kα 辐射，电压为 40 kV，电流为 40 mA。扫描速率为 5°·min^{-1}，2θ 范围为 5°～40°，图 4-11 为其 XRD 扫描曲线。由图可知，常温非载荷条件下，增塑 BAMO-r-THF 共聚醚弹性体 X 射线衍射曲线上没有明显或尖锐的衍射峰，在 20° 左右只出现一漫散射峰。表明常温静态下，增塑 BAMO-r-THF 共聚醚弹性体为无定形聚集态。

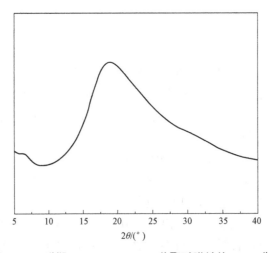

图 4-11　增塑 BAMO-r-THF 共聚醚弹性体 XRD 曲线

3. POM 观察

使用偏光显微镜（Olympus BX – 51）对表 4 – 5 中 BAMO – r – THF 共聚醚增塑弹性体进行观测；观测时将样品固定于载玻片上，通过搭载热台（THMS600，Linkam，UK）控制测试样品温度，变温速率为 1 K · min^{-1}，图像放大倍数为 200 倍。图 4 – 12 是 BAMO – r – THF 增塑弹性体偏光显微照片。可以看出，增塑条件下，BAMO – r – THF 弹性体在上述扫描温度范围内均未出现明显亮斑。这表明，静态、非载荷条件下，增塑 BAMO – r – THF 弹性体与其非增塑体系相同，两者均呈无定形聚集态。

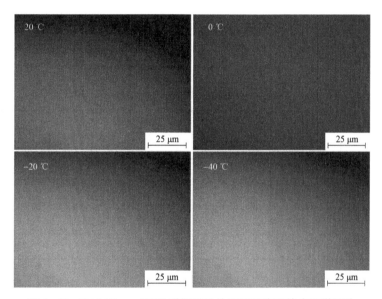

图 4 – 12　BAMO – r – THF 增塑弹性体不同温度下偏光显微照片

4.2.3　弹性体力学性能

1. 高温力学性能

图 4 – 13 为 60 ℃下、增塑与非增塑 BAMO – r – THF 共聚醚弹性体的应力 – 应变曲线，可以看出，两种弹性体均呈现无定形聚集态弹性体典型的力学拉伸特性，拉伸模量随应变增加而减小，曲线表现为准抛物线形。增塑 BAMO – r – THF 共聚醚弹性体的断裂拉伸强度及延伸率均低于非增塑体系。相应力学数据如表 4 – 6 所示。非增塑 BAMO – r – THF 共聚醚弹性体的断裂拉伸强度为（0.73±0.04）MPa，断裂延伸率为 74%±2%；增塑弹性体的断裂拉伸强度仅为（0.19±0.03）MPa，断裂延伸率为 34%±7%。高温条件下，BAMO – r – THF 共聚醚弹性体中加入 A3 增塑剂，弹性体力学性能显著下降。

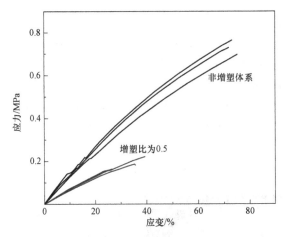

图 4-13　BAMO-r-THF 弹性体应力-应变曲线（60 ℃）

表 4-6　BAMO-r-THF 弹性体力学性能数据（60 ℃）

增塑比	应力与应变	力学性能			
		1	2	3	平均值
0	σ_b/MPa	0.73	0.77	0.70	0.73±0.04
	ε_b/%	72	74	75	74±2
0.5	σ_b/MPa	0.19	0.16	0.22	0.19±0.03
	ε_b/%	35	26	39	34±7

2. 常温力学性能

图 4-14 为 20 ℃、增塑与非增塑条件下 BAMO-r-THF 共聚醚弹性体的应力-应变曲线。可以看出，两种弹性体仍呈现无定形弹性体典型拉伸行为，拉伸模量随应变增加而减小，曲线表现为准抛物线形。增塑 BAMO-r-THF 共聚醚弹性体的拉伸模量、断裂拉伸强度、断裂延伸率均低于非增塑体系，弹性体相应断裂拉伸力学数据如表 4-7 所示。可以看出，非增塑 BAMO-r-THF 共聚醚弹性体的断裂拉伸强度和延伸率分别为（0.87±0.04）MPa、145%±7%；增塑弹性体的断裂拉伸强度和延伸率分别为（0.46±0.05）MPa、140%±17%。

结合 BAMO-r-THF 共聚醚弹性体在 60 ℃和室温下的力学性能，可以推断，增塑剂 A3 降低了 BAMO-r-THF 共聚醚分子链间的相互作用，网链柔顺性增大，增塑弹性体的拉伸模量和断裂拉伸强度均显著低于非增塑体系。不过，与 60 ℃力学性能相比，20 ℃下增塑与非增塑弹性体的力学性能差距明显减小。

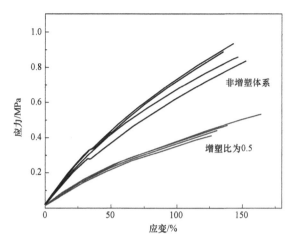

图 4-14　BAMO‐r‐THF 弹性体应力‐应变曲线（20 ℃）

表 4-7　BAMO‐r‐THF 弹性体力学性能（20 ℃）

增塑比	应力与应变	力学性能				
		1	2	3	4	平均值
0	σ_b/MPa	0.85	0.83	0.88	0.93	0.87±0.04
	ε_b/%	146	153	136	144	145±7
0.5	σ_b/MPa	0.44	0.41	0.47	0.53	0.46±0.05
	ε_b/%	131	126	138	164	140±17

3. 低温力学性能

图 4-15 为-40 ℃、增塑与非增塑条件下 BAMO‐r‐THF 共聚醚弹性体的应力‐应变曲线。可以看出，增塑剂对 BAMO‐r‐THF 弹性体网链的增塑作用，降低了分子链间相互作用力，增塑弹性体的拉伸模量下降，增塑弹性体体系的拉伸强度低于非增塑体系，与 20 ℃、60 ℃条件下力学性能相似。不同之处是，整个拉伸应变过程中，增塑 BAMO‐r‐THF 共聚醚弹性体的应力‐应变曲线也出现上扬"拐点"，不再是无定形弹性体典型的拉伸应力‐应变特征，该现象与非增塑 BAMO‐r‐THF 弹性体体系力学特征一致。

结合非增塑条件下 BAMO‐r‐THF 共聚醚弹性体低温应力‐应变特征（见图 4-8），增塑剂的加入提高了 BAMO‐r‐THF 共聚醚网链运动能力，削弱了 BAMO 微嵌段结晶性能。-40 ℃拉伸过程中，相比非增塑 BAMO‐r‐THF 共聚醚弹性体，增塑 BAMO-r-THF 共聚醚弹性体的应变诱发结晶"拐点"出现在更高应变位置。

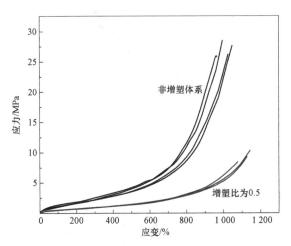

图 4-15 BAMO-r-THF 弹性体应力-应变曲线（-40 ℃）

增塑与非增塑 BAMO-r-THF 共聚醚弹性体低温力学拉伸性能如表 4-8 所示。可以看出，-40 ℃下，增塑 BAMO-r-THF 共聚醚弹性体的断裂拉伸强度为（9.28±0.84）MPa，约为非增塑弹性体拉伸强度（27.06±1.22）MPa 的 1/3；增塑弹性体的断裂延伸率为 1 119%±28%，与非增塑体系断裂延伸率 1 010%±37% 相当。在 BAMO-r-THF 共聚醚弹性体中添加增塑剂，对其低温断裂延伸率影响不大。

表 4-8 BAMO-r-THF 弹性体力学性能（-40 ℃）

增塑比	应力与应变	力学性能				
		1	2	3	4	平均值
0	σ_b/MPa	26.19	27.67	28.48	25.91	27.06±1.22
	ε_b/%	1 026	1 051	995	966	1 010±37
0.5	σ_b/MPa	10.43	8.79	9.35	8.54	9.28±0.84
	ε_b/%	1 148	1 116	1 129	1 082	1 119±28

4.3 制备温度对非增塑弹性体力学性能的影响

为满足固体火箭推进剂制备工艺要求，BAMO-r-THF 共聚醚弹性体制备过程中通常需先加热，具备良好流动性，再在高温下固化交联（通常高于 50 ℃），得到 BAMO-r-THF 共聚醚三维交联弹性体。第 2 章对等摩尔比准理想 BAMO-r-THF 共聚醚预聚物聚集态的研究表明，低于 30 ℃时，BAMO-r-THF 共聚醚中的 BAMO 微嵌段可形成微晶。本节探讨弹性体交联固化温度对其聚集形态的影响[7]。

4.3.1 弹性体制备

以数均分子量为 4 000 g·mol^{-1}、PDI 为 1.68、羟值为 0.31 mmol·g^{-1} 的等摩尔比准理想无规 BAMO-r-THF 共聚醚为预聚物，六次甲基二异氰酸酯与水加成的无定形低聚物 N-100（Mn 为 728 g·mol^{-1}，官能度为 3.87）为固化剂、二月桂酸二丁基锡（T12）为固化促进剂，固定异氰酸酯与羟基官能团摩尔比为 1.0，按比例称取 BAMO-r-THF 共聚醚预聚物、固化剂 N-100 和催化剂 T12，充分搅拌均匀。将混合物倒置于两块聚四氟乙烯模具中，50 ℃ 真空除气泡。其中，一块样品迅速冷却、置于密封袋中，在 10 ℃恒温箱中固化 10 天；另一块样品置于 50 ℃恒温箱中固化 10 天。

为确保不同固化温度所得弹性体化学交联网络结构，室温下以甲苯为溶剂，采用平衡溶胀法对其进行网络结构表征。图 4-16 是不同固化温度下所得 BAMO-r-THF 弹性体的平衡溶胀曲线。可以看出，经过 400 min 后，弹性体体积溶胀曲线达到平衡，低温 10 ℃固化 BAMO-r-THF 共聚醚弹性体的平衡体积溶胀率为 3.853，略高于常规 50 ℃固化所得弹性体的体积平衡溶胀率 3.645。依据 Flory-Huggins 理论，通过式（3-5）～式（3-9）可获得不同固化温度制备 BAMO-r-THF 共聚醚弹性体的网链表观平均分子量 M_c 和表观有效网链密度 N_0。

不同固化温度制备弹性体的网络结构参数如表 4-9 所示。固化温度为 50 ℃时制得的弹性体的表观网链分子量和网链密度分别为 3 576 g·mol^{-1}、0.333 9 mmol·cm^{-3}；10 ℃时分别为 3 140 g·mol^{-1}、0.380 3 mmol·cm^{-3}。不同固化温度导致弹性体交联网络存在差异，原因可归结如下：

（1）较低的固化反应温度降低了 BAMO-r-THF 共聚醚端羟基与固化剂异氰酸酯的反应速率，使得低温交联反应完全程度略存不足。

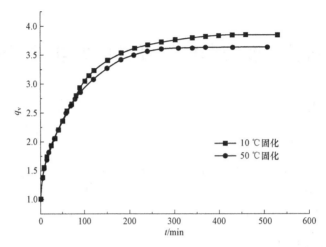

图 4-16   不同固化温度下 BAMO－r－THF 弹性体平衡溶胀曲线

（2）10 ℃时，BAMO－r－THF 共聚醚链段运动能力减弱、体系黏度高，也不利于固化剂异氰酸酯与预聚物端羟基的反应。

基于以上两点，低温固化制得的 BAMO－r－THF 共聚醚弹性体交联网络较常规高温固化存在一定差异，不过两者差别不大。

表 4-9   不同固化温度下制备的 BAMO－r－THF 弹性体网络结构参数

固化温度/℃	χ_1	q_v	v_{2m}	$\rho/（g \cdot cm^{-3}）$	$M_c/（g \cdot mol^{-1}）$	$N_0/（mmol \cdot cm^{-3}）$
10	0.34	3.852 6	0.259 6	1.189 8	3 576	0.333 9
50	0.34	3.645 0	0.274 3	1.194 0	3 140	0.380 3

4.3.2   聚集态

1. DSC 分析

半结晶聚合物熔融时通常伴随明显热效应，利用示差扫描量热法（DSC）可对不同固化温度制备的 BAMO－r－THF 共聚醚弹性体进行热分析。测试采用 F204 Netzsch 示差扫描量热仪，将 5～10 mg 弹性体样品置于坩埚中，利用液氮将样品冷却至 -90 ℃，以 10 K · min⁻¹ 的升温速率升至 70 ℃，氮气保护。

图 4-17 为不同固化温度所得的 BAMO－r－THF 共聚醚弹性体的 DSC 曲线。从图中可以看出，50 ℃与 10 ℃固化所得弹性体的玻璃化转变温度分别为 -50.7 ℃和 -51.1 ℃，两者非常接近；弹性体固化反应温度对其玻璃化转变温度无明显影响。不同之处是，10 ℃固化制得的 BAMO－r－THF 共聚醚交联弹性体在 32.3 ℃附近出现一明显的吸热峰。

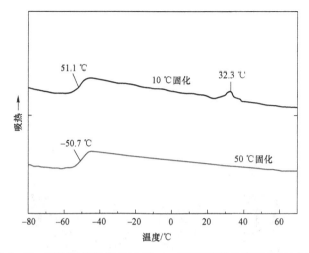

图 4－17 不同固化温度 BAMO－r－THF 弹性体变温 DSC 曲线

2. XRD 分析

在配置有热台的自动粉末 X 射线衍射仪（XRD， D8 Advance， Bruker－AXS）上对低温固化的 BAMO－r－THF 弹性体进行 X 射线扫描，镍滤铜靶 Kα辐射，电压为 40 kV，电流为 40 mA。扫描速率为 5°·min⁻¹，2θ 范围为 5°～40°。图 4－18 为低温固化 BAMO－r－THF 弹性体变温 XRD 谱图。20 ℃下，低温固化 BAMO－r－THF 弹性体 X 射线衍射谱图在 2θ 角为 17° 位置出现一微弱的衍射峰，亦有重复实验证实其存在，该衍射峰对应于 BAMO 结晶均聚物的特征衍射峰[8]；当温度升至 40 ℃时，该衍射峰消失。这表明，低温固化 BAMO－r－THF 共聚醚交联弹性体由于其内部 BAMO 微嵌段结晶结构的存在，弹性体在 20 ℃时出现结晶颗粒 X 射线衍射峰，DSC 扫描曲线在 32 ℃附近出现吸热峰。

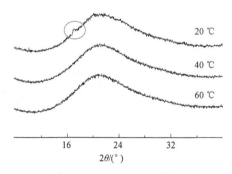

图 4－18 低温固化 BAMO－r－THF 弹性体变温 XRD 谱图

3. POM 观察

室温下，不同固化温度制得的 BAMO-r-THF 共聚醚弹性体外观如图 4-19 所示。明显看出，固化温度 50 ℃制得的 BAMO-r-THF 共聚醚弹性体外观透明，而 10 ℃固化制得的弹性体外观泛白，且不透明。固化温度不同导致所制弹性体的外观也存在明显差异。将不同固化温度所得的 BAMO-r-THF 共聚醚弹性体样品固定于圆形载玻片上，搭载热台（THMS600，Linkam，UK）控制试样温度，使用 Olympus BX-51 偏光显微镜、放大倍数 200 倍对其进行观测。

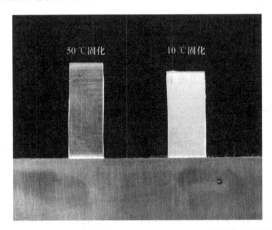

图 4-19   不同固化温度制备 BAMO-r-THF 弹性体室温外观照片

图 4-20 为 20 ℃下不同固化温度所得的 BAMO-r-THF 弹性体 POM 图。偏光显微镜下，10 ℃固化所得的 BAMO-r-THF 弹性体存在明显的亮斑，弹性体结构中存在微晶颗粒；50 ℃高温固化弹性体无亮斑特征，弹性体为无定形聚集态。基于 DSC、XRD 测试结果可以推断，低温固化制得的弹性体中的亮斑结构源于 BAMO-r-THF 共聚醚链中 BAMO 微嵌段结晶[9]。对 BAMO-r-THF 共聚醚而言，弹性体固化温度不同，所得弹性体聚集态也不同。

图 4-20   不同固化温度制得的 BAMO-r-THF 弹性体 POM 图

为验证低温固化BAMO－r－THF共聚醚弹性体中BAMO微嵌段形成微晶过程的可逆性，对弹性体样品进行偏光、升降温度扫描。将处于热台上的弹性体样品，以 1 K·min⁻¹升温速率由室温 20 ℃升温至 35 ℃，再以 1 K·min⁻¹降温至 10 ℃，观察不同温度下弹性体偏光显微图片。图 4－21 为该弹性体热处理过程、不同温度下的 POM 图片。从图中可知，随着温度升高，反映弹性体中 BAMO 微晶颗粒的亮度逐渐减弱，温度达到 34 ℃时，接近微晶熔点，亮斑在显微镜视野内全部消失，弹性体中的微晶颗粒全部消融。当弹性体由 34 ℃再次降温至 20 ℃、10 ℃（见图 Re20 ℃、Re10 ℃）时，偏光显微镜下的 BAMO 微晶亮斑也未再现。

图 4－21　低温固化 BAMO－r－THF 弹性体变温 POM 图

4. 聚集态演化

不同温度制备的 BAMO-r-THF 共聚醚弹性体与其聚集态结构演化关系如图 4-22 所示。高温制备 BAMO-r-THF 共聚醚弹性体时，共聚醚由室温升至 50 ℃过程，预聚物共聚醚中的 BAMO 微晶粒熔融，聚集态由半结晶态变为无定形态；处于无定形态的 BAMO-r-THF 共聚醚与固化剂异氰酸酯反应，生成无定形态 BAMO-r-THF 共聚醚交联弹性体。从热力学上分析，被氨基甲酸酯三维交联的 BAMO-r-THF 共聚醚网链由于其构象熵下降，有利于链段结构中的 BAMO 微嵌段进行结晶[10]。不过，在动力学上，三维化学交联网络抑制了网链运动能力，交联后的弹性体网链热运动难以使链段进行空间有效排列、形成半结晶聚集态，因此高温固化制备的 BAMO-r-THF 弹性体呈无定形态结构。

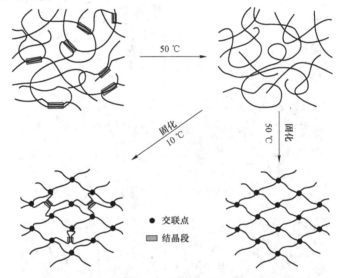

图 4-22　BAMO-r-THF 共聚醚交联过程聚集态演化示意图

低温制备 BAMO-r-THF 共聚醚弹性体时，共聚醚预聚物在化学交联前即处于半结晶态，预聚物以半结晶态的形式进行化学交联，所得交联弹性体也呈现半结晶聚集态。当低温制备的半结晶态 BAMO-r-THF 共聚醚弹性体加热至 BAMO 微晶熔融后，同样由于化学交联网络对网链运动的抑制作用，使其难以再形成半结晶聚集态结构。非载荷条件下，BAMO-r-THF 共聚醚弹性体中的 BAMO 微嵌段结晶具有动力学不可逆特性。

综上所述，由于 BAMO-r-THF 共聚醚链结构中 BAMO 微嵌段的结晶性，低温固化 BAMO-r-THF 共聚醚交联弹性体在常温及低于常温条件下，呈现为半结晶聚集态。BAMO 微嵌段结晶晶粒的熔融温度约为 32 ℃。由于化学交联点对弹性体网链运动的抑制作用，BAMO 微晶熔融后难再复原，交联弹性体中的 BAMO 微嵌段结晶行为具有动力学不可逆特性。

4.3.3　力学性能

将 BAMO–r–THF 弹性体样品制成哑铃状（宽度为 5 mm，标距为 16 mm）并固定于电子拉力试验机（MTS 公司的 CMT4104 电子拉力试验机）上；试验机搭载控温箱，使样品在指定温度下保温 1 h，然后进行力学性能测试，拉伸应变速率均为 1.25 min^{-1}。

1. 高温力学性能

图 4–23 为 60 ℃ 下、不同固化温度所得的 BAMO–r–THF 共聚醚弹性体的应力–应变曲线。可以看出，两种弹性体的应力–应变曲线均呈现无定形弹性体典型拉伸行为，拉伸模量随应变增加而减小。表 4–10 是两者力学拉伸数据；50 ℃ 固化弹性体的断裂拉伸强度和延伸率分别为（0.57±0.1）MPa、148%±4%；10 ℃ 固化弹性体分别为（0.50±0.04）MPa、143%±8%。50 ℃ 固化弹性体的拉伸强度略高于 10 ℃，两者断裂延伸率相当。

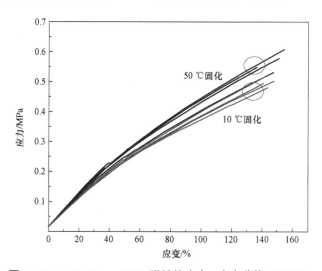

图 4–23　BAMO–r–THF 弹性体应力–应变曲线（60 ℃）

表 4–10　BAMO–r–THF 弹性体力学性能（60 ℃）

固化温度/℃	应力与应变	力学性能				
		1	2	3	4	平均值
10	σ_b/MPa	0.48	0.50	0.49	0.51	0.50±0.04
	ε_b/%	144	148	141	140	143±8

固化温度/℃	应力与应变	力学性能				
		1	2	3	4	平均值
50	σ_b/MPa	0.55	0.61	0.53	0.58	0.57±0.01
	ε_b/%	136	155	148	152	148±4

60 ℃时，低温固化 BAMO－r－THF 共聚醚弹性体中的 BAMO 微晶粒完全熔融，弹性体力学性能完全依赖于其有效的网络结构。由于 50 ℃固化制备的 BAMO－r－THF 弹性体网络结构完整性略优于 10 ℃固化体系（见图 4－15、表 4－9），因此，60 ℃时高温固化弹性体的断裂拉伸强度略高于低温固化制备的弹性体。

2. 常温力学性能

20 ℃时，不同固化温度制得的 BAMO－r－THF 共聚醚弹性体的应力－应变曲线如图 4－24 所示。弹性体的应力－应变曲线均呈现弹性体典型拉伸行为，拉伸模量随应变增加而减小，曲线表现为准抛物线形。与高温力学行为不同，室温下，固化温度 10 ℃下制备的弹性体拉伸强度显著高于固化温度 50 ℃制备的弹性体。由表 4－11 所列弹性体断裂应变和强度数据可以看出，50 ℃固化制备的弹性体的断裂拉伸强度和延伸率分别为（0.70±0.05）MPa、241%±22%；10 ℃固化制备的弹性体分别为（0.91±0.03）MPa、225%±13%。两者断裂延伸率相差不大，10 ℃固化弹性体的拉伸断裂强度明显高于 50 ℃。

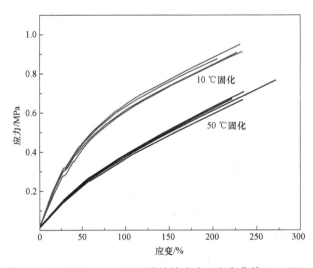

图 4－24 BAMO－r－THF 弹性体应力－应变曲线（20 ℃）

表 4–11　BAMO – r – THF 弹性体力学性能（20 ℃）

固化温度/℃	应力与应变	力学性能				
		1	2	3	4	平均值
10	σ_b/MPa	0.91	0.91	0.95	0.87	0.91±0.03
	ε_b/%	228	233	232	206	225±13
50	σ_b/MPa	0.67	0.77	0.71	0.66	0.70±0.05
	ε_b/%	222	272	236	234	241±22

对于交联弹性体，拉伸应变与交联点间网链表观分子量 M_c 成正比，拉伸强度与表观有效网链密度 N_0 成正比。虽然低温固化制得的 BAMO – r – THF 共聚醚弹性体的化学交联网络密度略低于高温固化体系，但由其聚集态结构可知：20 ℃条件下该体系中存在大量 BAMO 微嵌段结晶晶粒，提高了弹性体网链间的物理相互作用，相当于提高了弹性体化学交联密度。因此，低温 10 ℃制得的 BAMO – r – THF 共聚醚弹性体的拉伸模量与强度均高于常规 50 ℃固化的弹性体。

3. 低温力学性能

图 4–25 为不同固化温度制备的 BAMO – r – THF 共聚醚弹性体在 –40 ℃时的应力–应变曲线。可以看出，应变低于 400%时，低温固化弹性体的拉伸强度略高于 50 ℃固化弹性体；拉伸应变高于 700%后，高温固化弹性体的拉伸强度高于低温固化体系。与常温、高温应力–应变行为不同，不同固化温度

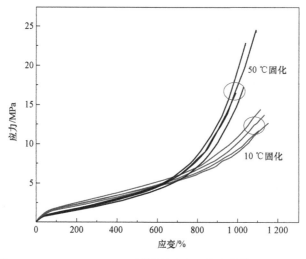

图 4–25　BAMO – r – THF 弹性体应力–应变曲线（–40 ℃）

制备的 BAMO-r-THF 共聚醚弹性体在应变较大时，弹性体的拉伸模量均随应变增加而逐渐增加。表 4-12 给出了高、低温制备的弹性体在 -40 ℃ 条件下的断裂应变和拉伸强度。可以看出，50 ℃ 固化弹性体分别为 1 036%±22%、（20.32±4.01）MPa，低温 10 ℃ 固化弹性体的断裂应变与强度分别为 1 127%±41%、（13.16±1.16）MPa。两者力学性能较常温与高温均显著提高。

表 4-12　BAMO-r-THF 弹性体力学性能（-40 ℃）

固化温度/℃	应力与应变	力学性能				
		1	2	3	4	平均值
10	σ_b/MPa	11.74	12.76	13.69	14.43	13.16±1.16
	ε_b/%	1 104	1 153	1 134	1 115	1 127±41
50	σ_b/MPa	17.28	22.90	16.54	24.56	20.32±4.01
	ε_b/%	1 027	1 039	989	1 089	1 036±22

低应变下，低温固化弹性体拉伸强度高于高温固化体系，原因如下：低温固化 BAMO-r-THF 共聚醚弹性体在非载荷、未拉伸条件下存在 BAMO 微嵌段结晶晶粒，弹性体网链间形成物理交联点，交联密度显著高于高温固化体系。因此，拉伸应变初期，低温固化制备的弹性体较高温固化体系拥有更高的拉伸模量，拉伸强度也高于高温固化体系。

此外，由于 BAMO-r-THF 共聚醚链段中 BAMO 微嵌段的应变诱发结晶特性，BAMO-r-THF 共聚醚弹性体在 -40 ℃ 拉伸过程中，BAMO 微嵌段结晶形成物理交联点晶粒，增加了弹性体网链间交联密度，导致两弹性体应力-应变曲线出现上扬"拐点"。低温固化制备的 BAMO-r-THF 共聚醚弹性体，其应力-应变曲线中的上扬"拐点"较常规 50 ℃ 固化体系出现在更高应变位置，即低温固化制备弹性体发生显著应变诱发结晶的位置出现在更高应变值。其原因如下：应变较低时，对于低温制备、已存在一定 BAMO 微晶的 BAMO-r-THF 共聚醚弹性体，网链取向程度尚不能引发新晶粒生成。仅当高应变、弹性体网链取向达到某一值时，使体系中尚未形成晶体的 BAMO 微嵌段发生结晶，弹性体交联密度增大，拉伸模量才随应变增加而增加。对于高温固化制备的 BAMO-r-THF 共聚醚弹性体，由于其为无定形聚集态，链段运动受阻少，较低应变下即可产生应变诱发结晶现象，由无定形聚集态变为半结晶聚集态，因此，曲线拐点出现在较低应变区。

4.4　应变速率对弹性体力学性能的影响

除温度外，弹性体拉伸过程中的应变速率也影响其力学性能。从链段弛豫速度与应变速率关系来看，若宏观应变速率高于链段弛豫速度，相当于弹性体低温环境下的拉伸行为；若宏观应变速率低于链段弛豫速度，相当于弹性体高温环境下的拉伸行为。为揭示拉伸应变速率对 BAMO－r－THF 共聚醚弹性体力学性能的影响，以表 4－5 制备的增塑、非增塑弹性体为例，说明应变速率对弹性体力学性能的影响规律。

力学性能测试在 MTS 公司的 CMT4104 电子拉力试验机上进行。将制备的 BAMO－r－THF 弹性体样品制成哑铃状（宽度为 5 mm，标距为 16 mm）并固定于电子拉力试验机中；试验机搭载控温箱，样品在指定温度下保温 1 h，然后进行力学性能测试。

4.4.1　应变速率对非增塑弹性体力学性能的影响

环境温度分别设定为 20 ℃和－40 ℃，应变速率分别采用 1.25 min^{-1}、2.5 min^{-1}、5 min^{-1}，以考察应变速率对非增塑 BAMO－r－THF 共聚醚弹性体力学性能的影响。

1. 常温力学性能

图 4－26 为非增塑体系、不同应变速率下 BAMO－r－THF 共聚醚弹性体在 20 ℃时的典型应力－应变曲线。由图可知，弹性体应力－应变曲线均呈现

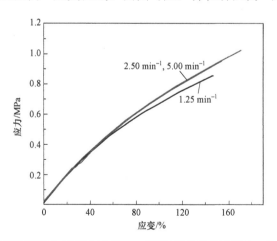

图 4－26　不同应变速率下非增塑 BAMO－r－THF 弹性体典型应力－应变曲线（20 ℃）

无定形聚集态弹性体典型拉伸特征，拉伸模量随应变增加而减小，曲线表现为准抛物线形。此外，BAMO－r－THF 共聚醚弹性体的断裂应变和断裂拉伸强度随拉伸应变增加而增加。由表 4－13 所列弹性体力学性能可以看出，温度恒定条件下，BAMO－r－THF 共聚醚弹性体断裂拉伸强度及断裂延伸率由应变速率为 1.25 min^{-1} 时的（0.87±0.04）MPa、145%±7%增加至应变速率为 5 min^{-1} 时的（1.06±0.04）MPa、180%±7%。弹性体拉伸强度和断裂延伸率均随应变速率增加而增加。

表 4－13　不同应变速率下非增塑 BAMO－r－THF 弹性体力学性能（20 ℃）

应变速率/min^{-1}	应力与应变	力学性能				
		1	2	3	4	平均值
1.25	σ_b/MPa	0.85	0.83	0.88	0.93	0.87±0.04
	ε_b/%	146	153	136	144	145±7
2.50	σ_b/MPa	0.94	0.89	1.04	1.02	0.97±0.07
	ε_b/%	142	141	162	171	154±15
5.00	σ_b/MPa	1.04	1.11	1.05	1.02	1.06±0.04
	ε_b/%	179	183	171	186	180±7

对于无定形聚集态弹性体，低应变速率下达到一定应变时所需时间较长，应变过程中弹性体聚合物链段拥有较长的应力弛豫时间，此时弹性体通常表现为较高的断裂延伸率和较低的拉伸强度；应变速率较高时，达到相同应变所需时间较短，弹性体聚合物链段发生应力弛豫的时间也较短，此时弹性体表现为较高的拉伸强度和较低的断裂延伸率。对于室温、非载荷下为无定形的 BAMO－r－THF 共聚醚弹性体，聚合物链段中存在易结晶的 BAMO 微嵌段，较快的应变速率可能导致弹性体聚集态结构瞬间发生变化，使得 BAMO－r－THF 共聚醚弹性体同时展现出较高的断裂应变和断裂拉伸强度。

2. 低温力学性能

图 4－27 为非增塑体系、不同应变速率下 BAMO－r－THF 共聚醚弹性体在－40 ℃时的典型应力－应变曲线。可以看出，在全部应变速率下，弹性体应力－应变曲线均出现上扬"拐点"，即弹性体在低温应变过程中均引发 BAMO 微嵌段形成微晶，使其力学性能显著提高。另外，BAMO－r－THF 共聚醚弹性体的断裂拉伸强度和延伸率均随应变速率改变而改变。由表 4－14 所示弹性体力学性能可以看出，－40 ℃时非增塑 BAMO－r－THF 共聚醚弹性体断裂拉

伸强度由应变速率为 1.25 min⁻¹ 时的（27.06±1.22）MPa 增长至应变速率为
5.0 min⁻¹ 时的（29.81±1.15）MPa；断裂延伸率由应变速率为 1.25 min⁻¹ 时的
1 010%±37%略微降至应变速率为 5.0 min⁻¹ 时的 918%±7%。

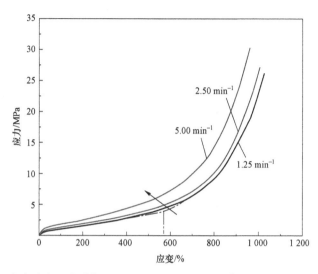

图 4－27　不同应变速率下非增塑 BAMO－r－THF 弹性体典型应力－应变曲线（－40 ℃）

表 4－14　不同应变速率下非增塑 BAMO－r－THF 弹性体力学性能（－40 ℃）

应变速率/min⁻¹	应力与应变	力学性能				
		1	2	3	4	平均值
1.25	σ_b/MPa	26.19	27.67	28.48	25.91	27.06±1.22
	ε_b/%	1 026	1 051	995	966	1 010±37
2.50	σ_b/MPa	28.74	27.24	26.99	28.17	27.79±0.81
	ε_b/%	889	1 006	1 018	976	972±58
5.00	σ_b/MPa	28.19	29.84	30.83	30.38	29.81±1.15
	ε_b/%	904	920	918	929	918±7

　　此外，从图 4－27 还可看出，随应变速率增加，非增塑 BAMO－r－THF
共聚醚弹性体的应力－应变曲线"拐点"逐渐向低应变方向移动，说明在高应
变速率下，弹性体更易产生应变诱发结晶，导致弹性体拉伸强度迅速上升。
另外，应变速率较高时，用于聚合物链段应力弛豫的时间变短，也导致弹性
体拉伸模量上升。因此，快速拉伸条件下，非增塑 BAMO－r－THF 共聚醚弹
性体呈现较高的断裂拉伸强度。反之，应变速率变缓，弹性体呈现相对较低

的断裂拉伸强度。

4.4.2 应变速率对增塑弹性体力学性能的影响

环境温度分别设定为 20 ℃和−40 ℃，应变速率分别采用 1.25 min⁻¹、2.5 min⁻¹、5 min⁻¹，研究应变速率对增塑比为 0.5 的 BAMO−r−THF 共聚醚弹性体力学性能的影响。

1. 常温力学性能

图 4−28 为不同应变速率下、A3 增塑 BAMO−r−THF 共聚醚弹性体在 20 ℃时的典型应力−应变曲线。由图可知，弹性体应力−应变曲线均呈现无定形聚集态弹性体典型拉伸特征，拉伸模量随应变增加而减小，曲线为准抛物线形。此外，BAMO−r−THF 共聚醚弹性体拉伸断裂强度和断裂应变均随应变速率增加而增加。由表 4−15 所列弹性体力学性能可以看出，常温下，增塑 BAMO−r−THF 共聚醚弹性体拉伸断裂强度及断裂应变由应变速率为 1.25 min⁻¹ 时的（0.40±0.04）MPa、118%±14%增加至应变速率为 5 min⁻¹ 时的（0.50±0.04）MPa、145%±11%，与非增塑体系力学性能响应特点相同，拉伸强度与应变均随应变速率增加而增加。这种响应特性应与 BAMO−r−THF 共聚醚弹性体中 BAMO 微嵌段有关，较快的应变速率可使 BAMO 微嵌段形成微晶，致使快速应变速率下 BAMO−r−THF 共聚醚弹性体展现更高的拉伸断裂强度和断裂应变。与非增塑体系相比，增塑 BAMO−r−THF 共聚醚弹性体体系的断裂应变及强度均较低。

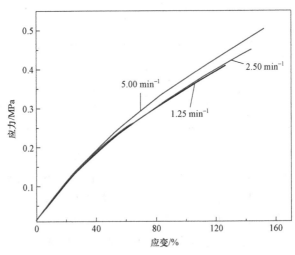

图 4−28 不同应变速率下增塑 BAMO−r−THF 弹性体典型应力−应变曲线（20 ℃）

表 4-15　不同应变速率下增塑 BAMO－r－THF 弹性体力学性能（20 ℃）

应变速率/min⁻¹	应力与应变	力学性能				
		1	2	3	4	平均值
1.25	σ_b/MPa	0.44	0.41	0.38	0.35	0.40±0.04
	ε_b/%	131	126	115	100	118±14
2.50	σ_b/MPa	0.45	0.36	0.40	0.48	0.42±0.05
	ε_b/%	144	105	118	154	130±22
5.00	σ_b/MPa	0.50	0.53	0.50	0.44	0.50±0.04
	ε_b/%	143	153	153	129	145±11

2. 低温力学性能

图 4-29 为-40 ℃、不同应变速率下 A3 增塑 BAMO－r－THF 共聚醚弹性体的典型应力－应变曲线。可以看出，各个应变速率下，弹性体应力－应变曲线均出现上扬"拐点"，即 BAMO－r－THF 共聚醚弹性体即使在增塑剂存在条件下，其低温应变过程仍能引发 BAMO 微嵌段形成微晶，提高弹性体力学性能；另外，BAMO－r－THF 共聚醚增塑弹性体拉伸断裂强度随变速率增加而增加；此外，随应变速率增加，A3 增塑 BAMO－r－THF 共聚醚弹性体的应力－应变曲线"拐点"逐渐向低应变方向移动。

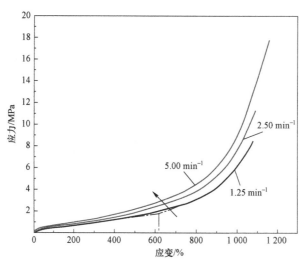

图 4-29　不同应变速率下增塑 BAMO－r－THF 弹性体典型应力－应变曲线（-40 ℃）

上述表明：① 高应变速率下，BAMO－r－THF 共聚醚弹性体更易产生应变诱发结晶，导致弹性体拉伸强度迅速上升；② 应变速率较高时，用于聚合物链段应力松弛的时间变短，也导致拉伸模量上升。因此，高应变速率下，A3 增塑 BAMO－r－THF 共聚醚弹性体呈现较高的断裂拉伸强度；反之，弹性体呈现较低的断裂强度。

表 4－16 列出了 BAMO－r－THF 共聚醚弹性体低温力学性能。可以看出，增塑 BAMO－r－THF 共聚醚弹性体的拉伸断裂强度由应变速率为 1.25 min^{-1} 时的（9.28±0.84）MPa 增至应变速率为 5.0 min^{-1} 时的（16.77±2.00）MPa。A3 增塑的 BAMO－r－THF 共聚醚弹性体低温拉伸断裂应变与应变速率关系不大，几乎为一定值。－40 ℃下，A3 增塑的 BAMO－r－THF 共聚醚弹性体仍具有应变诱发 BAMO 微嵌段结晶的能力。

表 4－16　不同应变速率下增塑 BAMO－r－THF 弹性体力学性能（－40 ℃）

应变速率/min^{-1}	应力与应变	力学性能				
		1	2	3	4	平均值
1.25	σ_b/MPa	10.43	8.79	9.35	8.54	9.28±0.84
	ε_b/%	1 148	1 116	1 129	1 082	1 119±28
2.50	σ_b/MPa	10.87	14.81	11.27	14.69	12.91±2.13
	ε_b/%	1 077	1 167	1 093	1 149	1 121±43
5.00	σ_b/MPa	18.92	15.92	14.42	17.81	16.77±2.00
	ε_b/%	1 187	1 139	1 111	1 163	1 150±33

聚合物弹性体力学性能不仅依赖于其非载荷条件下的聚集形态，更取决于应变过程中弹性体聚集态的演变。聚氨酯交联 BAMO－r－THF 弹性体基体中，由于 BAMO 微嵌段结构应变诱发结晶性能，不同温度及应变速率下弹性体呈现不同的力学性能；相比高温、低应变速率，BAMO－r－THF 弹性体在低温、高应变速率下呈现较高的断裂强度和断裂应变。

参 考 文 献

[1] 赵翰鹏. 3,3－二叠氮甲基氧丁环－四氢呋喃共聚醚弹性体力学性能研究 [D]. 北京：北京理工大学，2018.

[2] MARK J E. Rubber Elasticity [J]. Journal of Chemical Education，1981，58（11）：898－903.

［3］ 翟进贤，赵翰鹏，干效东，等. 末端交联准理想无规 3,3－二叠氮甲基氧丁环－四氢呋喃共聚醚弹性体应力应变特性研究［J］. 北京理工大学学报，2018，38（12）：1302－1307.

［4］ QI R，JIN Y，CHENG X，et al. Crystallization-Driven Self-Assembly of Rod-Coil-Rod Pseudopolyrotaxanes into Spherical Micelles，Nanorods，and Nanorings in Aqueous Solutions［J］. Macromolecular Rapid Communications，2015，36（15）：1402－1408.

［5］ HE W N，XU J T. Crystallization Assisted Self-assembly of Semicrystalline Block Copolymers［J］. Progress in Polymer Science，2012，37（10）：1350－1400.

［6］ FERNANDEZ J O，SWALLOWE G M. Crystallization of PET with Strain，Strain Rate and Temperature［J］. J. Mater. Sci.，2000，35，4405－4414.

［7］ Mark J E. The Effect of Strain-induced Crystallization on the Ultimate Properties of an Elastomeric Polymer network［J］. Polymer Engineering and Science，1979，19（6）：409－413.

［8］ ZHAI J X，ZHAO H P，GUO X Y，et al. Influence of Temperature on Mechanical Properties of P（BAMO－r－THF）Elastomer［J］. Polymers，2020，12（11）：2507.

［9］ ZHANG C，LI J，LUO Y. Synthesis and Characterization of 3,30－Bisazidomethyl Oxetane－3－Azidomethyl－30－Methyl Oxetane Alternative Block Energetic Thermoplastic Elastomer［J］. Propellants，Explosives，Pyrotechnics，2012，37（2）：235－240.

［10］ ZHOU Y，LONG X P，ZENG Q X. Simulation Study on the Liquid-Crystalline Ordering and Fluidity of Energetic Diblock Copolymers Based on Poly 3,3－bis（Azidomethyl）Oxetane［J］. Journal of Applied Polymer Science，2013，129（5）：2772－2778.

［11］ CHEN E Q，LEE S W，ZHANG A，et al. Isothermal Thickening and Thinning Processes in Low-Molecular-Weight Poly（Ethylene Oxide）Fractions Crystallized from the Melt.8.Molecular Shape Dependence［J］. Macromolecules，1999，32（15）：4784－4793.

第5章

交联剂对 BAMO‒r‒THF
弹性体力学性能影响

氨基甲酸酯基团呈高偶极矩，具有优异的氢键缔合能力。对于热塑性聚氨酯弹性体，高含量的聚氨酯链段通过链内共价键将低玻璃化转变温度的柔性链段键接在一起，借助聚氨酯链段间氢键作用，赋予弹性体优异的机械、物理和化学性能[1,2]。不同于高硬段含量的聚氨酯热塑性弹性体，对于聚氨酯末端交联弹性体材料，氨基甲酸酯结构通常仅作为化学交联点存在于弹性体基体，含量低，有关其对弹性体力学性能影响的研究报道较少。

端羟基 BAMO‒r‒THF 共聚醚预聚物与异氰酸酯固化剂反应，生成以聚氨酯为交联点的弹性体材料，揭示了氨基甲酸酯交联点结构对 BAMO‒r‒THF 弹性体力学性能的影响机制及规律，对该弹性体配方设计、性能评价、力学预估具有重要的理论意义和工程应用价值。

本章以数均分子量为 $4\,000\ \mathrm{g \cdot mol^{-1}}$、羟值为 $0.357\,5\ \mathrm{mmol \cdot g^{-1}}$ 的等摩尔比、准理想无规共聚醚 BAMO‒r‒THF 为预聚物，分别以六亚甲基二异氰酸酯（HDI）、六亚甲基二异氰酸酯与水加成的无定形多官能度异氰酸酯化合物 N‒100（M_n 为 $744\ \mathrm{g \cdot mol^{-1}}$，—NCO 含量为 $5.43\ \mathrm{mmol \cdot g^{-1}}$）、甲苯二异氰酸酯（TDI）、异佛尔酮二异氰酸酯（IPDI）为固化剂，以三羟甲基丙烷（TMP）为交联剂，通过 BAMO‒r‒THF 共聚醚弹性体配方设计，介绍交联点结构对弹性体力学性能的影响[3]。

5.1 TMP/HDI 交联体系

5.1.1 弹性体制备

为避免异氰酸酯基团过量与氨基甲酸酯反应生成脲基，干扰红外分析，弹性体配方采用异氰酸酯基团和羟基等摩尔比进行交联固化反应。依照表 5–1 中样品 S0 配方,按比例称取端羟基 BAMO–r–THF 共聚醚预聚物、固化剂 N–100 和固化促进剂 T12,充分搅拌均匀,注入聚四氟乙烯模具中,50 ℃ 真空除气泡,置于 50 ℃ 恒温箱中固化,直至异氰酸酯基团特征红外吸收峰消失,制得 N–100 交联的 BAMO–r–THF 共聚醚弹性体 S0,作为参比样品。同样地,依照表 5–1 中样品 S1~S6 配方,按比例称取端羟基 BAMO–r–THF 共聚醚预聚物、交联剂三羟甲基丙烷 TMP,放于 70 ℃ 烘箱内预热并搅拌均匀;冷却后加入固化剂 HDI 和固化促进剂 T12,充分搅拌均匀,注入聚四氟乙烯模具中,50 ℃ 真空除气泡,放于 50 ℃ 恒温箱中固化,直至异氰酸酯基团特征红外吸收峰消失,制得 TMP/HDI 交联的 BAMO–r–THF 共聚醚弹性体 S1~S6。N–100、TMP/HDI 交联 BAMO–r–THF 共聚醚弹性体交联点结构示意图如图 5–1 所示。

表 5–1　BAMO–r–THF 共聚醚弹性体配方组成（质量比）

样品	质量比					硬段含量/%
	BAMO–r–THF	N – 100	TMP	HDI	T12	
S0	20.000	1.317	—	—	0.025	6.18
S1	20.000	—	0.383	1.322	0.025	7.86
S2	20.000	—	0.431	1.412	0.025	8.45
S3	20.000	—	0.479	1.502	0.025	9.01
S4	20.000	—	0.503	1.547	0.025	9.30
S5	20.000	—	0.527	1.592	0.025	9.56
S6	20.000	—	0.575	1.682	0.025	10.14

5.1.2　化学交联网络表征

室温下,以甲苯为溶剂,采用平衡溶胀法对 BAMO–r–THF 共聚醚弹性体 S0~S6 化学交联网络进行表征,图 5–2 为弹性体体积溶胀率随时间变化曲线。可以看出,500 min 后弹性体体积溶胀率不再变化,达到溶胀平衡。对于 TMP/HDI 交联 BAMO–r–THF 共聚醚弹性体 S1~S6,由于弹性体化学交联密度随三官能度羟基化合物 TMP 含量增加而增加,弹性体 S1~S6 平衡溶胀率随 TMP 含量的增加而单调下降。由图 5–2 可以看出,TMP/HDI 交联 BAMO–r–THF 共聚醚弹性体 S4 与 N–100 交联弹性体 S0 溶胀平衡曲线几乎重叠，两者拥有相同的平衡溶胀率，表明弹性体 S0 和 S4 拥有化学交联密度基本相同的交联网络[4]。

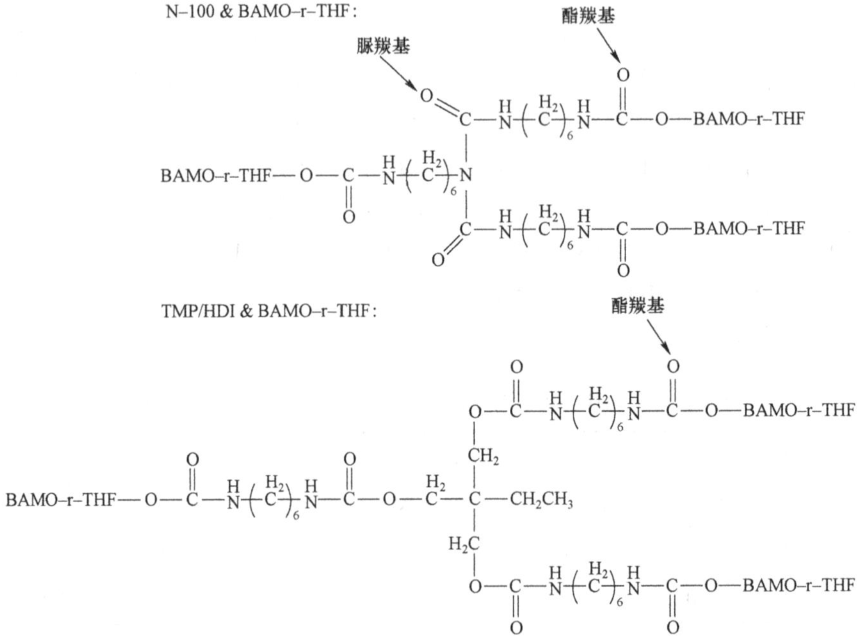

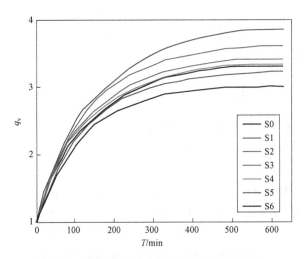

图 5-1　BAMO-r-THF 弹性体交联点结构示意图

图 5-2　弹性体 S0～S6 溶胀曲线（附彩插）

5.1.3　DSC 分析

为测定弹性体 S0 和 S4 聚集态结构特征，在配置有冷却系统的 F204 型 Netzsch 示差扫描量热仪上对其进行 DSC 扫描。将 5～10 mg 弹性体样品放入坩埚中，置于 DSC 样品池中，用液氮将样品由室温快速冷却至－85 ℃，保温 2 min，氮气保护下以 10 K·min^{-1} 升温速率进行热扫描。

图 5–3 为弹性体 S0 和 S4 的 DSC 扫描曲线。可以看出，弹性体 S0 在－53.7 ℃附近出现一台阶，弹性体 S4 在－52.9 ℃附近出现一台阶，分别对应于 BAMO–r–THF 共聚醚链段的玻璃化转变温度 T_g；弹性体 S4 的 T_g 略低于弹性体 S0。高于 T_g 后，弹性体 S0 和 S4 两者均没有明显吸、放热峰，表明玻璃化转变温度以上弹性体无聚集态相变发生。

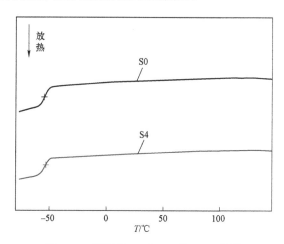

图 5–3　弹性体 S0 和 S4 的 DSC 曲线

5.1.4　硬度测定

弹性体 S0 和 S4 外观均呈半透明状，相差不大。室温下，利用橡胶邵氏 A 硬度计对弹性体 S0 和 S4 进行硬度测量，试样厚度≥6 mm、宽度≥15 mm、长度≥35 mm。表 5–2 是弹性体 S0、S4 硬度测定值。可以看出，弹性体 S0 邵氏硬度为（42.5±0.7）HA，弹性体 S4 邵氏硬度为（35.3±1.2）HA。虽然弹性体 S0 和 S4 拥有相同的化学交联网络结构，且两者玻璃化转变温度也较接近，但弹性体 S0 却呈现高于弹性体 S4 的硬度。参照表 5–1 还可发现，弹性体 S0 硬段含量（6.18%）虽然低于弹性体 S4（9.30%），却具有更高的抗变形、抗破坏能力，聚氨酯交联点硬段结构对 BAMO–r–THF 弹性体宏观性能具有重要影响。

表 5-2 弹性体 S0 和 S4 硬度　　　　　　　　　　HA

样品	1	2	3	4	5	平均
S0	42.8	43.2	42.8	41.9	42.2	42.5±0.7
S4	34.1	35.2	35.8	35.6	35.8	35.3±1.2

5.1.5　力学性能

将 BAMO－r－THF 共聚醚弹性体 S0 和 S4 制成哑铃状（宽度为 5 mm，标距为 16 mm），固定于配备有恒温装置的 MTS 公司 CMT4104 电子拉力试验机上，分别在 20 ℃、40 ℃和 60 ℃下对其进行力学性能测试，测试时样品在指定温度保温 1 h，拉伸应变速率为 1.25 min^{-1}。

图 5-4 是 N-100 交联 BAMO－r－THF 共聚醚弹性体 S0 和 TMP/HDI 交联 BAMO－r－THF 共聚醚弹性体 S4 在不同温度下的典型拉伸应力-应变曲线。可以看出，20 ℃、40 ℃和 60 ℃下，所有应力-应变曲线均呈现典型无定形态弹性体拉伸行为，弹性体拉伸模量随应变增加而下降，应力应变曲线呈抛物线形。对同一类弹性体，拉伸模量随温度升高而升高，断裂强度和延伸率随温度升高而下降。同一温度下，弹性体 S0 拉伸模量高于弹性体 S4，但断裂应变和断裂强度低于弹性体 S4。

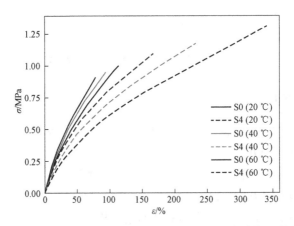

图 5-4　弹性体 S0 和 S4 在不同温度下的应力-应变曲线（附彩插）

表 5-3 是弹性体 S0、S4 在不同温度下的力学拉伸性能数值。可以看出，虽然弹性体 S0 和 S4 具有相同的化学交联网络结构，但具有显著不同的力学性能。

表 5-3　弹性体 S0 和 S4 在不同温度下的力学性能

		样品	1	2	3	4	平均
20 ℃	σ/MPa	S0	1.00	1.01	0.94	0.98	0.98±0.03
		S4	1.41	1.50	1.48	1.32	1.43±0.08
	ε/%	S0	115	114	100	111	110±7
		S4	333	339	328	341	336±6
	E/MPa	S0	1.80	1.78	1.81	1.81	1.80±0.02
		S4	1.26	1.27	1.25	1.25	1.26±0.01
40 ℃	σ/MPa	S0	0.88	0.92	0.97	0.96	0.93±0.05
		S4	1.18	1.08	1.13	1.13	1.13±0.05
	ε/%	S0	91	95	92	92	92±3
		S4	234	215	233	221	226±8
	E/MPa	S0	2.00	2.02	2.01	2.02	2.01±0.01
		S4	1.54	1.56	1.58	1.53	1.55±0.03
60 ℃	σ/MPa	S0	0.82	0.82	0.87	0.86	0.84±0.03
		S4	0.98	0.98	1.00	1.01	0.99±0.02
	ε/%	S0	75	80	81	85	81±5
		S4	167	165	168	177	170±8
	E/MPa	S0	2.05	2.14	2.10	2.12	2.10±0.05
		S4	1.79	1.75	1.78	1.74	1.77±0.03

5.1.6　DMA 分析

　　为揭示 N-100 交联 BAMO-r-THF 共聚醚弹性体 S0 与 TMP/HDI 交联 BAMO-r-THF 共聚醚弹性体 S4 宏观力学性能的差异,利用 METTLER 公司的 SDTA861e 型动态热机械分析仪对其进行动态力学分析,测试升温速率为 2 K·min⁻¹,振幅为 5 μm,动态剪切力为 5 N,频率为 1 Hz。

　　图 5-5 为 BAMO-r-THF 弹性体 S0 和 S4 的储能模量、损耗模量和损耗因子曲线。由图可知,弹性体 S0 玻璃化转变温度为−38 ℃,弹性体 S4 为−31 ℃;由于测试方法不同,与 DSC 测试结果存在一定差异。20~60 ℃温度范围内,弹性体 S0 和 S4 的储能模量、损耗模量及模量损耗因子曲线上均无明显突变,表明该弹性体在此温度区间内无相变发生,与 DSC 测试结果一致。高于 20 ℃后,弹性体 S4 较弹性体 S0 具有更高的损耗模量和损耗因子,较低的储能模量。这说明弹性体 S4 在外力作用下更易发生分子间滑移,产生

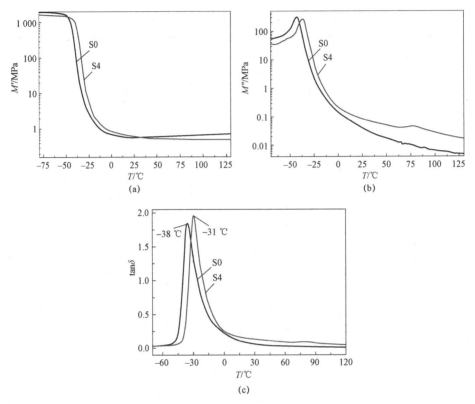

图 5-5　BAMO-r-THF 弹性体 S0 和 S4 的 DMA 曲线

（a）储能模量曲线；（b）损耗模量曲线；（c）损耗因子曲线

内摩擦，导致较高的模量损耗[5]。弹性体 S0 相比弹性体 S4 更低的损耗因子，表明 S0 在撤去应力后具有更好的应变恢复能力，也就是具有更高的刚性，这与弹性体硬度测试结果相一致。

　　上述结果表明，虽然弹性体 S0 和 S4 具有相同的化学交联网络，且弹性体 S0 的硬段含量也低于弹性体 S4，但弹性体 S0 较 S4 具有较强的分子链间相互作用力。在外力作用时，弹性体 S4 分子链更易滑移，因此其力学拉伸模量低于弹性体 S0。

5.1.7　LF-NMR 分析

　　聚合物宏观力学性能依赖于微观化学组成，取决于微纳米尺度的细观结构。低场核磁共振技术是一种非破坏性分析方法，该方法依据测定聚合物自旋-自旋横向弛豫时间 T_2，可推断聚合物微纳结构尺度的链段动力学特性，揭示链段间的物理相互作用[6,7]。鉴于聚氨酯交联 BAMO-r-THF 共聚醚弹性体中存在物化性能不同的软、硬段结构，利用式（5-1）可分别获得弹性体结构中软、硬段各自的横向弛豫信息[8,9]。

$$M(t) = A \times \exp\left(-\frac{t}{T_2^{\text{soft}}}\right) + B \times \exp\left(-\frac{t}{T_2^{\text{hard}}}\right) + M_0 \qquad (5-1)$$

式中，$M(t)$ 为样品总体横向磁化强度随时间的变化值；t 为时间；T_2^{soft} 为弹性体中软段结构的横向弛豫时间特征值；T_2^{hard} 为弹性体中硬段结构横向弛豫时间特征值；M_0 为常数。A、B 分别为弹性体结构中软、硬段结构弛豫的指前因子。

不同温度下，利用 Micro-MR-CL 低场核磁共振分析仪对聚氨酯交联 BAMO-r-THF 弹性体样品 S0 和 S4 进行 ^{1}H-NMR 弛豫性能测试。测试采用自旋回波序列（CPMG），带宽 SW 为 200 kHz，回波个数（NECH）为 2 000，累加 8 次，模拟增益 RG1 为 20 dB，数字增益 DRG1 为 3。图 5-6 为不同温度下低场核磁测试结果及利用式（5-1）对测试数据的拟合结果。可以看出，所有拟合曲线与实验结果具有良好吻合性。

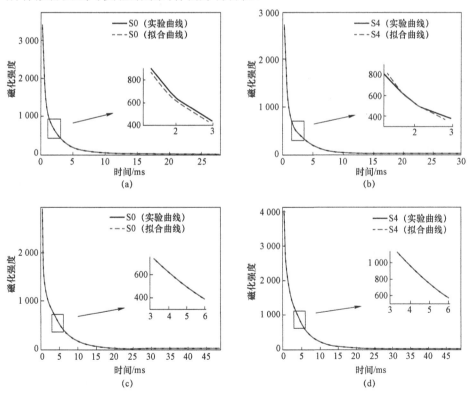

图 5-6　不同温度下弹性体 S0 和 S4 氢质子横向弛豫过程及拟合曲线（附彩插）

（a）20 ℃时弹性体 S0 弛豫曲线；（b）20 ℃时弹性体 S4 弛豫曲线；（c）40 ℃时弹性体 S0 弛豫曲线；

（d）40 ℃时弹性体 S4 弛豫曲线

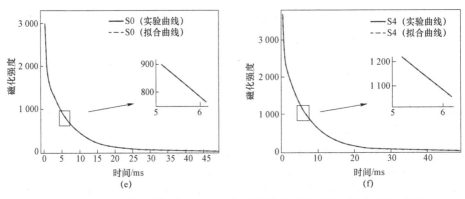

图5－6 不同温度下弹性体 S0 和 S4 氢质子横向弛豫过程及拟合曲线（续）

（e）60 ℃时弹性体 S0 弛豫曲线；（f）60 ℃时弹性体 S4 弛豫曲线

不同温度下，利用式（5－1）所得 BAMO－r－THF 弹性体 S0、S4 的软硬段结构横向弛豫过程特征值 T_2 如表 5－4 所示。可以看出，任一温度下，弹性体 S0 软硬结构横向弛豫时间 T_2 均小于弹性体 S4。弛豫时间越短，链段活动能力越弱，反之亦然。故虽然弹性体 S0 和 S4 具有相同的化学交联网络结构，S0 的硬段含量（6.18%）也低于弹性体 S4（9.30%），但 N－100 交联 BAMO－r－THF 共聚醚弹性体 S0 链段的活动能力低于 TMP/HDI 交联 BAMO－r－THF 共聚醚弹性体 S4。

表5－4 弹性体 S0 和 S4 氢质子横向弛豫参数

样品	BAMO－r－THF－N－100（S0）			BAMO－r－THF－TMP/HDI（S4）		
	20 ℃	40 ℃	60 ℃	20 ℃	40 ℃	60 ℃
T_2^{soft} /ms	2.45	3.27	4.95	2.75	3.58	5.16
T_2^{hard} /ms	0.32	0.36	0.39	0.40	0.48	0.52

对图 5－6 不同温度下弹性体 S0 和 S4 横向磁化强度弛豫曲线进行归一化处理，可更直观地了解弹性体 S0 和 S4 横向弛豫特征。图 5－7 是不同温度下弹性体 S0 和 S4 横向磁化强度弛豫归一化曲线。可明显看出，任一温度下，弹性体 S0 比 S4 具有更快的衰减速度，弛豫过程所需时间也更短。由于弹性体 S0 和 S4 具有相同的化学交联密度，这表明弹性体 S0 较低的链段活动能力源于其较强的分子链间相互作用。鉴于弹性体 S0 和 S4 的区别仅在于其氨基甲酸酯交联点结构（见图 5－1），可以推断，聚氨酯化学交联点结构的不同导致弹性体 S0 和 S4 链段受束缚程度也不同，N－100 交联弹性体的链段受束缚

程度高于 TMP/HDI 交联弹性体。

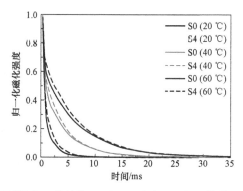

图 5-7　不同温度下弹性体 S0 和 S4 弛豫过程归一化曲线（附彩插）

由图 5-7 还可看出，随着温度升高，弹性体 S0 和 S4 中氢质子横向衰减时间均逐渐变长，与表 5-4 拟合结果相符。这表明，提高温度可削弱链段运动的束缚程度，即削弱弹性体交联点结构对链段运动的制约，链段受束缚能力减弱，运动能力增强，链段中氢原子的核磁横向弛豫时间 T_2 也随之逐渐增大。

5.1.8　FT-IR 分析

聚氨酯体系中羰基和氨基分别可作为氢原子的受体和供体，形成氢键，从而导致羰基、氨基红外特征吸收峰位置发生改变。相对氨基红外特征吸收峰，羰基基团红外特征峰吸光系数大、灵敏度高，对弹性体 S0 和 S4 中的羰基基团进行红外光谱解析，可有效获得弹性体中氢键特性。由于羰基氧原子中含有两对孤对电子，羰基基团与氨基活泼氢形成氢键的形式也存在两种缔合方式：双氢键（有序氢键）缔合羰基和单氢键（无序氢键）缔合羰基，如图 5-8 所示。

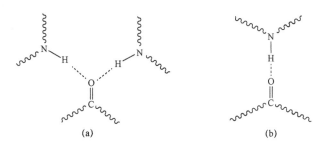

图 5-8　羰基氢键缔合结构示意图

（a）双氢键缔合羰基；（b）单氢键缔合羰基

分析 BAMO-r-THF 共聚醚弹性体的氢键特性可揭示其分子链间的相互作用。利用配置有温控装置的 Nicolet 6700 FT-IR 红外光谱仪对 N-100 交联 BAMO-r-THF 共聚醚弹性体 S0 和 TMP/HDI 交联 BAMO-r-THF 共聚醚弹性体 S4 进行红外光谱测试。采用全反射测试方法，测量范围为 4 000～400 cm⁻¹，扫描次数为 32 次。测试时，弹性体样品上方加载一配置有热电偶的加热片，在指定温度下恒温 30 min 后再进行红外扫描。由于 N-100 为六亚甲基二异氰酸酯与水的无定形加成物，其分子结构中含有脲基（见图 5-1）；N-100 固化弹性体 S0 结构中除含有氨基甲酸酯结构的酯羰基外，还有脲羰基基团。因此，图 5-9 所示弹性体 S0 和 S4 的羰基红外吸收峰存在明显差异。

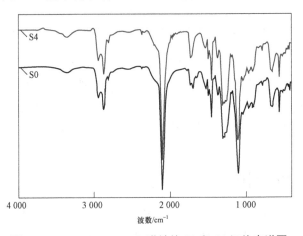

图 5-9 BAMO-r-THF 弹性体 S0 和 S4 红外光谱图

不同温度下，BAMO-r-THF 弹性体 S0 和 S4 羰基红外吸收峰形及利用 Peakfit 软件对其拟合结果如图 5-10 所示。其中，黑线是实验测试结果，其他色线是拟合结果。可以看出，不同温度下 N-100 交联 BAMO-r-THF 共聚醚弹性体 S0 羰基红外吸收峰呈 6 个分峰，分别位于 1 669 cm⁻¹、1 710 cm⁻¹、1 725 cm⁻¹、1 640 cm⁻¹、1 684 cm⁻¹、1 695 cm⁻¹ 处；TMP/HDI 交联 BAMO-r-THF 共聚醚弹性体 S4 羰基红外吸收峰呈 3 个分峰，分别位于 1 669 cm⁻¹、1 710 cm⁻¹、1 725 cm⁻¹ 处。对于 1 640 cm⁻¹、1 684 cm⁻¹、1 695 cm⁻¹ 处吸收峰，其分别归属于双氢键缔合脲羰基（Double hydrogen-bonded urea carbonyl）、单氢键缔合脲羰基（Single hydrogen-bonded urea carbonyl）和游离脲羰基（Free urea carbonyl）峰；对于 1 669 cm⁻¹、1 710 cm⁻¹、1 725 cm⁻¹ 处吸收峰，其分别归属于双氢键缔合酯羰基（Double hydrogen-bonded carbamate carbonyl）、单氢键缔合酯羰基（Single hydrogen-bonded carbamate carbonyl）和游离酯羰基（Free carbamate carbonyl）峰[10]。

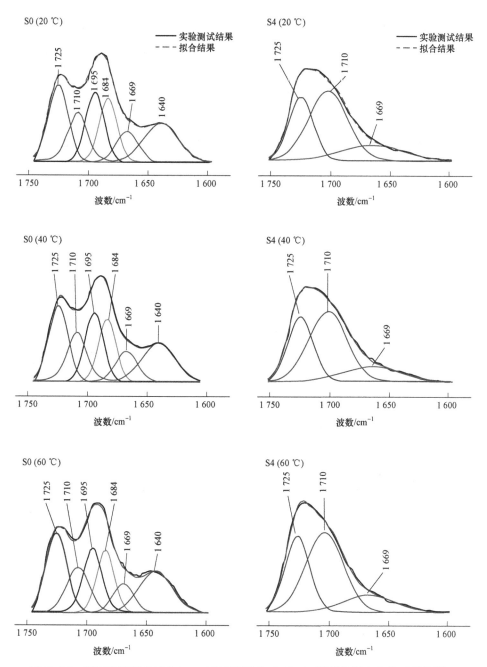

图 5–10　不同温度下 BAMO – r – THF 弹性体 S0 和 S4 羧基峰拟合曲线（附彩插）

在较窄波数范围内，羧基官能团摩尔吸光系数视为常数，基于朗伯–比尔定律，其各分峰面积比即等于各类型羧基摩尔比。表 5–5 是 BAMO – r – THF

弹性体 S0 和 S4 在不同温度下的羰基峰拟合结果。可以看出，弹性体 S0 中双氢键缔合脲羰基、单氢键缔合脲羰基和游离脲羰基比例随温度升高变化很小，温度对脲羰基氢键影响较小；而双氢键缔合的氨基甲酸酯羰基占比则随温度升高显著减少，游离氨基甲酸酯羰基则随温度升高逐渐增加，温度对氢键化的氨基甲酸酯羰基结构影响较为显著。

表5-5　不同温度下 BAMO－r－THF 弹性体 S0 和 S4 羰基峰拟合结果

不同类型羰基占比	S0			S4		
	20 ℃	40 ℃	60 ℃	20 ℃	40 ℃	60 ℃
双氢键缔合脲羰基/%	19.14	19.14	19.16	0	0	0
单氢键缔合脲羰基/%	15.39	15.26	15.81	0	0	0
游离脲羰基/%	18.62	18.24	18.51	0	0	0
双氢键缔合酯羰基/%	10.57	9.53	8.59	19.59	17.98	15.34
单氢键缔合酯羰基/%	15.53	15.81	14.76	51.73	51.03	50.94
游离氨基甲酸酯羰基/%	20.74	21.73	23.04	28.68	30.98	33.72

为进一步揭示温度对 BAMO－r－THF 共聚醚弹性体中氢键含量的影响，依据式（5-2）可计算氢键与羰基摩尔比 $R_{N-H\cdots O/C=O}$。

$$R_{N-H\cdots O/C=O} = 2 \times R_{D-U/C=O} + 2 \times R_{D-C/C=O} + R_{S-U/C=O} + R_{S-C/C=O} \quad (5-2)$$

式中，$R_{D-U/C=O}$ 为双氢键缔合脲羰基丰度；$R_{S-U/C=O}$ 为单氢键缔合脲羰基丰度；$R_{D-C/C=O}$ 为双氢键缔合氨基甲酸酯羰基丰度；$R_{S-C/C=O}$ 为单氢键缔合氨基甲酸酯羰基丰度。表5-6是不同温度下、弹性体 S0 和 S4 基体结构中氢键与羰基摩尔比。可以看出，20 ℃下，弹性体 S0 中 $R_{N-H\cdots O/C=O}$ 为 0.91，弹性体 S4 为 0.91，两者相同，表明 20 ℃下弹性体 S0 和 S4 氢键缔合程度相似。40 ℃下，弹性体 S0 中 $R_{N-H\cdots O/C=O}$ 为 0.89，S4 为 0.87，弹性体 S0 的氢键缔合程度略高于弹性体 S4。60 ℃下，弹性体 S0 中 $R_{N-H\cdots O/C=O}$ 为 0.85，S4 为 0.81，弹性体 S0 与 S4 的氢键缔合程度差距逐渐拉大。

表5-6　不同温度下 BAMO－r－THF 弹性体 S0 和 S4 氢键与羰基摩尔比

氨基氢键化类型占比	S0			S4		
	20 ℃	40 ℃	60 ℃	20 ℃	40 ℃	60 ℃
脲羰基双缔合氢键/%	38	38	38	0	0	0
酯羰基双缔合氢键/%	22	20	17	39	36	30

续表

氨基氢键化类型占比	S0			S4		
	20 ℃	40 ℃	60 ℃	20 ℃	40 ℃	60 ℃
脲羰基单缔合氢键/%	15	15	15	0	0	0
酯羰基单缔合氢键/%	16	16	15	52	51	51
合计（$R_{N-H\cdots O/C=O}$）/%	91	89	85	91	87	81
脲羰基氢键/%	58	60	62			
酯羰基氢键/%	42	40	38	100	100	100

由表 5-6 可以看出，BAMO－r－THF 弹性体 S0 和 S4 中 $R_{N-H\cdots O/C=O}$ 含量均随温度升高而减少，但弹性体 S0 下降幅度低于 S4。对于弹性体 S0，氨基与脲羰基形成氢键，在 20 ℃、40 ℃、60 ℃时分别占全部氢键化羰基的 58%、60%、62%；氨基与酯羰基形成的氢键，在 20 ℃、40 ℃、60 ℃时分别占全部氢键化羰基的 42%、40%、38%。脲羰基氢键含量远高于氨基甲酸酯的酯羰基氢键含量，且脲羰基氢键含量随温度升高而增加。这是由于脲羰基与氨基形成氢键的键能远高于氨基甲酸酯酯羰基与氨基的氢键键能，在 20～60 ℃区间内，氢键化脲羰基结构不易破坏，氢键化酯羰基结构较易破坏，从而导致氢键化脲羰基含量增加。

N-100 交联 BAMO－r－THF 共聚醚弹性体 S0 中，BAMO－r－THF 共聚醚高分子链段除被化学交联点束缚外，还被交联点间脲羰基氢键紧紧束缚，分子链难以产生链间滑移，物理交联作用强。TMP/HDI 交联 BAMO－r－THF 共聚醚弹性体 S4 结构中，交联点网链间仅存在氨基甲酸酯酯羰基与氨基的氢键作用，其键能低于脲羰基氢键，受热或受外部应力时易发生解离，分子链段较易产生滑移[11,12]。相同化学交联密度下，弹性体 S0 中脲羰基与氨基较强的氢键作用增强了分子链间物理交联作用，抑制链段滑动能力，呈现较短的氢质子横向磁化强度弛豫时间和较高的力学拉伸模量；弹性体 S4 中仅存在低键能的氨基甲酸酯酯羰基氢键，弹性体链段运动能力高于弹性体 S0，氢质子横向磁化强度弛豫时间长，弹性体呈现较低的拉伸模量和较高断裂延伸率[13]。分子链间物理交联作用不同，弹性体 S0、S4 呈现不同的力学特性[14]。

5.2 TMP/TDI 交联体系

甲苯二异氰酸酯（TDI）是最常见的芳香族类异氰酸酯类化合物，是合成聚氨酯材料的重要原材料。其合成方法主要有光气法、碳酸二甲酯法和硝基苯羰基化法，常用 TDI 主要是 2,4－甲苯二异氰酸酯（2,4－TDI）和 2,6－甲苯二异氰酸酯（2,6－TDI）的混合物。本节分别以 N－100 和 TMP/TDI（三羟甲基丙烷与 TDI 的混合物）为固化剂制备具有相同化学交联密度的 BAMO－r－THF 共聚醚弹性体。通过变温力学、低场核磁和变温红外研究说明 TMP/TDI 交联点结构对 BAMO－r－THF 共聚醚弹性体力学性能的影响。

5.2.1 弹性体制备

以数均分子量 M_n 为 4 000 g·mol^{-1}、羟值为 0.357 5 mmol·g^{-1} 的 BAMO－r－THF 共聚醚为预聚物，多官能度异氰酸酯化合物六亚甲基二异氰酸酯与水无定形加成物 N－100（M_n 为 744 g·mol^{-1}，—NCO 含量为 5.43 mmol·g^{-1}）、甲苯二异氰酸酯（TDI）为固化剂，三羟甲基丙烷（TMP）为交联剂、二月桂酸二丁基锡（T12）为固化促进剂制备聚氨酯末端交联 BAMO－r－THF 共聚醚弹性体。为避免过量异氰酸酯基团与氨基甲酸酯反应生成脲基、干扰红外分析，弹性体配方采用固化参数 $R=1.0$。依照表 5－7 所示配方按比例称取各组分，充分搅拌均匀，注入聚四氟乙烯模具中，50 ℃真空除泡，50 ℃恒温箱中固化至体系中异氰酸酯红外特征峰完全消失，得到表 5－7 所示不同配方的 BAMO－r－THF 共聚醚弹性体。N－100 与 TMP/TDI 交联固化弹性体交联点结构如图 5－11 所示。

表 5－7 聚氨酯弹性体配方组成（质量比）

样品	质量比					硬段含量/%
	BAMO－r－THF	N－100	TMP	TDI	T12	
S00	20.000	1.317	—	—	0.025	6.178
S01	20.000	—	0.479	1.556	0.025	9.235
S02	20.000	—	0.527	1.649	0.025	9.812
S03	20.000	—	0.575	1.742	0.025	10.382
S04	20.000	—	0.623	1.836	0.025	10.949
S05	20.000	—	0.671	1.930	0.025	11.508

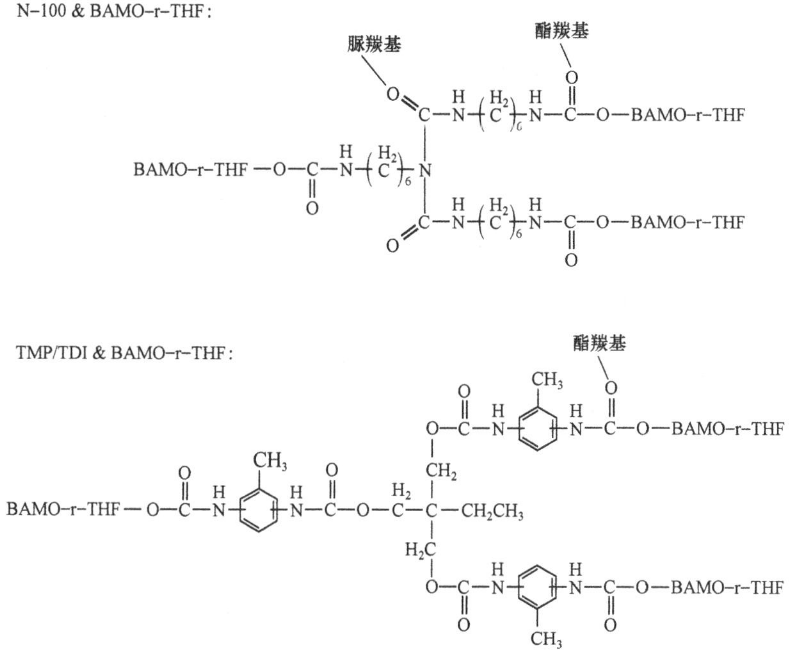

N-100 & BAMO-r-THF：

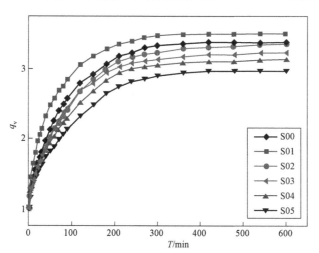

TMP/TDI & BAMO-r-THF：

图 5－11　BAMO－r－THF 弹性体交联点结构示意图

5.2.2　化学交联网络表征

室温下，以甲苯为溶剂，采用溶胀法对聚氨酯交联 BAMO－r－THF 共聚醚弹性体 S00～S05 的化学交联网络结构进行表征。图 5－12 为弹性体体积溶

图 5－12　BAMO－r－THF 弹性体 S00～S05 溶胀曲线

胀率随溶胀时间变化曲线。可以看出，400 min 后弹性体体积溶胀率不再变化，达到溶胀平衡。对于 TMP/TDI 交联 BAMO－r－THF 共聚醚弹性体 S01～S05，由于化学交联密度随 TMP 含量增加而增加，该弹性体平衡体积溶胀率随 TMP 含量增加而单调下降。可以看出，TMP/TDI 交联 BAMO－r－THF 共聚醚弹性体 S02 与 N－100 交联 BAMO－r－THF 共聚醚弹性体 S00 两者拥有相同的平衡溶胀率，表明弹性体 S02 与 S00 具有相同的化学交联网络。

5.2.3　DSC 分析

在配有冷却系统的 F204 型 Netzsch 示差扫描量热仪上对弹性体 S00 和 S02 进行 DSC 扫描。实验时，将 5～10 mg 样品放入坩埚中，置于 DSC 样品池中，液氮快速冷却到－85 ℃，保温 2 min，氮气保护下以 10 K·min^{-1} 升温速率进行热扫描。图 5－13 为弹性体 S00 和 S02 的 DSC 曲线。可以看出，弹性体 S00 在－52.9 ℃附近出现一个台阶，弹性体 S02 在－52.7 ℃附近出现一个台阶；两台阶对应于 BAMO－r－THF 共聚醚网链的玻璃化转变温度，弹性体 S00 和 S02 具有相近的玻璃化转变温度。高于玻璃化转变温度后，弹性体 S00 和 S02 没有明显吸、放热峰，表明弹性体 S00 和 S02 在玻璃化转变温度以上无聚集态相变发生。

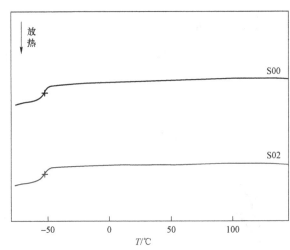

图 5－13　BAMO－r－THF 弹性体 S00 和 S02 的 DSC 曲线

5.2.4　硬度测定

室温下，利用橡胶邵氏 A 硬度计对弹性体 S00 和 S02 进行硬段测量，试样厚度≥6 mm、宽度≥5 mm、长度≥35 mm。表 5－8 是弹性体 S00 和 S02

硬度性能数值。可以看出，弹性体 S00 的邵氏硬度为（42.5±0.7）HA，弹性体 S02 的邵氏硬度为（38.1±1.2）HA。虽然弹性体 S00 和 S02 拥有相同的化学交联密度，且弹性体 S02 中的极性氨基甲酸酯含量（9.812%）高于弹性体 S00（6.178%），但弹性体 S00 却呈现出较高的硬度。这表明，在外力作用下，BAMO－r－THF 弹性体 S00 较 S02 具有更高的抵抗变形和破坏能力。

表 5-8　BAMO－r－THF 弹性体 S00 和 S02 的硬度　　　　　　　HA

样品	1	2	3	4	5	平均
S00	42.8	43.2	42.8	41.9	42.2	42.5±0.7
S02	37.3	38.8	37.5	38.0	38.6	38.1±1.2

5.2.5　力学性能测定

将 BAMO－r－THF 共聚醚弹性体样品 S00 和 S02 制成哑铃状（宽度为 5 mm，标距为 16 mm），固定于配备有温控装置的 MTS 公司 CMT4104 电子拉力试验机上；分别在 20 ℃、40 ℃和 60 ℃下对其进行力学性能测试，测试时样品在指定温度下保温 1 h，拉伸应变速率为 1.25 min^{-1}。图 5-14 为弹性体 S00 和 S02 在不同温度下的典型拉伸应力－应变曲线。弹性体 S00 和 S02 在 20 ℃、40 ℃和 60 ℃下的应力－应变曲线均呈现典型的无定形态弹性体应力－应变特征，弹性体拉伸模量随应变增加而下降，应力－应变曲线呈抛物线形。虽然弹性体 S00 硬段含量（6.178%）低于 S02（9.812%），但同一温度下，

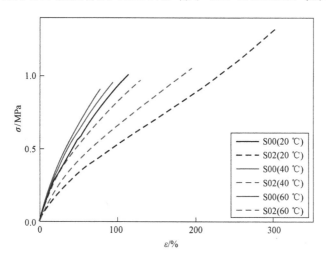

图 5-14　不同温度下 BAMO－r－THF 弹性体 S00 和 S02 的应力－应变曲线（附彩插）

弹性体 S00 较 S02 拥有较高的拉伸模量，断裂应变和断裂强度低于弹性体 S02。对同一弹性体，拉伸模量随温度升高而升高，断裂强度和延伸率则随温度升高而下降。

表 5-9 为 BAMO-r-THF 弹性体 S00 和 S02 在不同温度下的力学性能，可以看出，虽然弹性体 S00 和 S02 拥有相似的化学交联网络，但任一温度下，弹性体 S02 却呈现出较高的断裂拉伸强度和延伸率，S00 呈现更高的初始模量。

表 5-9 BAMO-r-THF 弹性体 S00 和 S02 力学性能

		样品	1	2	3	4	平均
20 ℃	σ/MPa	S00	0.94	0.96	0.90	0.92	0.93±0.03
		S02	1.30	1.39	1.31	1.24	1.31±0.08
	ε/%	S00	112	110	101	104	107±6
		S02	309	314	302	310	309±6
	E/MPa	S00	1.76	1.74	1.72	1.79	1.75±0.04
		S02	1.38	1.40	1.37	1.42	1.39±0.03
40 ℃	σ/MPa	S00	0.89	0.86	0.91	0.84	0.87±0.04
		S02	1.12	1.03	1.08	1.06	1.07±0.05
	ε/%	S00	91	90	86	92	90±4
		S02	213	211	194	201	204±9
	E/MPa	S00	1.98	1.97	2.01	1.96	1.98±0.03
		S02	1.74	1.68	1.71	1.69	1.70±0.04
60 ℃	σ/MPa	S00	0.81	0.79	0.82	0.83	0.81±0.02
		S02	0.92	0.97	0.89	0.94	0.93±0.04
	ε/%	S00	76	79	78	79	78±2
		S02	143	140	136	148	142±7
	E/MPa	S00	2.06	2.01	2.08	2.04	2.05±0.04
		S02	1.90	1.92	1.86	1.84	1.88±0.04

5.2.6 DMA 分析

利用 METTLER 公司的 SDTA861e 型动态热机械分析仪对 N-100 交联

BAMO－r－THF 共聚醚弹性体 S00、TMP/TDI 交联 BAMO－r－THF 共聚醚弹性体 S02 进行动态力学分析，升温速率为 2 K·min⁻¹，振幅为 5 μm，动态力为 5 N，频率为 1 Hz。图 5－15 是 BAMO－r－THF 弹性体 S00 和 S02 的损耗模量和损耗因子曲线。可以看出，虽然弹性体 S02 硬段含量（9.812%）高于 S00（6.178%），下班化转变温度以上，弹性体 S02 相比于弹性体 S00 具有更高的损耗模量，说明弹性体 S02 在外力作用时更易发生分子间滑移，产生内摩擦，从而造成损耗。弹性体 S00 相比弹性体 S02 有更低的损耗因子，表明弹性体 S00 具有更好的应变恢复能力，也就是说弹性体 S00 具有更高的刚性，这与弹性体硬度测试结果相一致。

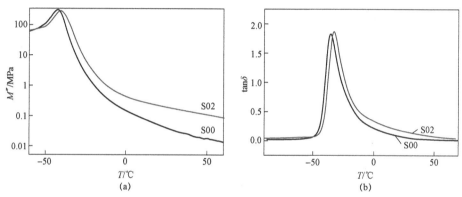

图 5－15 BAMO－r－THF 弹性体 S00 和 S02 的损耗模量和损耗因子曲线

（a）损耗模量曲线；（b）损耗因子曲线

5.2.7 LF－NMR 分析

不同温度下，利用 Micro－MR－CL 低场核磁共振分析仪对 BAMO－r－THF 共聚醚弹性体 S00 和 S02 进行氢质子横向磁化强度弛豫性能测试。测试采用自旋回波序列（CPMG），带宽 SW 为 200 kHz，回波个数（NECH）为 2 000，累加 8 次，模拟增益 RG1 为 20 dB，数字增益 DRG1 为 3。图 5－16 为 BAMO－r－THF 共聚醚弹性体 S00 和 S02 在不同温度下的低场核磁测试结果及利用式（5－1）拟合的结果。可以看出，所有拟合曲线与实验结果吻合性良好。

表 5－10 是在不同温度下拟合实验结果所得的 BAMO－r－THF 共聚醚弹性体 S00 和 S02 结构中，软硬段氢质子横向磁化强度弛豫过程的特征值 T_2。可以看出，弹性体 S00 的软、硬段横向弛豫时间特征值 T_2 均小于弹性体 S02。弛豫时间越短链段活动能力越弱，可知弹性体 S00 结构中链段活动能力低于弹性体 S02。

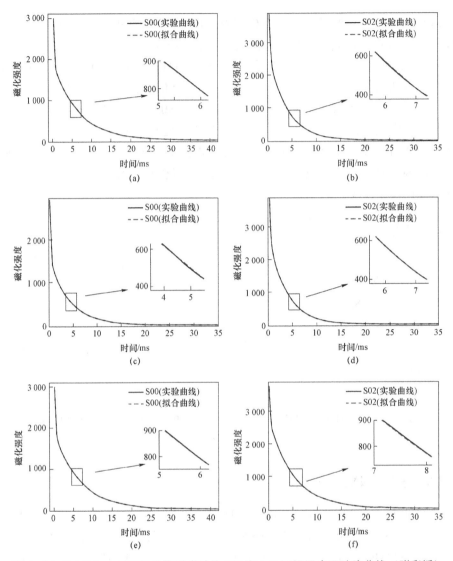

图 5-16　BAMO－r－THF 共聚醚弹性体 S00 和 S02 不同温度下弛豫曲线（附彩插）
（a）S00 的 20 ℃弛豫衰减曲线；（b）S02 的 20 ℃弛豫衰减曲线；（c）S00 的 40 ℃弛豫衰减曲线；
（d）S02 的 40 ℃弛豫衰减曲线；（e）S00 的 60 ℃弛豫衰减曲线；（f）S02 的 60 ℃弛豫衰减曲线

表 5-10　BAMO－r－THF 共聚醚弹性体 S00 和 S02 在不同温度下的弛豫参数

样品	S00			S02		
	20 ℃	40 ℃	60 ℃	20 ℃	40 ℃	60 ℃
T_2^{soft} /ms	2.43	3.21	4.87	2.68	3.50	5.08
T_2^{hard} /ms	0.30	0.34	0.38	0.37	0.46	0.50

　　将不同温度下弹性体 S00 和 S02 的弛豫曲线进行归一化处理，并对其叠加可更直观看出弹性体弛豫特性规律。图 5－17 是弹性体 S00 和 S02 在不同温度下横向磁化强度归一化弛豫曲线。可以看出，随温度升高，弹性体 S00 和 S02 衰减时间越来越长。这是由于随温度升高，分子链间物理作用减弱，链段束缚力下降，链段运动能力增加，弹性体中氢质子横向弛豫过程变长。这与表 5－10 拟合结果相一致。图 5－17 中，任一温度下弹性体 S00 弛豫速度均快于弹性体 S02，表明弹性体 S00 具有更强的刚性，质子能更快地进行弛豫。鉴于弹性体 S00 和 S02 具有相同的化学交联网络，两者区别仅在于交联点结构，表明弹性体 S00 和 S02 链段活动能力的差异源于弹性体交联点结构。弹性体 S00 交联点间较强的相互作用束缚了链段运动能力，表现出较快的弛豫过程。

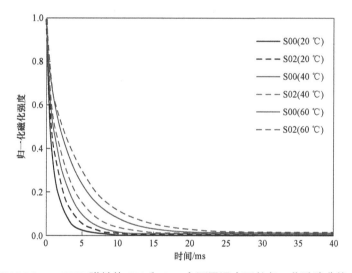

图 5－17　BAMO－r－THF 弹性体 S00 和 S02 在不同温度下的归一化弛豫曲线（附彩插）

5.2.8　FT－IR 分析

　　分析 BAMO－r－THF 共聚醚弹性体中氢键特性可揭示分子链间物理相互作用。利用配置有温控装置的 Nicolet 6700 FT－IR 红外光谱仪对 N－100 交联 BAMO－r－THF 共聚醚弹性体 S00、TMP/TDI 交联 BAMO－r－THF 共聚醚弹性体 S02 进行变温、红外光谱扫描。由于 N－100 为六亚甲基二异氰酸酯与水无定形加成物，分子结构含有脲基，N－100 交联固化弹性体 S00 中除含有氨基甲酸酯结构的酯羰基外还有脲羰基基团，TMP/TDI 交联 BAMO－r－THF 共聚醚弹性体 S02 中则仅含氨基甲酸酯的酯羰基结构，因此弹性体 S00 和 S02 两者羰基红外吸收峰峰形也截然不同（见图 5－18）。

利用 Peakfit 软件，对弹性体 S00、S02 不同温度下的羰基红外吸收峰进行拟合，拟合结果如图 5-18 所示。其中，黑线是实验测试结果，其他色线是拟合结果。可以看出，不同温度下，N-100 交联 BAMO-r-THF 共聚醚弹性体 S00 羰基红外吸收峰呈 6 个分峰，分别位于 1 669 cm^{-1}、1 710 cm^{-1}、1 725 cm^{-1}、1 640 cm^{-1}、1 684 cm^{-1} 及 1 695 cm^{-1} 处；TMP/TDI 交联 BAMO-r-THF 共聚醚弹性体 S02 羰基红外吸收峰呈 3 个分峰，分别位于 1 669 cm^{-1}、1 710 cm^{-1}、1 725 cm^{-1} 处。其中，1 640 cm^{-1}、1 684 cm^{-1}、1 695 cm^{-1} 处吸收峰分别对应于双氢键缔合脲羰基、单氢键缔合脲羰基和游离脲羰基（Free urea C=O）的伸缩振动，1 669 cm^{-1}、1 710 cm^{-1}、1 725 cm^{-1} 处分别属于双氢键缔合酯羰基、单氢键缔合酯羰基和游离酯羰基的伸缩振动。在较窄波数范围内，将官能团吸光系数看作定值，基于朗伯-比尔定律，分峰面积比即等于各类型羰基摩尔比。

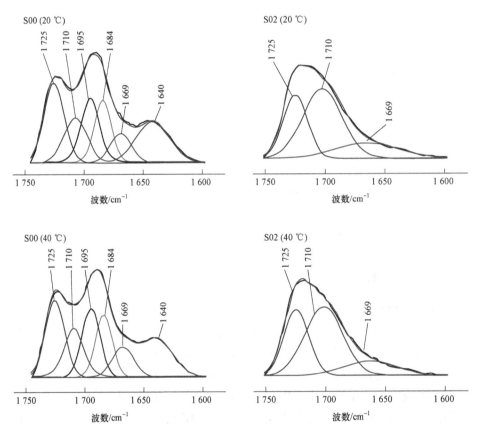

图 5-18　BAMO-r-THF 弹性体 S00 和 S02 在不同温度下的羰基拟合曲线（附彩插）

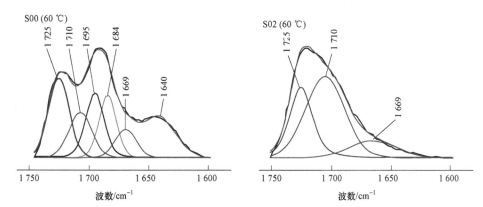

图 5－18　BAMO－r－THF 弹性体 S00 和 S02 在不同温度下的羰基拟合曲线（续）（附彩插）

依据图 5－18 拟合结果，表 5－11 给出了 BAMO－r－THF 弹性体 S00 和 S02 在不同温度下的羰基摩尔丰度。可以看出，随着温度升高，N－100 交联弹性体 S00 中双氢键缔合脲羰基、单氢键缔合脲羰基和游离脲羰基的含量变化很小；而双氢键缔合酯羰基的丰度则逐渐减少，游离酯羰基的丰度逐渐增加。对于 TMP/TDI 交联弹性体 S02，随着温度升高，双氢键缔合酯羰基含量逐渐减少，游离酯羰基含量逐渐增加。

表 5－11　BAMO－r－THF 弹性体 S00 和 S02 在不同温度下的分峰拟合结果

各类型羰基摩尔占比	S00			S02		
	20 ℃	40 ℃	60 ℃	20 ℃	40 ℃	60 ℃
双氢键缔合脲羰基/%	19.14	19.14	19.16	0	0	0
双氢键缔合酯羰基/%	10.57	9.53	8.59	18.93	17.51	14.56
单氢键缔合脲羰基/%	15.39	15.26	15.81	0	0	0
游离脲羰基/%	18.62	18.24	18.51	0	0	0
单氢键缔合酯羰基/%	15.53	15.81	14.76	51.26	50.38	50.01
游离酯羰基/%	20.74	21.73	23.04	29.81	32.11	35.43

依据式（5－2）对弹性体 S00、S02 结构中氢键/羰基摩尔比进行了计算，表 5－12 是不同温度下弹性体 S00 和 S02 基体中氢键/羰基摩尔比计算结果。可以看出，相同温度下，弹性体 S00 结构中氢键/羰基摩尔比高于弹性体 S02。弹性体 S00 中具有更高的氢键缔合度。

表 5-12　BAMO－r－THF 弹性体 S00 和 S02 在不同温度下的氢键化氨基与羰基摩尔比

氨基氢键化类型占比	S00			S02		
	20 ℃	40 ℃	60 ℃	20 ℃	40 ℃	60 ℃
脲羰基双缔合氢键/%	38	38	38	0	0	0
酯羰基双缔合氢键/%	22	20	17	38	35	29
脲羰基单缔合氢键/%	15	15	15	0	0	0
酯羰基单缔合氢键/%	16	16	15	51	50	50
合计（$R_{N-H\cdots O/C=O}$）	91	89	85	89	85	79
脲羰基氢键/%	58	60	62	0	0	0
酯羰基氢键/%	42	40	38	100	100	100

与弹性体 S02 不同的是，弹性体 S00 中脲羰基氢键在 20 ℃、40 ℃、60 ℃时，其占比分别为 58%、60%、62%，含量随温度升高而增加，表明弹性体 S00 中分子链段被交联点间的脲羰基氢键紧紧束缚，不易产生分子链间滑移，物理交联作用强。因此，弹性体 S00 具有较低的 T_2 值，较高的拉伸模量。弹性体 S02 分子链间酯羰基氢键键能低，物理作用弱，分子链段易滑动；因此链段 T_2 值大，弹性体拉伸模量低、断裂延伸率较高。

5.2.9　应变过程中的氢键

聚氨酯交联 BAMO－r－THF 弹性体中，羰基和氨基分别可作为氢键的受体和供体，每个羰基和氨基只要在相互足够近的距离范围内，即可形成氢键。不过，由于氢键可逆性，在外部载荷应变作用下，可发生可逆解缔与再缔合过程。

图 5-19 为 BAMO－r－THF 共聚醚弹性体应变过程中酯羰基氢键和脲羰基氢键演变过程示意图。酯羰基氢键键能较低，易破坏，抗变形和破坏能力差。在外力作用下，酯羰基氢键受外力作用发生解缔，BAMO－r－THF 共聚醚分子链发生滑移；当下一羰基与氨基再相互接近时，解缔的酯羰基与氨基重新缔合，形成新的氢键。因此，聚氨酯交联 BAMO－r－THF 弹性体结构中的酯羰基氢键处于动态缔合与解缔过程，弹性体 S02 具有较高的损耗因子，外力对该过程做功较大，弹性体拥有较高的断裂延伸率和断裂强度，如图 5-19（左）所示。

图 5-19（右）为脲羰基氢键在应变过程中的演化趋势。脲羰基氢键键能高，不易破坏。外力作用下，缔合的脲羰基氢键随 BAMO－r－THF 共聚醚分

子链一起滑移，抵抗变形。当脲羰基氢键因外力作用解缔时，BAMO－r－THF
共聚醚链也发生断裂，弹性体 S00 呈现较高的拉伸模量和较低的断裂应变。

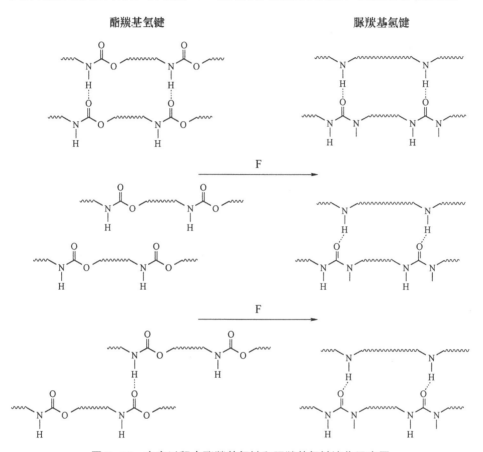

图 5-19　应变过程中酯羰基氢键和脲羰基氢键演化示意图

5.3　复合固化剂体系对弹性体力学性能影响

多官能度异氰酸酯化合物 N－100 交联 BAMO－r－THF 共聚醚弹性体结构
中，由于高键能脲羰基氢键，弹性体断裂强度、延伸率略呈不足。固化参数
不变下，采用 N－100 与双官能度异氰酸酯固化剂甲苯二异氰酸酯（TDI）或
异佛尔酮二异氰酸酯（IPDI）复配使用，是调节弹性体力学性能的又一途径。
本节将 N－100 分别与 TDI、IPDI 进行复配，制备复合固化剂交联的
BAMO－r－THF 共聚醚弹性体，介绍固化剂复配对 BAMO－r－THF 弹性体力学

学性能的影响规律[15]。

5.3.1 弹性体制备

以数均分子量为 6 500 g·mol⁻¹、羟值为 0.31 mmol·g⁻¹ 的 BAMO‑r‑THF 共聚醚为黏合剂，甲苯二异氰酸酯（TDI）、异佛尔酮二异氰酸酯（IPDI）和六次甲基二异氰酸酯与水加成产物 N‑100（平均官能度为 3.87，数均分子量为 728 g·mol⁻¹，—NCO 含量为 5.32 mmol·g⁻¹）为固化剂，二月桂酸二丁基锡（T12）为固化促进剂，固定弹性体固化参数 1.0 不变，将 BAMO‑r‑THF 共聚醚预聚物、固化剂按表 5‑13 所列配比混合、搅拌均匀，然后加入 T12 固化促进剂，搅拌均匀后注入聚四氟乙烯模具中，50 ℃ 真空除泡，固化至红外检测异氰酸酯基团完全消失，得到反应完全的聚氨酯交联 BAMO‑r‑THF 共聚醚弹性体。

表 5‑13　BAMO‑r‑THF 共聚醚弹性体配方（质量比）

复合体系	摩尔比	BAMO‑r‑THF	N‑100	TDI	IPDI	T12
N‑100/TDI	1/0	10	0.582 7	0		
	4/1	10	0.466 2	0.053 9		
	3/2	10	0.349 6	0.107 9		
	1/1	10	2.913 5	0.134 9		
	2/3	10	0.233 1	0.161 9		
	1/4	10	0.116 5	0.215 8		
N‑100/IPDI	1/0	10	0.582 7		0	
	4/1	10	0.466 2		0.068 9	
	3/2	10	0.349 6		0.137 8	
	1/1	10	2.913 5		0.172 2	
	2/3	10	0.233 1		0.206 7	
	1/4	10	0.116 5		0.275 6	

5.3.2 化学交联网络

室温下，以甲苯为溶剂，采用平衡溶胀法对表 5‑13 所列 BAMO‑r‑THF 共聚醚弹性体化学交联网络进行表征。表 5‑14 是根据弹性体平衡溶胀体积所得的网络结构参数。可以看出，改变 N‑100/TDI、N‑100/IPDI 复合固化剂配比时，随二官能度异氰酸酯化合物 TDI 或 IPDI 含量增加，弹性体网链平均分子量增加，网链密度下降。此外，相同配比条件下，N–100/TDI 固化体系与 N–100/IPDI 固化体系的网链表观分子量、网链密度也不同。二官能度异氰酸酯化合物含量较低时，N–100/TDI 固化体系较 N–100/IPDI 具有更高的网链平均分子量；二官能度异氰酸酯含量较高时，N–100/IPDI 体系拥有更高的网链平均分子量。

表 5–14　不同固化剂比例的 BAMO – r – THF 弹性体的网络结构参数

复合固化剂	摩尔比	q_v	ν_{2m}	M_c/（g・mol^{-1}）	N_0/（mmol・cm^{-3}）
N–100/TDI	1/0	3.731	0.268 0	3.30×10^3	0.359 9
	4/1	3.832	0.261 0	3.55×10^3	0.338 0
	3/2	4.040	0.247 5	4.01×10^3	0.298 9
	1/1	4.215	0.237 2	4.40×10^3	0.271 1
	2/3	4.447	0.224 9	4.96×10^3	0.240 1
	1/4	5.034	0.198 6	6.57×10^3	0.182 3
N–100/IPDI	1/0	3.733	0.267 9	3.30×10^3	0.359 9
	4/1	3.776	0.264 8	3.40×10^3	0.349 8
	3/2	3.933	0.254 3	3.74×10^3	0.318 1
	1/1	4.135	0.241 8	4.20×10^3	0.283 3
	2/3	4.501	0.222 2	5.09×10^3	0.233 6
	1/4	5.526	0.181 0	7.99×10^3	0.148 9

复合固化剂体系的固化过程属于一个竞争反应过程。TDI 反应活性高于 N–100，N–100 高于 IPDI。对于 N–100/TDI 交联制备 BAMO–r–THF 弹性体，TDI 优于 N–100 先与预聚物反应进行扩链，形成更高分子量的预聚物再与交联固化剂 N–100 反应，因此所得弹性体结构交联点间的网链平均分子量较大。对于 N–100/IPDI 交联体系，N–100 先于 IPDI 与预聚物羟基反应，形成超支化预聚物，随后与 IPDI 反应中形成物理交联结构较多的聚合物弹性体，因此，N–100/IPDI 交联 BAMO–r–THF 弹性体网络的网链表观分子量较低。异氰酸酯基团反应活性的差异导致网络形成过程不同，弹性体网链的表观分子量及其密度也不同。至于二官能度异氰酸酯高含量下的网络结构差异，应与异氰酸酯反应活性及反应程度相关。弹性体化学交联网络结构不仅取决于原料及添加比，还与其具体反应、交联过程密切相关。

5.3.3 DSC 分析

采用示差扫描量热法对 BAMO－r－THF 共聚醚交联弹性体聚集形态进行分析。测试在配有冷却系统 F204 型 Netzsch 示差扫描量热仪上进行。将 5～10 mg 样品放入坩埚中，置于 DSC 样品池中，液氮冷却到－85 ℃，保温 2 min，氮气保护下以 10 K·min⁻¹ 升温速率进行热扫描，N₂ 气体流量为 50 mL·min⁻¹。

图 5－20 是 N－100/TDI、N－100/IPDI 不同配比复合固化剂固化交联 BAMO－r－THF 共聚醚弹性体的 DSC 扫描曲线。由图可知，采用固化剂 N－100、N－100/TDI（1/1）、N－100/TDI（1/4）、N－100/IPDI（1/1）、N－100/IPDI（1/4）固化交联后，所得弹性体玻璃化转变温度分别为－49.6 ℃、－49.2 ℃、－48.8 ℃、－48.6 ℃、－48.2 ℃，玻璃化转变温度较为接近，复合固化剂对弹性体温度影响不大。高于玻璃化转变温度后，所有弹性体没有明显吸、放热效应，表明采用 N－100/TDI、N－100/IPDI 制备的聚氨酯交联 BAMO－r－THF 共聚醚弹性体在玻璃化转变温度以上无相变发生。

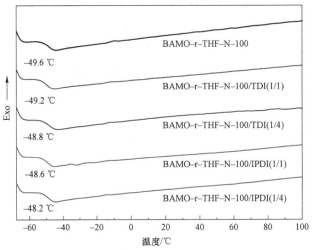

图 5－20 不同固化剂配比制备的 BAMO－r－THF 弹性体的 DSC 曲线

5.3.4 力学性能

将表 5－13 所示弹性体制成哑铃状（宽度为 5 mm，标距为 16 mm），固定于 MTS 公司的 CMT4104 电子拉力试验机上，25 ℃下以拉伸应变速率 1.25 min⁻¹ 进行力学性能测试。图 5－21、图 5－22 分别是以 N－100/TDI、N－100/IPDI 复合固化剂制备弹性体的应力－应变曲线。可以看出，全部 BAMO－r－THF 弹性体应力－应变曲线均呈现典型的无定形态弹性体拉伸行为,拉伸模量随应变增加而下降,应力–应变曲线呈抛物线形。复合固化剂类型及配比对弹性体拉伸曲线特性无明显影响。

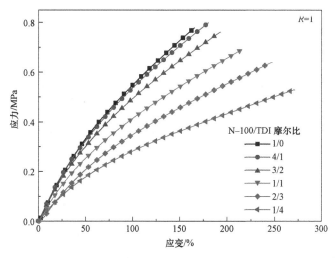

图 5‑21　N‑100/TDI 不同配比 BAMO‑r‑THF 弹性体应力–应变曲线

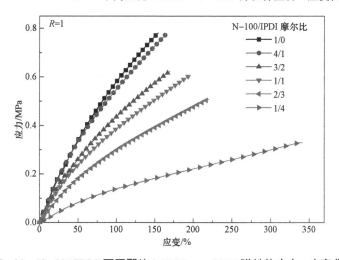

图 5‑22　N‑100/IPDI 不同配比 BAMO‑r‑THF 弹性体应力–应变曲线

表 5‑15 是表 5‑13 所示 BAMO‑r‑THF 共聚醚弹性体力学性能测试结果。从表中数据可以看出,随着二官能度异氰酸酯含量增加,弹性体拉伸强度先略微增加随即下降,而交联弹性体的断裂延伸率则随二官能度异氰酸酯含量的增加一直呈上升趋势。固化参数 $R=1.0$ 保持不变条件下,增加二官能度异氰酸酯含量,即减少了多官能度固化剂 N‑100 的用量,使 BAMO‑r‑THF 共聚醚弹性体基体内三维交联密度降低,提高了弹性体交联点间分子链长度,

有利于弹性体延伸率增加，弹性体断裂延伸率随二异氰酸酯含量的增加逐渐增大。至于复合固化剂 N－100/TDI、N－100/IPDI 在其摩尔比为 4:1 时呈现拉伸强度与延伸率同时增加的情况，与此时体系形成双模交联网络结构相关[16]。从表 5－15 还可看出，相比 N－100/IPDI 体系，N－100/TDI 固化弹性体具有更高的断裂拉伸强度。

表 5-15　固化剂比例对 BAMO－r－THF 弹性体力学性能的影响

复合固化剂摩尔比	拉伸强度/MPa		断裂延伸率/%	
	N－100/TDI	N－100/IPDI	N－100/TDI	N－100/IPDI
1/0	0.75	0.75	154.81	154.81
4/1	0.82	0.76	184.01	155.33
3/2	0.77	0.63	192.62	167.72
1/1	0.67	0.60	217.52	197.56
2/3	0.65	0.50	247.58	215.95
1/4	0.52	0.35	279.35	349.81

5.3.5　DMA 分析

利用 DMA/SDTA861 动态热机械分析仪测定复合固化剂所得的 BAMO－r－THF 弹性体的黏弹特性。DMA 测试采用剪切夹具，剪切力为 5 N，频率为 1 Hz，振幅为 5 μm，升温速率为 3 K·min^{-1}，由室温降至 －80 ℃时进行低温重夹，升温区间为 －75～50 ℃。

图 5－23 是典型复合固化剂配比制备 BAMO－r－THF 弹性体的储能模量随温度变化曲线。可以看出，无论 N－100/TDI 还是 N－100/IPDI 交联 BAMO－r－THF 共聚醚弹性体，低于 －50 ℃时两者均具有较高储能模量；高于 －50 ℃时储能模量随温度升高急剧下降；高于 －20 ℃时，两弹性体储能模量随温度升高缓慢下降。

图 5－24 是复合固化剂所得的 BAMO－r－THF 共聚醚弹性体损耗模量随温度变化曲线。可以看出，与图 5－23 储能模量相比，弹性体损耗模量在 －80～－60 ℃区间较储能模量低 1～2 个数量级。损耗模量随温度升高首先在 －44 ℃附近出现一峰值，随后随温度升高急剧下降。结合图 5－25 损耗因子随温度变化曲线可以看出，两类弹性体的玻璃化转变温度均出现在 －37 ℃附近。可以确认，低于 －50 ℃时，弹性体处于玻璃态，其链段的分子运动被冻结，弹性体受外力作用时形变量很小，只发生键长或键角的改变，因而储能模

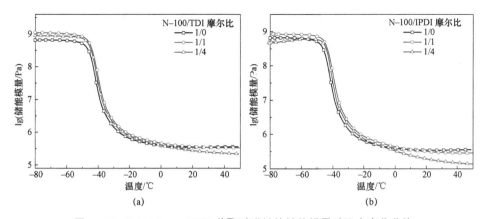

图 5-23   BAMO－r－THF 共聚醚弹性体储能模量随温度变化曲线
（a）BAMO-r-THF-N-100/TDI；（b）BAMO-r-THF-N-100/IPDI

量很高。高于-50 ℃时，聚合物链段开始出现运动，储能模量下降，损耗能量增加，损耗因子峰出现在-37 ℃附近，对应于弹性体玻璃化转变温度。温度进一步升高，链段运动能力进一步增强，弹性体的储能模量、损耗模量随之下降。当链段运动能力与外界应变速度匹配时，内耗变小，损耗因子也随之下降。

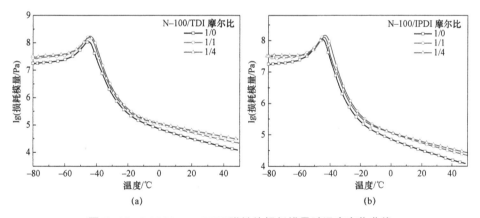

图 5-24   BAMO－r－THF 弹性体损耗模量随温度变化曲线
（a）BAMO-r-THF-N-100/TDI；（b）BAMO-r-THF-N-100/IPDI

由图 5-25 还可看出，0 ℃以上时，多官能度异氰酸酯化合物 N-100 与二官能度异氰酸酯化合物摩尔比为 1/4 时有较大损耗因子 $\tan\delta$，摩尔比为 1/0 时损耗因子较小。说明在复合固化剂中，随着 N-100 含量的减少，弹性体的交联密度减小，网链运动自由度增加，内耗增大，弹性体呈现较高损耗因子。

聚氨酯交联热固性弹性体基体中，聚氨酯交联点不仅影响弹性体化学交联网络，同时聚氨酯交联点间的物理氢键作用对弹性体宏观力学性能也具有重要影响。采用不同固化剂、借助聚氨酯交联点间氢键作用是调节弹性体力学性能的又一重要机制。

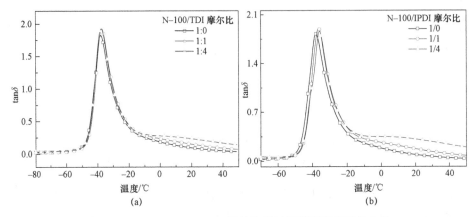

图 5-25　BAMO-r-THF 弹性体损耗因子随温度变化曲线

（a）BAMO-r-THF-N-100/TDI；（b）BAMO-r-THF-N-100/IPDI

参 考 文 献

[1] OSMAN A F，EDWARDS G A，SCHILLER T L，et al. Structure-Property Relationships in Biomedical Thermoplastic Polyurethane Nanocomposites [J]. Macromolecules，2012，45（1）：198-210.

[2] GRABOWSKI S J. What Is the Covalency of Hydrogen Bonding？[J]. Chemical Reviews，2011，111（4）：2597-2625.

[3] 丁腾飞. 交联点对聚氨酯弹性体的力学性能影响研究 [D]. 北京：北京理工大学，2019.

[4] ZHAI J X，ZHANG N，GUO X Y，et al. Study on Bulk Preparation and Properties of Click Chemistry End-crosslinked Copolyether Elastomers [J]. European Polymer Journal，2016，78：72-81.

[5] YIN X T，LIU C Y，LIN Y，et al. Influence of Hydrogen Bonding Interaction on the Damping Properties of Poly（n-butyl methacrylate）/Small Molecule Hybrids [J]. Journal of Applied Polymer Science，2015，132（19）：41954-41955.

［6］ZIMMER B，NIES C，SCHMITT C，et al. Chemistry，Polymer Dynamics and Mechanical Properties of a Two-part Polyurethane Elastomer during and after Crosslinking.Part Ⅱ：Moist Conditions［J］. Polymer，2018，149：238－252.

［7］ZHU H J，HUININK H P，MAGUSIN P，et al. T2 Distribution Spectra Obtained by Continuum Fitting Method Using a Mixed Gaussian and Exponential Kernel Function［J］. Journal of Magnetic Resonance，2013，235：109－114.

［8］PATEL J P，HSU S L. Development of Low Field NMR Technique for Analyzing Segmental Mobility of Crosslinked Polymer［J］. Journal of Polymer Science，Part B-Polymer Physics，2018，56（8）：639－642.

［9］TEYMOURI Y，ADAMS A，BLUMICH B. Compact Low-field NMR：Unmasking Morphological Changes from Solvent-induced Crystallization in Polyethylene［J］. European Polymer Journal，2016，80：48－57.

［10］SORMANA J L，MEREDITH J C. High-Throughput Discovery of Structure-Mechanical Property Relationships for Segmented Poly（Urethane-urea）s［J］. Macromolecules，2004，37（6）：2186－2195.

［11］ZHANG C L，HU J L，LI X，et al. Hydrogen-Bonding Interactions in Hard Segments of Shape Memory Polyurethane：Toluene Diisocyanates and 1，6－Hexamethylene Diisocyanate.A Theoretical and Comparative Study［J］. Journal of Physical Chemistry A，2014，118（51）：12241－12255.

［12］YILGOR I，YILGOR E，WILKES G L. Critical Parameters in Designing Segmented Polyurethanes and Their Effect on Morphology and Properties：A Comprehensive Review［J］. Polymer，2015，58：A1－A36.

［13］WANG W Y，LU W，GOODWIN A，et al. Recent Advances in Thermoplastic Elastomers from Living Polymerizations：Macromolecular Architectures and Supramolecular Chemistry［J］. Progress in Polymer Science，2019，95：1－31.

［14］WOJTECKI R J，MEADOR M A，ROWAN S J. Using the Dynamic Bond to Access Macroscopically Responsive Structurally Dynamic Polymers［J］. Nature Materials，2011，10（1）：1－27.

［15］张晓伟. 叠氮聚醚弹性体力学性能研究［D］. 北京：北京理工大学，2016.

［16］翟进贤，杨荣杰，刘后浪，等. 复合固化剂对 PBT 黏合剂力学性能的影响［J］. 火炸药学报，2009，32（6）：31－34.

第6章
扩链剂对 BAMO－r－THF
弹性体力学性能影响

    BAMO－r－THF 共聚醚分子链结构中含有较大体积的—CH_2N_3 侧基基团，与端羟基聚丁二烯、端羟基聚环氧乙烷、端羟基聚环氧乙烷－四氢呋喃共聚醚相比，其主链骨架原子所占质量丰度较低（见表6－1）。作为高分子预聚物，BAMO－r－THF 共聚醚与固化剂交联固化后，所得弹性体拉伸强度、断裂延伸率均与其网链骨架原子数相关。为改善 BAMO－r－THF 共聚醚弹性体基体力学性能，利用扩链剂对其网链进行改性，增加网链骨架的原子数，是提高弹性体力学性能的重要途径[1]。本章利用扩链剂制备不同化学交联网络结构的聚合物弹性体，介绍扩链剂含量、种类及结构对弹性体力学性能的影响。

表6－1　预聚物结构及主链原子质量丰度

预聚物	分子结构	主链骨架原子质量丰度
PEG	$HO\text{—}\!\left[CH_2CH_2O\right]\!\text{—}H$	90.9
HTPB	$HO\text{—}\!\left[CH_2CH=CHCH_2O\right]_n\!\text{—}H$	91.4
PET	$HO\text{—}\!\left[CH_2CH_2CH_2CH_2O\right]_m\!\left[CH_2CH_2O\right]_n\!\text{—}H$	89.7
BAMO－r－THF	$HO\text{—}\!\left[\!\begin{array}{c} CH_2N_3 \\ \mid \\ \overset{H_2}{C}\text{—}C\text{—}\overset{H_2}{C}\text{—}O \\ \mid \\ CH_2N_3 \end{array}\!\right]_m\!\left[CH_2CH_2CH_2CH_2O\right]_n\!\text{—}H$	48.3

178

6.1　扩链剂 BDO 对弹性体力学性能影响

1,4－丁二醇（Butane－1,4－diol，BDO）是最常见的扩链剂。在热塑性聚氨酯弹性体制备方面，有关其对弹性体力学性能影响已有广泛深入的研究报道，但在聚氨酯交联弹性体研究方面，相关研究报道还不多见。本节以 BAMO－r－THF 共聚醚为预聚物（数均分子量为 5 000 g·mol⁻¹，羟基含量为 0.36 mmol·g⁻¹）、甲苯二异氰酸酯（TDI）为固化剂、三羟甲基丙烷（TMP）为交联剂、BDO 为扩链剂，通过调节 BDO 含量制备得到硬段结构含量相同、化学交联网络不同的 BAMO－r－THF 共聚醚弹性体，介绍扩链剂 BDO 含量对 BAMO－r－THF 共聚醚交联弹性体力学性能的影响规律及机制[2]。

6.1.1　弹性体制备

保持弹性体固化参数为 1.0、扩链剂/交联剂/固化剂组成的硬段结构含量为 13%不变，按表 6－2 所示质量比将 BAMO－r－THF 共聚醚、BDO、TMP 混合均匀，然后加入 TDI，搅拌均匀后倒入聚四氟乙烯模具中，真空除泡，于 50 ℃恒温箱中固化至混合物中的异氰酸酯基团红外特征吸收峰完全消失，得到固化反应完全、交联网络结构不同的 BAMO－r－THF 共聚醚弹性体 S1～S5。利用密度瓶测得弹性体密度为 1.08 g·cm⁻³。弹性体交联点结构示意图如图 6－1 所示。

表 6－2　BAMO－r－THF 共聚醚弹性体配方组成

样品	BDO:TMP（摩尔比）	BAMO－r－THF/g	TMP/g	BDO/g	TDI/g
S1	1:1	10	0.241	0.162	1.097
S2	2:1	10	0.172	0.231	1.097
S3	3:1	10	0.134	0.270	1.096
S4	4:1	10	0.110	0.295	1.095
S5	5:1	10	0.093	0.311	1.096

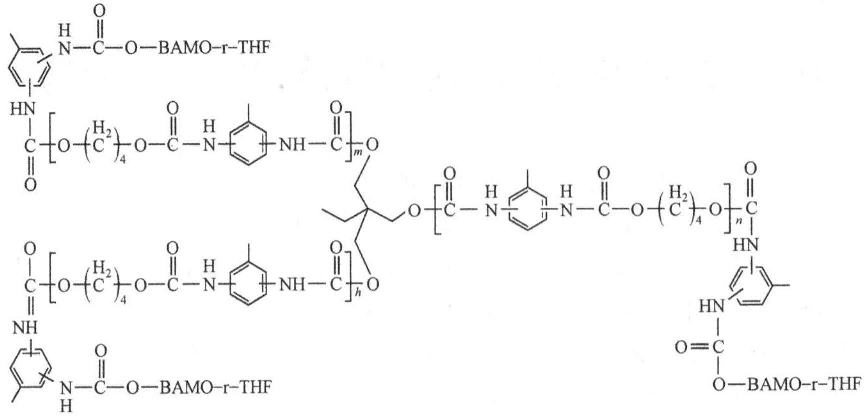

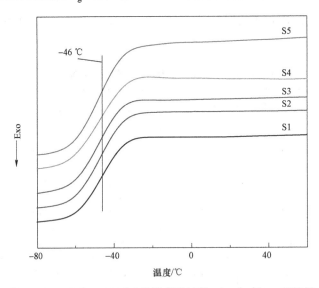

图 6-1　共聚醚交联点结构示意图

6.1.2　DSC 分析

　　对表 6-2 中所制 BAMO-r-THF 共聚醚弹性体 S1～S5 进行热扫描，测试采用德国 NETZSCH 公司的差示扫描量热仪 DSC 204 F1 Phoenix，样品量约 7 mg。测试时，先将弹性体样品由室温快速冷却至 -80 ℃，然后以 $10\ \mathrm{K \cdot min^{-1}}$ 升温至 60 ℃，N_2 流量为 $50\ \mathrm{mL \cdot min^{-1}}$，热扫描曲线如图 6-2 所示。可以看出，曲线在 -46 ℃附近出现一台阶，对应 BAMO-r-THF 共聚醚弹性体中软段结构玻璃化转变温度 T_g；弹性体 S1～S5 软段结构玻璃化转变温度随扩链剂

图 6-2　BAMO-r-THF 共聚醚弹性体 S1～S5 的 DSC 曲线

含量增加无明显变化。高于玻璃化转变温度后，曲线没有明显吸、放热效应，表明表 6-2 所得弹性体聚集态在 -40～60 ℃ 范围内无明显变化。弹性体 S1～S5 在常温下为高弹态。

6.1.3　XRD 分析

室温下，利用 X 射线粉末衍射仪（XRD，D8 Advance，Bruker-AXS）对表 6-2 所制弹性体进行 X 射线扫描，镍滤铜靶 Kα 辐射，电压为 40 kV，电流为 40 mA，扫描速率为 5°·min⁻¹，2θ 范围为 5°～40°。

图 6-3 为弹性体 S1～S5 的 XRD 曲线。从图可以看出，所有 XRD 曲线上均未出现尖锐的结晶衍射峰，只是在 22° 左右出现了一个非晶漫散射峰。这表明以 BAMO-r-THF 共聚醚为软段，以 TDI、BDO 和 TMP 组分构成硬段的聚氨酯交联弹性体为无定形聚集态，该结果与 DSC 测试一致。

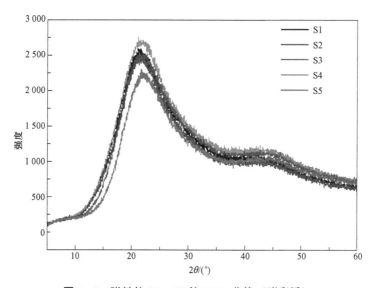

图 6-3　弹性体 S1～S5 的 XRD 曲线（附彩插）

6.1.4　力学性能

室温下，采用 SANS 公司的 CMT4104 电子万能试验机，对弹性体 S1～S5 进行力学性能测试，拉伸速率为 1.25 min⁻¹。图 6-4 为 BAMO-r-THF 共聚醚弹性体 S1～S5 的典型应力-应变曲线。可以看出，弹性体 S1～S5 的拉伸应变过程中呈现两个阶段，应变低于 250%时，所有应力-应变曲线均呈现典型无定形态弹性体拉伸行为，拉伸模量随应变增加而下降，应力-应变曲线呈抛物线形；应变高于 250% 时，拉伸模量随应变增加再次升高，弹性体拉伸强度随应变增加迅速增加。结合表 6–2 弹性体配方化学组成可以看出，在高应变阶段，弹性体 S1～S5 的拉伸模量随扩链剂含量增加而快速增大。

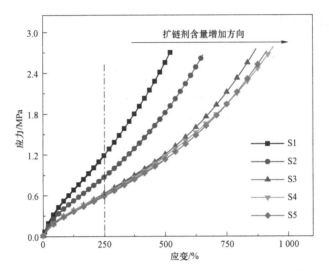

图 6–4　BAMO–r–THF 弹性体 S1～S5 的应力–应变曲线

表 6–3 为常温下 BAMO–r–THF 共聚醚弹性体 S1～S5 的拉伸力学性能。可以看出，在保持固化参数为 1.0、硬段结构含量为 13% 不变条件下，弹性体 S1～S5 初始拉伸模量由弹性体 S1 的（0.83±0.05）MPa 降至 S5 的（0.51±0.02）MPa，拉伸模量随扩链剂含量增加呈单调递减趋势；断裂延伸率 ε_b 由弹性体 S1 的 526%±50% 增加至 S5 的 950%±60%，断裂延伸率随扩链剂含量增加呈单调递增趋势。与拉伸模量、断裂应变变化趋势不同，弹性体的断裂拉伸强度 σ_b 在 2.52～2.75 MPa 范围，扩链剂含量对弹性体拉伸强度影响不大。

表 6–3　室温下 BAMO–r–THF 弹性体 S1～S5 的力学性能

项目	样品	1	2	3	4	平均
拉伸模量 /MPa	S1	0.75	0.83	0.87	0.85	0.83±0.05
	S2	0.72	0.64	0.74	0.71	0.70±0.04
	S3	0.55	0.54	0.52	0.52	0.53±0.01
	S4	0.53	0.53	0.50	0.52	0.52±0.01
	S5	0.51	0.49	0.53	0.51	0.51±0.02

续表

项目	样品	1	2	3	4	平均
$\varepsilon_b/\%$	S1	459	523	543	578	526±50
	S2	567	629	694	654	636±53
	S3	750	869	902	767	822±75
	S4	912	904	912	918	911±5
	S5	1 035	894	933	939	950±60
$\sigma_{b/}$ MPa	S1	2.15	2.71	2.74	3.01	2.65±0.36
	S2	2.13	2.43	2.94	2.66	2.54±0.34
	S3	2.14	2.75	2.95	2.24	2.52±0.39
	S4	2.72	2.58	2.87	2.76	2.73±0.12
	S5	3.16	2.41	2.67	2.78	2.75±0.31

注：初始拉伸模量值取应变为 0 和 20%时两点的斜率。

6.1.5　化学交联网络表征

　　室温下，以甲苯为溶剂，采用平衡溶胀法揭示扩链剂 BDO 含量对弹性体化学交联网络结构的影响。图 6－5 是 BAMO－r－THF 共聚醚弹性体 S1～

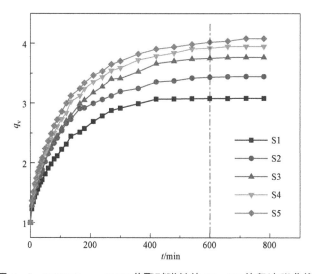

图 6－5　BAMO－r－THF 共聚醚弹性体 S1～S5 体积溶胀曲线

S5 体积溶胀曲线。溶胀初始阶段，弹性体体积溶胀率随溶胀时间增加而增加，600 min 后弹性体体积溶胀率逐渐趋于平衡。结合表 6-2 弹性体组成可以看出，随扩链剂 BDO 含量增加和交联剂 TMP 含量下降，弹性体体积平衡溶胀率呈单调递增趋势，q_v 值由弹性体 S1 的 3.08 递增至 S5 的 4.08，表明交联剂 TMP 含量降低使得弹性体结构中化学交联点密度下降，交联点间网链平均分子量增加。鉴于弹性体拉伸模量与其化学交联点密度、断裂延伸率与交联点间网链分子量分别成正相关关系[3]，BAMO-r-THF 共聚醚弹性体起始拉伸模量随 TMP 含量下降而逐渐降低，断裂延伸率逐渐增加。需要强调的是，弹性体化学交联网络结构对其断裂拉伸强度影响不大（见表 6-3）。

6.1.6 DMA 分析

采用 METTLER 公司的 SDTA861e 型动态热机械分析仪，对表 6-2 所制 BAMO-r-THF 共聚醚弹性体 S1~S5 进行测试。测试时，先将样品由室温快速冷却至-60 ℃，然后以 5 K·min⁻¹ 升温速率升至 60 ℃，剪切模式，应力为 5 N，剪切频率为 1 Hz，位移为 2 μm。

图 6-6 是 BAMO-r-THF 共聚醚弹性体 S1~S5 的损耗因子-温度曲线。由图可以看出，弹性体 S1~S5 损耗因子-温度曲线中均只有一个损耗因子峰，对应弹性体结构中网链软段结构玻璃化转变温度，损耗因子峰温从弹性体 S1 的-30 ℃下降至 S5 的-35 ℃，峰温降幅约 5 ℃。结合表 6-2 可知，弹性体

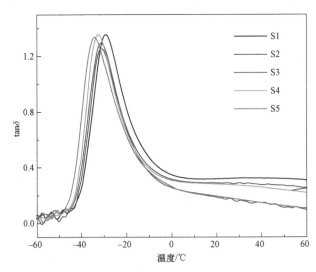

图 6-6 BAMO-r-THF 共聚醚弹性体损耗因子-温度曲线（附彩插）

S1~S5 结构中软段玻璃化转变温度随交联剂含量减少和扩链剂含量增加而下降。这表明，增加 BDO 扩链剂含量，BAMO–r–THF 共聚醚弹性体结构中网链软段的结构运动能力增强，玻璃化转变温度下降；较高的 TMP 含量，提高了弹性体化学交联密度，抑制了软段网链的运动能力，玻璃化转变温度上升。由于弹性体 S1~S5 仅有一个损耗因子峰，弹性体结构中没有显著相分离，因此与 DSC 热扫描分析结果相一致。

6.1.7　LF–NMR 分析

聚氨酯交联 BAMO–r–THF 共聚醚弹性体由 BAMO–r–THF 高分子共聚醚软段结构、扩链剂/交联剂/固化剂形成的硬段结构组成；利用低场核磁测定高分子聚合物中的氢原子横向自旋–自旋弛豫时间 T_2，可揭示聚合物链段运动特性[4,5]。鉴于 BAMO–r–THF 共聚醚弹性体由共聚醚软段和聚氨酯硬段结构组成，可利用式（6–1）对其横向弛豫过程进行拟合，所得 T_2 较小值对应于弹性体硬段结构中氢质子的弛豫过程特征值；较大值对应于软段结构中氢质子弛豫过程的特征值，由式（6–2）可获得弹性体软、硬段结构中表观氢原子摩尔含量比[6]。

$$M(t) = A^{\text{hard}}\exp(-t / T_2^{\text{hard}}) + A^{\text{soft}}\exp(-t / T_2^{\text{soft}}) + M_0 \qquad （6–1）$$

$$F^i = A^i / (A^{\text{hard}} + A^{\text{soft}}) \qquad （6–2）$$

式中，$M(t)$ 是弹性体样品氢质子横向弛豫过程中不同时间下的横向磁化强度，t 为时间；T_2^{soft} 为弹性体软段结构中氢质子横向磁化强度弛豫时间特征值；T_2^{hard} 为硬段结构中氢质子横向磁化强度弛豫时间特征值；A^{hard}、A^{soft} 分别为聚合物弹性体软硬段结构中氢质子横向弛豫指前因子，可视作软硬段结构中氢质子的表观摩尔数；F^i 为弹性体中软、硬段表观氢质子摩尔分数，i 表示硬段或软段。

BAMO–r–THF 弹性体 S1~S5 低场核磁测试采用上海纽迈科技低场核磁共振分析仪，采用自旋回波序列 CPMG（Carr-Purcell-Meiboom-Gill）测定弹性体样品横向磁化强度随时间衰减过程。带宽（SW）为 200 kHz，回波个数（NECH）为 2 000，累加次数为 16 次，模拟增益 RG1 为 20 dB，数字增益 DRG1 为 2，回波时间 t_E = 0.2 ms。

图 6–7 所示为 BAMO–r–THF 弹性体 S1~S5 横向磁化强度弛豫过程，及利用式（6–1）拟合的结果。可以看出，拟合曲线对弹性体横向磁化强度衰减过程具有良好吻合性。将拟合方程中表示弹性体软、硬段结构表观氢质子摩尔分数 F^i 对 BDO/TMP 比作图，其结果如图 6–8 所示。结合表 6–2 弹性体

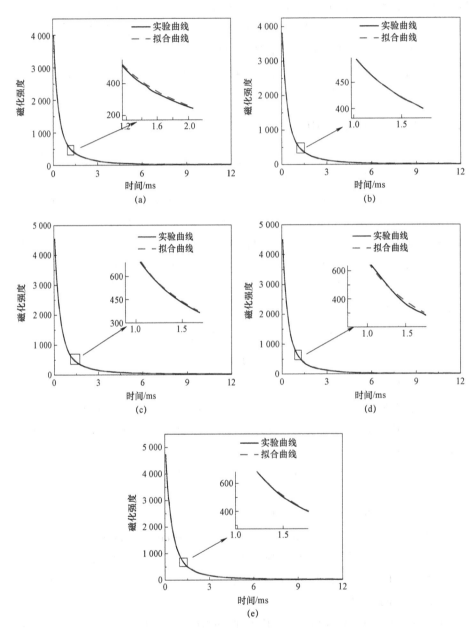

图 6-7　BAMO-r-THF 弹性体 S1～S5 横向弛豫过程及拟合曲线（附彩插）

（a）S1 的 T_2 弛豫衰减曲线；（b）S2 的 T_2 弛豫衰减曲线；（c）S3 的 T_2 弛豫衰减曲线；

（d）S4 的 T_2 弛豫衰减曲线；（e）S5 的 T_2 弛豫衰减曲线

配方可以看出，虽然弹性体 S1～S5 中硬段含量完全一致，但随交联剂含量减少、扩链剂含量增加，表征弹性体硬段结构的氢质子摩尔分数则由弹性体 S1 的 0.763 上升至弹性体 S5 的 0.786；相应地，表征弹性体软段结构的氢质子摩尔分数由弹性体 S1 的 0.237 降至弹性体 S5 的 0.214。可以推断，虽然弹性体化学交联点密度随交联剂 TMP 含量减小而逐渐下降，但分子链间的物理相互作用则随交联剂 TMP 含量减小而增加。弹性体 S1～S5 相似的断裂拉伸强度应源于其网链间物理交联程度的提高。

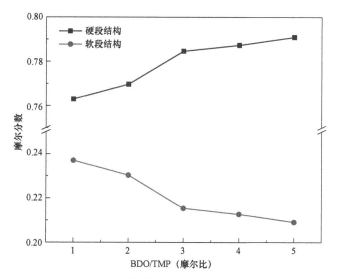

图 6－8 BAMO－r－THF 弹性体硬、软段表观氢质子摩尔分数变化趋势

6.1.8 FT－IR 分析

分析聚氨酯交联 BAMO－r－THF 共聚醚弹性体中氢键特性，可进一步揭示其网链间相互作用。采用配备有全反射（ATR）附件的 Nicolet FTIR－6700 型红外光谱仪对弹性体进行红外光谱测试，分辨率为 2 cm^{-1}，扫描次数为 32 次。使用 OMNIC 软件对 1 770～1 635 cm^{-1} 范围内羰基吸收峰进行基线校正，使用 XPSpeak 软件对吸收峰进行分峰拟合处理。

图 6－9 是弹性体 S1～S5 在 1 770～1 635 cm^{-1} 处羰基红外伸缩振动吸收峰及其拟合曲线。由于羰基与氨基中的活泼氢存在双氢键缔合（有序氢键）和单氢键缔合（无序氢键）两种情况，采用 OMNIC 软件对羰基分峰，分别在 1 734 cm^{-1}、1 710 cm^{-1} 及 1 675 cm^{-1} 处出现游离羰基、单氢键缔合羰基和双氢键缔合羰基的红外吸收峰[7,8]。

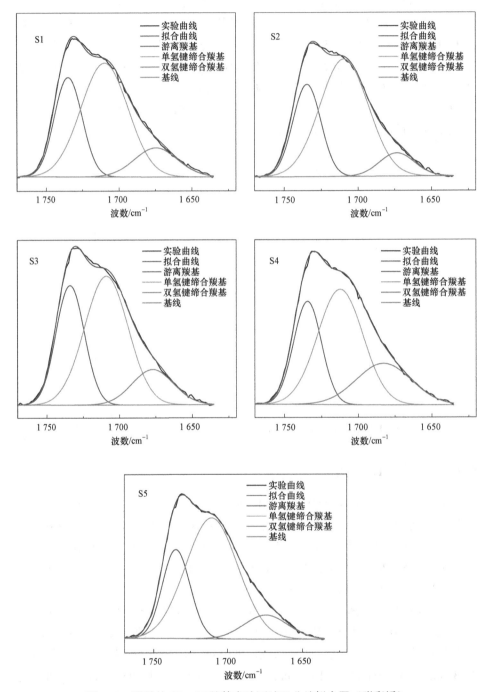

图 6-9　弹性体 S1～S5 羧基实验测试及分峰拟合图（附彩插）

基于羰基在 1 770～1 635 cm⁻¹ 区间内摩尔吸光系数不变,根据朗伯-比尔定律,分峰面积比即可视为各类型羰基摩尔比[9]。利用 BAMO-r-THF 共聚醚弹性体 S1～S5 羰基红外吸收峰面积计算各类型羰基摩尔比结果如表 6-4 所示。可以看出, 随弹性体配方中交联剂 TMP 含量下降, 弹性体 S1～S5 中游离羰基摩尔含量由 29.1%逐渐减至 26.1%,表明减少交联剂 TMP 含量,化学交联点对网链链段运动受限作用减弱,交联点间网链平均分子量增大,弹性体中的羰基更易与氨基进行缔合,形成氢键。因此,BAMO-r-THF 共聚醚弹性体中游离羰基含量随交联剂含量降低而逐渐减小,缔合羰基含量逐渐上升。缔合羰基含量增加,增强了弹性体网链间的相互作用,提高了物理交联程度;因此,弹性体硬段表观氢质子含量随交联剂含量下降、扩链剂含量增加而增加(见图 6-8)。

表 6-4 　羰基伸缩振动吸收峰分峰拟合结果

样品	分峰面积比			摩尔分数/%		
	1 734 cm⁻¹	1 710 cm⁻¹	1 675 cm⁻¹	1 734 cm⁻¹	1 710 cm⁻¹	1 675 cm⁻¹
S1	1.58	3.11	0.73	29.1	57.4	13.5
S2	1.47	3.27	0.47	28.2	62.8	9.0
S3	1.78	3.26	1.42	27.5	50.5	22.0
S4	1.63	3.58	0.85	26.9	59.1	14.0
S5	1.50	3.31	0.94	26.1	57.6	16.3

6.2　线性扩链剂种类对弹性体力学性能的影响

扩链剂作为聚氨酯弹性体的重要组分部分,其结构、含量对弹性体基体中氢键缔合程度、微相分离形态、软硬段结构聚集态具有重要影响,从而影响宏观力学性能。目前,有关线性扩链剂种类对聚氨酯弹性体力学性能的研究、报道大多集中于热塑性聚氨酯弹性体[10-12]。

针对聚氨酯交联 BAMO-r-THF 共聚醚弹性体,本节以 BAMO-r-THF 共聚醚(M_n 为 5 264 g·mol⁻¹,羟基含量为 0.37 mmol·g⁻¹)为预聚物、三羟甲基丙烷(TMP)为交联剂、甲苯二异氰酸酯(TDI)为固化剂,分别以乙二醇(EG)、1,3-丙二醇(1,3-PDO)、1,4-丁二醇(1,4-BDO)等线性二元醇为扩链剂,固定固化参数 1.0、交联剂和扩链剂摩尔比相同,制备线性扩链剂

189

结构不同的 BAMO-r-THF 共聚醚交联弹性体。结合溶胀、力学拉伸、动态热机械分析、低场核磁和红外光谱测试，介绍线性扩链剂种类对BAMO-r-THF 交联弹性体微观结构和宏观力学性能的关系。

6.2.1 弹性体制备

乙二醇（EG）、1,3-丙二醇（1,3-PDO）、1,4-丁二醇（1,4-BDO）分子结构简式如表 6-5 所示，其分子主链上分别含 2、3、4 个亚甲基结构。固定弹性体固化参数为 1.0、扩链剂与交联剂摩尔比为 3:1 不变，依照表 6-6 组分配比将 BAMO-r-THF 共聚醚、扩链剂、交联剂 TMP 混合搅拌均匀，然后加入固化剂 TDI，搅拌均匀后倒入聚四氟乙烯模具中，真空除泡，置于 50 ℃烘箱中恒温固化，至基体中的异氰酸酯基团红外特征吸收峰完全消失，得到线性扩链剂结构不同的 BAMO-r-THF 共聚醚弹性体 S6~S8，采用密度瓶测得弹性体密度约为 1.15 g·cm^{-3}。

表 6-5　线性扩链剂结构简式

扩链剂	结构简式
乙二醇	HO—CH$_2$—CH$_2$—OH
1,3-丙二醇	HO—CH$_2$—CH$_2$—CH$_2$—OH
1,4-丁二醇	HO—CH$_2$—CH$_2$—CH$_2$—CH$_2$—OH

表 6-6　BAMO-r-THF 弹性体配方组成

样品	扩链剂	扩链剂与交联剂摩尔比	扩链剂质量/g	PBT/g	TMP/g	TDI/g
S6	EG	3:1	0.59	20	0.434	3.106
S7	1,3-PDO	3:1	0.73	20	0.434	3.106
S8	1,4-BDO	3:1	0.864	20	0.434	3.106

6.2.2 化学交联网络

室温下，以四氢呋喃为溶剂、采用平衡溶胀法研究弹性体化学交联网络。图 6-10 是以乙二醇、1,3-丙二醇、1,4-丁二醇三种扩链剂制备BAMO-r-THF 弹性体 S6~S8 的体积溶胀曲线。溶胀初始阶段，三种弹性体体积溶胀率随溶胀时间增加而增加，但其体积溶胀曲线并不重叠。由 1,4-丁二醇制备弹性体 S8 的溶胀速率大于乙二醇制备弹性体 S6 的，制备弹性体 S6 的溶胀速率又大于丙二醇制备弹性体 S7 的。360 min 后弹性体体积溶胀率逐渐趋于平衡，且三种弹性体的体积溶胀曲线几乎重合。这表明，该三种不同结构扩链剂制得的 BAMO－r－THF 共聚醚弹性体 S6～S8 具有相似的化学交联网络。

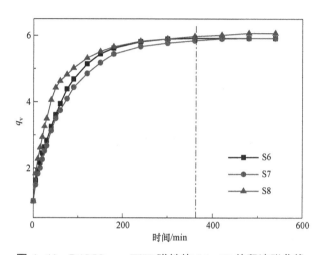

图 6－10　BAMO－r－THF 弹性体 S6～S8 体积溶胀曲线

6.2.3　力学性能

室温下，采用 SANS 公司的 CMT4104 电子万能试验机对弹性体 S6～S8 进行力学性能测试，拉伸速率为 1.25 min^{-1}。图 6－11 为常温下 BAMO－r－THF 弹性体 S6～S8 的典型应力－应变曲线，三种弹性体各自表现出不同的应力－应变行为。弹性体 S6 应变过程分为两个阶段，应变低于 250%时，应力－应变曲线呈现典型无定形态弹性体拉伸行为，拉伸模量随应变增加而下降，应力－应变曲线呈抛物线形；应变高于 250%时，拉伸模量随应变增加而增加，弹性体拉伸强度随之迅速提高。弹性体 S7 在整个应变过程中，拉伸模量随应变增加而下降，应力－应变曲线呈抛物线形。弹性体 S8 应变过程分为两个阶段，应变低于 230%时，应力－应变曲线呈现典型无定形态弹性体拉伸行为，拉伸模量随应变增加而下降，应力－应变曲线呈抛物线形；高于 230%时，拉伸模量随应变增加再次升高，弹性体拉伸强度随应变增加迅速增加。由此可见，相同化学交联网络结构下，扩链剂结构不同弹性体力学性能响应特性也不同。

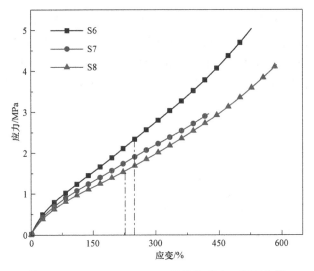

图 6-11　BAMO-r-THF 弹性体应力-应变曲线

表 6-7 为常温下 BAMO-r-THF 弹性体 S6～S8 的拉伸力学性能数据。可以看出，弹性体初始拉伸模量变化趋势为 S6＞S7＞S8。由于乙二醇、1,3-丙二醇、1,4-丁二醇均为线性扩链剂，区别仅在于扩链剂结构中主链上碳原子数的不同，BAMO-r-THF 共聚醚弹性体初始拉伸模量随扩链剂分子中碳原子数的增加呈单调下降趋势。BAMO-r-THF 共聚醚弹性体断裂延伸率、断裂拉伸强度则与扩链剂结构中主链碳原子数奇偶性相关。对于碳原子数为奇数的 1,3-丙二醇，弹性体 S7 断裂延伸率最低（ε_b 为 470%±46%）。碳原子数为偶数的乙二醇与 1,4-丁二醇，弹性体 S6、S8 的断裂延伸率 ε_b 分别为 519%±20% 和 571%±32%，且其断裂延伸率随扩链剂结构中碳原子数的增加而增加。碳原子数为奇数的 1,3-丙二醇制备的弹性体 S7，断裂拉伸强度最低（σ_b 为（3.33±0.42）MPa）。碳原子数为偶数的乙二醇与 1,4-丁二醇，弹性体 S6、S8 断裂拉伸强度 σ_b 分别为（5.11±0.14）MPa 和（4.05±0.28）MPa，呈现随碳原子数增加而下降趋势。聚氨酯交联 BAMO-r-THF 弹性体的力学性能与所用扩链剂结构中碳原子数的奇偶性相关。

表 6-7　BAMO-r-THF 弹性体 S6～S8 力学性能

项目	样品	1	2	3	平均
拉伸模量/MPa	S6	2.20	2.26	2.35	2.27±0.08
	S7	1.91	2.07	1.94	1.97±0.09
	S8	1.71	1.68	1.83	1.74±0.08

续表

项目	样品	1	2	3	平均
$\varepsilon_b/\%$	S6	527	533	496	$519+20$
	S7	516	470	425	470 ± 46
	S8	535	587	592	571 ± 32
σ_b/MPa	S6	5.03	5.27	5.03	5.11 ± 0.14
	S7	3.79	3.25	2.96	3.33 ± 0.42
	S8	3.73	4.15	4.26	4.05 ± 0.28

注：初始拉伸模量值取应变为 0 和 10% 时两点的斜率。

6.2.4　DMA 分析

利用 METTLER 公司的 SDTA861e 型动态热机械分析仪对弹性体 S6～S8 进行动态力学性能测试,将样品先快速降温后缓慢升温,升温速率为 $2\,K\cdot min^{-1}$, 振幅为 5 μm,动态力为 5 N,频率为 1 Hz。图 6-12 是 BAMO-r-THF 共聚醚弹性体 S6～S8 的损耗因子-温度曲线。可以看出,弹性体 S6～S8 在低温条件下仅有一个损耗因子峰,对应于弹性体基体中软段结构的玻璃化转变温度。弹性体 S6、S7 和 S8 基体中软段结构玻璃化转变温度分别为-20 ℃、-21 ℃ 和-22 ℃,较为接近,线性扩链剂结构对弹性体软段玻璃化转变温度影响不大。

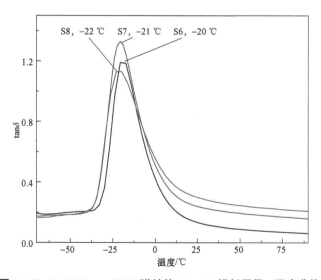

图 6-12　BAMO-r-THF 弹性体 S6～S8 损耗因子-温度曲线

高于玻璃化转变温度后，弹性体 S6～S8 表现出截然不同的能量损耗特性，损耗因子由高到低分别为 S8＞S7＞S6。

6.2.5　LF-NMR 分析

聚氨酯交联 BAMO-r-THF 弹性体低场核磁测试采用上海纽迈科技低场核磁共振分析仪，采用自旋回波序列 CPMG（Carr-Purcell-Meiboom-Gill）测定样品中氢质子横向磁化强度随时间的衰减过程。接收机带宽（SW）为 200 kHz，回波个数（NECH）为 2 000，累加次数为 16 次，模拟增益 RG1 为 20 dB，数字增益 DRG1 为 2，回波时间 $t_E=0.2$ ms。对实验测试结果采用式（6-1）拟合。

图 6-13 为聚氨酯交联 BAMO-r-THF 共聚醚弹性体 S6～S8 氢质子横向磁化强度弛豫过程及利用式（6-1）拟合的结果，实验曲线和拟合结果吻合性良好。表 6-8 是弹性体氢质子横向磁化强度弛豫时间特征值拟合结果。可以看出，保持弹性体化学交联网络不变，改变线性扩链剂结构，弹性体硬段和软段结构氢质子横向磁化强度弛豫时间特征值 T_2 均表现出相似的规律，即弹

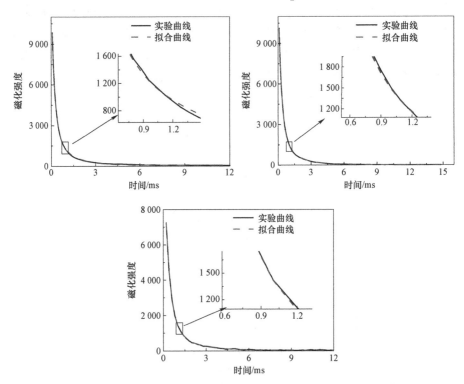

图 6-13　弹性体 S6～S8 氢质子横向弛豫过程及其拟合曲线（附彩插）

性体 S8 的弛豫时间特征值 T_2 大于 S7 的 T_2，S7 的 T_2 又大于 S6 的 T_2。氢质子横向磁化强度弛豫时间越长，链段运动能力越强，反之亦然；即乙二醇、1,3－丙二醇和 1,4－丁二醇线性扩链剂随分子结构中碳原子数的增加，BAMO－r－THF 共聚醚弹性体中软、硬段受束缚作用减弱，运动能力增强。图 6－14 是 BAMO－r－THF 共聚醚弹性体 S6～S8 氢质子横向弛豫归一化曲线。从图中可更明显看出，弹性体 S6～S8 横向弛豫衰减速度为 S6＞S7＞S8，该结果与弛豫时间拟合结果完全一致。该结果表明，化学交联网络相同条件下，随线性扩链剂分子中碳原子数的增加，弹性体 S6～S8 分子链间物理交联作用逐渐下降，因此 BAMO－r－THF 弹性体 S6～S8 储能模量、起始拉伸模量也呈单调下降趋势。

表 6－8　BAMO－r－THF 弹性体 S6～S8 软硬段弛豫时间

样品	S6	S7	S8
T_2^{hard} /ms	0.21	0.29	0.32
T_2^{soft} /ms	1.12	1.36	1.37

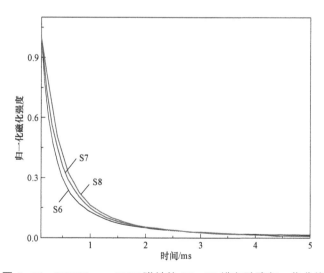

图 6－14　BAMO－r－THF 弹性体 S6～S8 横向弛豫归一化曲线

6.2.6　FT－IR 分析

利用红外光谱检测氢键可更清晰地揭示链段间物理相互作用。聚氨酯体系中的羰基（C＝O）和氨基（N—H）基团分别是氢键的受体和供体，采用配备有全反射（ATR）附件的 Nicolet FTIR－6700 型红外光谱仪对弹性体进行红外光谱测试，分辨率为 2 cm^{-1}，扫描次数为 32 次。使用 OMNIC 软件对 3 600～3 100 cm^{-1} 间氨基振动吸收峰和 1 770～1 635 cm^{-1} 处羰基振动吸收峰进行基线校正，使用 XPSpeak 软件对其进行分峰处理。

1. N—H 伸缩振动峰

图 6-15 是 BAMO－r－THF 弹性体 S6～S8 在 3 600～3 100 cm^{-1} 处 N—H 伸缩振动吸收峰及其拟合曲线。可以看出，分峰结果分别在 3 410 cm^{-1}、3 330 cm^{-1} 和 3 270 cm^{-1} 处出现游离氨基与羰基氢键缔合氨基，以及与醚氧基氢键缔合氨基的吸收峰[13,14]。N—H 与 C＝O 形成硬段间氢键缔合（N—H···O＝C），可表征弹性体结构中硬段相分离趋势；与醚氧基形成硬、软段间氢键缔合（N—H···O），可表征软硬段相混合趋势。若氨基在其吸光区间内摩尔吸光系数变化不大，分峰面积比即视为各类型氨基摩尔比。

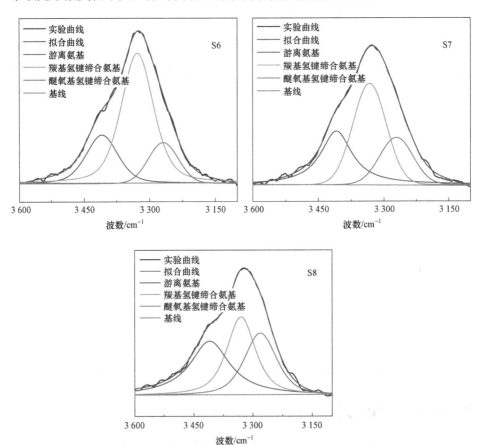

图 6-15 BAMO－r－THF 弹性体 S6～S8 的 N—H 吸收峰及拟合曲线（附彩插）

表 6-9 列出了弹性体 S6～S8 体系内各类型氨基摩尔比。可以看出,在弹性体化学交联网络结构不变条件下,线性扩链剂结构不同,各类型氨基含量也不同。对于游离氨基结构,弹性体 S8＞S7＞S6;对于醚氧基氢键缔合结构,同样弹性体 S8＞S7＞S6,醚氧基氢键缔合程度越高,BAMO–r–THF 共聚醚弹性体中软硬段结构混合程度也越高。该结果也可由羰基氢键缔合含量的变化趋势看出,弹性体 S6 体系中羰基氢键缔合丰度为 62.7%,S7 为 45.2%,S8 为 34.0%;弹性体 S6 中羰基氢键缔合程度最高,具有最高相分离趋势[15～17]。这表明,随扩链剂分子结构中亚甲基数目增加,弹性体 S6～S8 中硬段与软段的相混合趋势上升,相分离趋势下降。

表 6-9　N—H 伸缩振动吸收峰分峰数据

样品	峰位置/cm⁻¹			摩尔分数/%		
	游离 N—H	N—H···O =C	N—H···O	游离 N—H	N—H··· O=C	N—H···O
S6	3 408.6	3 327.4	3 268.6	22.3	62.7	15.0
S7	3 408.5	3 332.7	3 271.4	33.7	45.2	21.1
S8	3 409.2	3 329.8	3 280.8	37.3	34.0	28.7

弹性体微相分离程度越高,越有利于物理交联作用,抑制弹性体链段的运动能力,因此以乙二醇为扩链剂制得的弹性体 S6 具有最高的拉伸模量、最快的氢原子弛豫过程和最高的相分离趋势。

2. C＝O 伸缩振动吸收区域

图 6-16 是 BAMO–r–THF 弹性体 S6～S8 在 1 770～1 635 cm⁻¹ 处 C＝O 伸缩振动吸收峰及其拟合曲线。分峰拟合结果分别在 1 734 cm⁻¹、1 710 cm⁻¹ 及 1 675 cm⁻¹ 处出现游离羰基红外吸收峰、单氢键缔合羰基和双氢键缔合羰基红外吸收峰。

若羰基在此波数范围内的红外吸光系数保持恒定,分峰面积比可视作各类型羰基摩尔比,其拟合计算结果如表 6-10 所示。可以发现,弹性体 S6～S8 基体中,游离羰基摩尔占比由 S6 的 25.6% 单调上升至 S8 的 29.1%。由于弹性体 S6～S8 的区别仅在于扩链剂线性结构,其分别属于乙二醇、丙二醇和丁二醇,表明随扩链剂分子结构中亚甲基数的增加,导致弹性体硬段微相分离趋势的羰基氢键含量逐渐递减,硬段结构间相互作用减弱,物理交联程度下降。弹性体 S6 中硬段链段间具有最强的物理氢键相互作用,该结果与 N—H

红外分峰结果相一致。

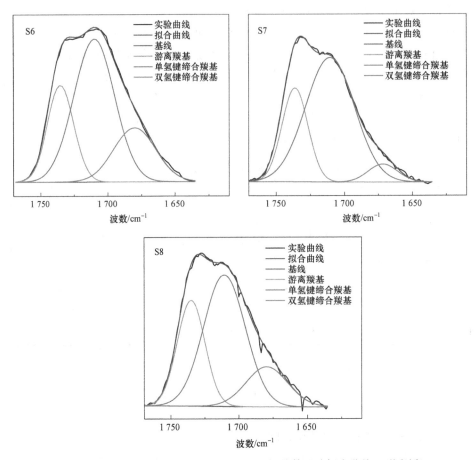

图 6-16　BAMO-r-THF 弹性体 S6~S8 的羰基分峰拟合曲线（附彩插）

表 6-10　C＝O 伸缩振动吸收峰分峰数据

样品	峰位置/cm⁻¹			摩尔分数/%		
	游离羰基	单氢键缔合羰基	双氢键缔合羰基	游离羰基	单氢键缔合羰基	双氢键缔合羰基
S6	1 734.9	1 709.2	1 680.0	25.6	53.0	21.4
S7	1 736.3	1 710.6	1 671.7	26.7	67.4	5.9
S8	1 735.1	1 710.5	1 679.6	29.1	54.4	16.5

　　从表 6-10 还可看出，BAMO－r－THF 共聚醚弹性体 S6～S8 中双氢键缔合羧基摩尔占比变化趋势为 S6＞S8＞S7，弹性体中双氢键缔合羧基的摩尔含量与扩链剂分子结构中亚甲基数目相关，亚甲基数为偶数的扩链剂制得的弹性体更容易形成双氢键缔合羧基；随亚甲基偶数增加，双氢键缔合羧基含量呈下降趋势。

6.3　支化扩链剂对弹性体力学性能的影响

　　扩链剂分子结构上引入侧基，会影响其空间结构、运动能力等，进而影响聚氨酯弹性体基体中的氢键和聚集形态[18-20]。含侧基的支化扩链剂对聚氨酯交联 BAMO－r－THF 弹性体力学性能的影响研究鲜见报道。

　　1,2－丙二醇（1,2－PDO）、2,3－丁二醇（2,3－BDO）、1,2－丁二醇（1,2－BDO）与乙二醇（EG）具有相同的主链碳原子数，区别仅在于侧基结构不同，见图 6-17。本节以 BAMO－r－THF 共聚醚（M_n 为 5 264 g·mol^{-1}，羟基含量为 0.37 mmol·g^{-1}）为预聚物、三羟甲基丙烷（TMP）为交联剂、甲苯二异氰酸酯（TDI）为固化剂，分别以支化结构不同的乙二醇（EG）、1,2－丙二醇（1,2－PDO）、2,3－丁二醇（2,3－BDO）、1,2－丁二醇（1,2－BDO）为扩链剂，保持固化参数 1.0、交联剂和扩链剂摩尔比不变，制备扩链剂支化结构不同的 BAMO－r－THF 共聚醚交联弹性体。介绍扩链剂支化结构对弹性体微观结构和宏观力学性能的影响。

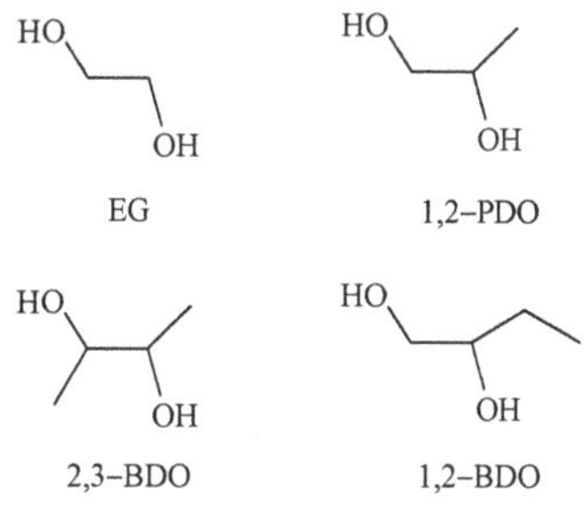

图 6-17　不同扩链剂结构

6.3.1　弹性体制备

　　利用不同支化结构扩链剂制备 BAMO－r－THF 弹性体配方见表 6-11。将 BAMO－r－THF 共聚醚、扩链剂和 TMP 混合搅拌均匀，然后加入 TDI，快速搅拌均匀后倒入聚四氟乙烯模具中，真空除泡，置于 50 ℃烘箱中恒温固化，至混合物基体中的异氰酸酯基红外吸收峰完全消失，得到扩链剂支化结构不同的 BAMO－r－THF 弹性体 S9～S12。采用密度瓶测得弹性体密度为 1.15 g·cm^{-3}。

表 6-11　弹性体配方组成

样品	扩链剂	扩链剂与交联剂摩尔比	扩链剂质量/g	BAMO－r－THF/g	TMP/g	TDI/g
S9	EG	3:1	0.59	20	0.434	3.106
S10	1,2－PDO	3:1	0.73	20	0.434	3.106
S11	2,3－BDO	3:1	0.864	20	0.434	3.106
S12	1,2－BDO	3:1	0.864	20	0.434	3.106

6.3.2　化学交联网络

　　室温下，以四氢呋喃为溶剂，采用平衡溶胀法研究弹性体化学交联网络。图 6-18 是四种不同支化结构扩链剂制备 BAMO－r－THF 弹性体的溶胀曲线。可以看出，在固化参数 1.0、交联剂 TMP 含量、扩链剂与交联剂摩尔比 3:1 不变条件下，改变扩链剂结构，溶胀 420 min 后达到平衡。弹性体 S9～S12 平衡曲线几乎重叠，体积溶胀率 q_v 值相同。这表明 BAMO－r－THF 共聚醚弹性体 S9～S12 具有相同的化学交联点密度，弹性体化学交联网络相同。

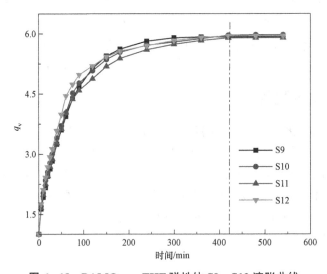

图 6-18　BAMO－r－THF 弹性体 S9～S12 溶胀曲线

6.3.3   力学性能测定

室温下，采用 SANS 公司的 CMT4104 电子万能试验机对弹性体 S9～S12 进行力学性能测试，拉伸速率为 1.25 min^{-1}。图 6－19 为弹性体 S9～S12 的典型应力－应变曲线。可以看出，弹性体 S9～S12 样条在单轴拉伸过程中出现两个阶段，在第 1 阶段拉伸模量随应变增加而减小，应力－应变曲线呈现抛物线形；第 2 阶段是应变高于 200%时，拉伸模量随应变增加而增大。

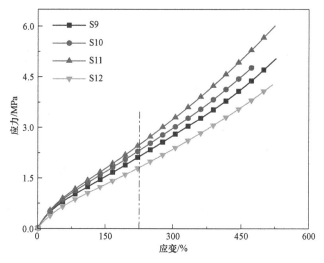

图 6－19   弹性体 S9～S12 应力－应变曲线

表 6－12 为室温下 BAMO－r－THF 弹性体 S9～S12 的拉伸力学性能。可以看出，S9～S12 四种弹性体拉伸断裂应变在 482%～533%之间，较为接近。弹性体起始拉伸模量分别为：弹性体 S9 约为 2.27 MPa，S10 约为 2.30 MPa，S11 约为 2.38 MPa，S12 约为 1.85 MPa，拉伸模量 S11＞S10＞S9＞S12。鉴于弹性体 S9～S12 具有相同化学交联网络，组成区别仅在于扩链剂上的支化结构。在乙二醇扩链剂分子一端引入甲基可使得弹性体初始拉伸模量上升；若两端各引入一个甲基，弹性体 S11 的初始拉伸模量最大；若在乙二醇扩链剂分子一端引入一长链乙基基团，则弹性体初始拉伸模量下降。

表 6-12　BAMO－r－THF 弹性体 S9～S12 力学性能

项目	样品	1	2	3	平均
拉伸模量/MPa	S9	2.20	2.26	2.35	2.27±0.08
	S10	2.31	2.31	2.29	2.30±0.01
	S11	2.33	2.38	2.43	2.38±0.05
	S12	1.91	1.69	1.95	1.85±0.14
ε_b/%	S9	527	533	496	519±20
	S10	477	460	510	482±25
	S11	501	574	525	533±37
	S12	505	520	476	500±22
σ_b/MPa	S9	5.03	5.27	5.03	5.11±0.14
	S10	4.81	4.71	5.27	4.93±0.30
	S11	5.68	6.71	6.01	6.13±0.53
	S12	4.42	4.26	4.12	4.27±0.15

注：初始拉伸模量值取应变为 0 和 10%时两点的斜率。

6.3.4　LF-NMR 分析

利用不同支化结构扩链剂制备 BAMO－r－THF 共聚醚弹性体的低场核磁测试采用上海纽迈科技低场核磁共振分析仪，测试采用自旋回波序列 CPMG（Carr-Purcell-Meiboom-Gill）测定弹性体基体中氢质子横向磁化强度随时间衰减过程。接收机带宽（SW）为 200 kHz，回波个数（NECH）为 2 000，累加次数为 16 次，模拟增益 RG1 为 20 dB，数字增益 DRG1 为 2，回波时间 t_E=0.2 ms。

图 6-20 给出了 BAMO－r－THF 共聚醚弹性体 S9～S12 中氢质子横向磁化强度衰减过程及拟合曲线。利用式（6-1）对弹性体基体中氢质子横向磁化强度衰减过程进行拟合，具有良好吻合性。表 6-13 列出了 BAMO－r－THF 弹性体 S9～S12 中氢质子横向弛豫时间特征值 T_2。可以看出，弹性体 S9～S12 基体中，关于硬段和软段结构氢质子的横向弛豫时间特征值变化趋势均为 S12＞S9＞S10＞S11。弛豫时间越短，链段运动受束缚作用越强。因此，

扩链剂乙二醇分子结构中引入甲基可使弹性体链段受束缚作用增强，而引入大体积的乙基则使链段受束缚作用减弱，弹性体中软段和硬段结构运动能力增强。图 6－21 是 BAMO－r－THF 弹性体 S9～S12 的氢质子横向弛豫归一化曲线。从图中可明显看出，弹性体 S9～S12 的横向弛豫衰减速度为 S11＞S10＞S9＞S12，与弛豫时间特征值拟合结果完全一致。

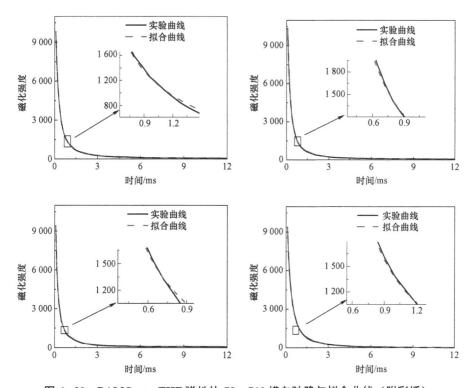

图 6－20　BAMO－r－THF 弹性体 S9～S12 横向弛豫与拟合曲线（附彩插）

表 6－13　BAMO－r－THF 弹性体 S9～S12 中软硬段横向弛豫特征值

样品	S9	S10	S11	S12
T_2^{rigid} /ms	0.21	0.19	0.15	0.28
T_2^{soft} /ms	1.12	1.02	0.87	1.34

　　BAMO－r－THF 弹性体 S9～S12 具有相似的化学交联点密度。乙二醇扩链剂分子中引入甲基，弹性体分子链间作用增强，弹性体 S10、S11 拥有较高的拉伸模量和断裂拉伸强度；乙二醇扩链剂分子中引入乙基，削弱弹性体分子链间作用，弹性体拥有较低的拉伸模量和断裂拉伸强度。

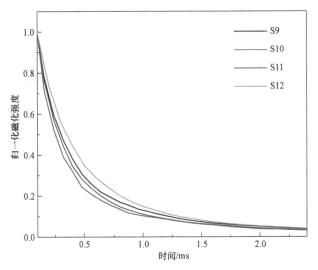

图 6-21　BAMO-r-THF 弹性体 S9~S12 弛豫归一化曲线（附彩插）

6.3.5　FT-IR 分析

采用配置全反射（ATR）附件的 Nicolet FTIR-6700 型红外光谱仪对弹性体进行红外光谱测试，分辨率为 2 cm^{-1}，扫描次数为 32 次。使用 OMNIC 软件对 3 600~3 100 cm^{-1} 间氨基振动吸收峰、1 770~1 635 cm^{-1} 处羰基振动吸收峰进行基线校正，使用 XPSpeak 软件对吸收峰进行分峰处理。

1. N—H 伸缩振动

图 6-22 是 BAMO-r-THF 共聚醚弹性体 S9~S12 在 3 600~3 100 cm^{-1} 处 N—H 伸缩振动吸收峰及其拟合曲线，其分峰结果分别在 3 410 cm^{-1}、3 330 cm^{-1} 和 3 270 cm^{-1} 处出现游离氨基、羰基氢键缔合氨基及醚氧基氢键缔合氨基的吸收峰。

基于氨基在其吸光区间内摩尔吸光系数变化不大，分峰面积比即为各类型氨基摩尔比。依据分峰面积所得各类型氨基摩尔比如表 6-14 所示。可以看出，弹性体中游离氨基含量变化趋势为 S12＞S9＞S10＞S11，与醚氧基形成氢键的氨基摩尔含量变化趋势为 S12＞S9＞S10＞S11。与醚氧基形成氢键的氨基摩尔含量越高，弹性体相混合趋势越高。由于弹性体拥有相同的化学交联密度，唯一区别在于弹性体中扩链剂的支化结构。乙二醇扩链剂分子中引入甲基，更容易使氨基与羰基形成氢键，提高弹性体中硬段结构间的相互作用；在扩链剂分子中引入乙基，由于空间位阻效应，难以形成氢键，游离氨基含量较高，分子链间作用较弱，拉伸模量较低。

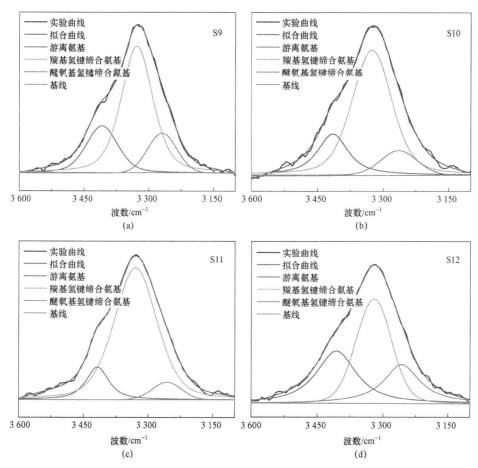

图 6-22　BAMO-r-THF 共聚醚弹性体 N—H 分峰（附彩插）

（a）S9 的 N—H 分峰；（b）S10 的 N—H 分峰；（c）S11 的 N—H 分峰；（d）S12 的 N—H 分峰

表 6-14　N—H 伸缩振动吸收峰的分峰数据

样品	峰位置/cm⁻¹			摩尔分数/%		
	游离 N—H	N—H⋯ O＝C	N—H⋯O	游离 N—H	N—H⋯ O＝C	N—H⋯O
S9	3 408.6	3 327.4	3 268.6	22.3	62.7	15.0
S10	3 415.5	3 326.1	3 264.4	20.7	68.7	10.6
S11	3 417.9	3 329.7	3 256.3	12.5	81.1	6.4
S12	3 406.9	3 320.9	3 256.7	33.0	43.5	23.5

2. C=O 伸缩振动

图 6-23 是 BAMO-r-THF 弹性体 S9～S12 在 1 770～1 635 cm⁻¹ 处羰基
伸缩振动吸收峰及其拟合曲线。其中，1 734 cm⁻¹、1 710 cm⁻¹ 及 1 675 cm⁻¹
处吸收峰分别对应于游离羰基、单氢键缔合羰基和双氢键缔合羰基的红外吸
收峰。

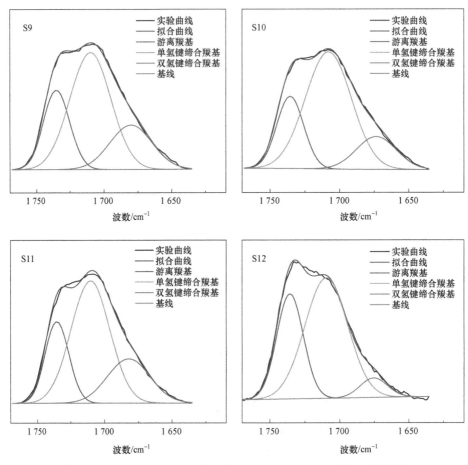

图 6-23 BAMO-r-THF 弹性体 S9～S12 的 C=O 分峰（附彩插）

基于羰基在该吸光区间内摩尔吸光系数变化不大，分峰面积比即为各
类型羰基摩尔比。表 6-15 为 BAMO-r-THF 弹性体 S9～S12 羰基振动吸
收峰分峰及计算结果。可以看出，弹性体中游离羰基摩尔含量变化趋势为
S12＞S9＞S10＞S11，游离羰基含量越低，弹性体链间相互作用越强，物理交
联程度上升。因此，可以推断，乙二醇扩链剂分子中引入甲基有利于形成更
多氢键缔合羰基结构，而乙基基团由于空间位阻作用则不利于缔合氢键形成。

较强的分子链间相互作用，有助于提高弹性体拉伸模量，因此弹性体 S9～S12 的拉伸模量变化趋势为 S11＞S10＞S9＞S12。从表 6-15 中还可看出，对称的扩链剂结构有利于形成双氢键缔合羰基结构。

表 6-15　C＝O 伸缩振动吸收峰分峰结果

样品	峰位置/cm⁻¹			摩尔分数/%		
	游离羰基	单氢键缔合羰基	双氢键缔合羰基	游离羰基	单氢键缔合羰基	双氢键缔合羰基
S9	1 734.9	1 709.2	1 680.0	25.6	53.0	21.4
S10	1 735.4	1 708.0	1 673.6	22.8	60.4	16.8
S11	1 735.2	1 710.4	1 682.2	21.1	56.9	22.0
S12	1 735.6	1 709.6	1 675.4	32.9	60.8	6.3

热固性聚氨酯交联弹性体材料中，引入扩链剂不仅可改变弹性体化学交联网络，同时还对弹性体网链间的氢键物理作用具有重要影响。借助扩链剂种类和结构对弹性体网链间物理氢键作用的不同影响，也是调节聚氨酯热固性弹性体力学性能的重要途径。

参 考 文 献

［1］耿泽. 扩链剂含量与结构对 Poly（BAMO-THF）弹性体力学性能影响研究［D］. 北京：北京理工大学，2020.

［2］耿泽，郭晓燕，丁腾飞，等. 3,3-二（叠氮甲基）氧丁环与四氢呋喃共聚醚弹性体硬段结构组成对其力学性能影响［J］. 高分子材料科学与工程，2020，36（6）：1-6.

［3］MIN B S，KO S W. Characterization of Segmented Block Copolyurethane Network Based on Glycidyl Azide Polymer and Polycaprolactone ［J］. Macromolecular Research，2007，15（3）：225-233.

［4］ZIMMER B，NIES C，SCHMITT C，et al. Chemistry，Polymer Dynamics and Mechanical Properties of a Two-part Polyurethane Elastomer during and after Crosslinking. Part II：Moist Conditions ［J］. Polymer，2018，149：238-252.

［5］ZHU H J，HUININK H P，MAGUSIN P C，et al. T2 Distribution Spectra Obtained by Continuum Fitting Method Using a Mixed Gaussian and

Exponential Kernel Function [J]. Journal of Magnetic Resonance，2013，235：109－114.

[6] TEYMOURI Y，ADAMS A，BLÜMICH B. Compact Low-field NMR：Unmasking Morphological Changes from Solvent-induced Crystallization in Polyethylene [J]. European Polymer Journal，2016，80：48－57.

[7] RYU I S，LIU X，JIN Y，et al. Stoichiometric Analysis of Competing Intermolecular Hydrogen Bonds Using Infrared Spectroscopy [J]. RSC Advances，2018，8（42）：23481－23488.

[8] ZAFAR F，GHOSAL A，SHARMIN E，et al. A Review on Cleaner Production of Polymeric and Nanocomposite Coatings Based on Waterborne Polyurethane Dispersions from Seed Oils [J]. Progress in Organic Coatings，2019，131：259－275.

[9] De Sá S F，FERREIRA J L，CARDOSO I P，et al. Shedding New Light on Polyurethane Degradation：Assessing Foams Condition in Design Objects [J]. Polymer Degradation and Stability，2017，144：354－365.

[10] ZHAI J X，WAMUO O，ZHAO W W，et al. Elevation of Modulus and Elongation of Semicrystalline Polyurethanes[J]. Journal of Polymer Science Part B-Polymer Physics，2018，56（18）：1265－1270.

[11] BLACKWELL J，NAGARAJAN M R，HOITINK T B. Structure of Polyurethane Elastomers-Effect of Chain Extender Length on the Structure of mdi diol Hard Segments [J]. Polymer，1982，23（7）：950－956.

[12] BAE J Y，CHUNG D J，AN J H，et al. Effect of the Structure of Chain Extenders on the Dynamic Mechanical Behaviour of Polyurethane [J]. Journal of Materials Science，1999，34（11）：2523－2527.

[13] MARAND E，HU Q C，GIBSON H W，et al. Spectroscopic Characterization of Hydrogen Bonding in Poly（Urethane-Rotaxane）s[J]. Macromolecules，1996，29（7）：2555－2562.

[14] ZHANG C X，REN Z Y，YIN Z G，et al. Amide II and Amide III Bands in Polyurethane Model Soft and Hard Segments [J]. Polymer Bulletin，2008，60（1）：97－101.

[15] WANG W，JIN Y，SU Z H. Spectroscopic Study on Water Diffusion in Poly（ester urethane）Block Copolymer Matrix[J]. Journal of Physical Chemistry B，2009，113（48）：15742－15746.

[16] MEAURIO E，CESTEROS L C，KATIME I. FTIR Study of Hydrogen

Bonding of Blends of Poly（mono n-alkyl itaconates）with Poly（N, N-dimethylacrylamide）and Poly（ethyloxazoline）[J]. Macromolecules, 1997, 30（16）: 4567−4573.

[17] PAN Y V, BARRIOS E Z, DENTON D D. In Situ FTIR Investigation of MMA Plasmas, Plasma-Polymerized Films, and Reaction Mechanisms [J]. Journal of Polymer Science: Part A: Polymer Chemistry, 1998, 36（4）: 587−602.

[18] YILGOR I, YILGOR E, WILKES G L. Critical Parameters in Designing Segmented Polyurethanes and Their Effect on Morphology and Properties: a Comprehensive Review [J]. Polymer, 2015, 58: A1−A36.

[19] KROL P. Synthesis Methods, Chemical Structures and Phase Structures of Linear Polyurethanes. Properties and Applications of Linear Polyurethanes in Polyurethane Elastomers, Copolymers and Ionomers [J]. Progress in Materials Science, 2007, 52（6）: 915−1015.

[20] PRISACARIU C, SCORTANU E. Influence of the Type of Chain Extender and Urethane Group Content on the Mechanical Properties of Polyurethane Elastomers with Flexible Hard Segments [J]. High Performance Polymers, 2011, 23（4）: 308−313.

第 7 章
BAMO－r－THF 复合推进剂
能量与燃烧特性

高能、宽燃速是固体复合推进剂追求的两个重要目标。表征推进剂能量性能的主要参数有：燃烧热、燃气比容、特征速度、比冲、密度及密度比冲等，而比冲性能则是其关键综合指标。采用含能黏合剂是提高固体推进剂比冲性能的重要途径之一。

3,3－二叠氮甲基氧丁环－四氢呋喃无规共聚醚（BAMO－r－THF）作为固体复合推进剂用黏合剂，兼具高能、低特征信号、力学和工艺性能良好、综合性能优异等特征。本章首先基于 BAMO－r－THF 共聚醚黏合剂，对其复合推进剂配方能量特性进行理论计算，介绍组分变化对推进剂能量性能的影响趋势。其次，基于 BAMO－r－THF 共聚醚黏合剂体系、铝粉（Al）、氧化剂高氯酸铵（AP）、硝铵炸药黑索今（RDX），制备不同增塑剂、燃烧催化剂的固体复合推进剂，简要介绍 BAMO－r－THF 共聚醚基复合推进剂燃速影响因素，以及其催化燃烧特性[1]。

7.1 复合推进剂能量性能

为获得高比冲性能的固体复合推进剂，常常需对推进剂配方进行优化。有关固体复合推进剂比冲性能的研究途径可通过发动机进行实测，也可基于固体复合推进剂配方进行理论计算预测。固体复合推进剂比冲理论预测是在给定推进剂配方、初始温度以及发动机燃烧室压力和喷管出口压力条件下，根据推进剂燃烧达到最小自由能时的化学平衡产物，获得推进剂能量比冲特性[2]。该方法可快速分析推进剂比冲性能影响因素，指导推进剂配方设计，加快推进剂研发进度，降低研发成本。

本节采用推进剂比冲性能计算软件，设定推进剂初温为 298 K、燃烧室压力为 6.86 MPa、出口压力为 0.1 MPa，系统地对 BAMO－r－THF 共聚醚复合推进剂比冲（I_{sp}）、特征速度（C^*）、燃烧温度（T_c）及燃烧产物平均相对分子质量（$\overline{M}$）进行了计算分析。为保证复合推进剂实际制备时的工艺条件，理论计算时设定 BAMO－r－THF 共聚醚黏合剂含量为 10%，增塑比为 1.5。由于含铝推进剂燃烧时生成 Al_2O_3 颗粒，使得推进剂特征信号大大增强，而无铝推进剂又会产生振荡燃烧。因此，本节对于 BAMO－r－THF 基固体复合推进剂能量理论计算时铝粉含量设定不高于 10%。增塑剂 2,2－二硝基丙醇缩甲醛与 2,2－二硝基丙醇缩乙醛等质量比混合物（A3）、硝化甘油与二乙二醇二硝酸酯等质量比混合物（NG/DEGDN）、固体填料高氯酸铵（AP）、黑索今（RDX）、铝粉（Al）以及二硝酰胺铵（ADN）等各组分物性参数见表 7－1。

表 7－1　组分物性参数

项目	BAMO－r－THF	A3	Al	AP	RDX	NG	DEGDN	ADN
$\rho/(g \cdot cm^{-3})$	1.27	1.38	2.71	1.95	1.81	1.59	1.38	1.80
$\Delta H_f^{\ominus}/$ $(kJ \cdot kg^{-1})$	1 185	－1 940.5	0	－2 513.2	271.3	－2 190.5	－2 013.5	－1 405.7

7.1.1　A3 增塑复合推进剂体系

表 7－2、表 7－3 是分别以 A3 作增塑剂，Al 含量分别为 5%、10%，推进剂能量特性随 AP、RDX 变化的计算结果。可以看出，表 7－2、表 7－3 中燃烧产物平均相对分子质量（$\overline{M}$）、氧平衡值（OB）随 RDX 含量增加而单调下降。

表 7－2　A3 增塑 BAMO－r－THF 推进剂能量性能（Al 含量 5%）

No.	含量/%					性能参数				
	BAMO－r－THF	A3	Al	AP	RDX	$I_{sp}/$ $(N \cdot s \cdot kg^{-1})$	$C^*/$ $(m \cdot s^{-1})$	T_c/K	$\overline{M}$	OB
1	10	15	5	70	—	2 515	1 541	3 261	29.64	－0.053 6
2	10	15	5	65	5	2 523	1 552	3 272	29.01	－0.081 3
3	10	15	5	60	10	2 527	1 562	3 273	28.40	－0.109 1

续表

No.	含量/%					性能参数				
	BAMO–r–THF	A3	Al	AP	RDX	$I_{sp}/$ (N·s· kg^{-1})	$C^*/$ (m·s^{-1})	T_c/K	$\overline{M}$	OB
4	10	15	5	55	15	2 530	1 568	3 265	27.81	−0.136 9
5	10	15	5	50	20	2 530	1 573	3 248	27.24	−0.164 7
6	10	15	5	45	25	2 529	1 577	3 225	26.70	−0.192 5
7	10	15	5	40	30	2 527	1 579	3 197	26.17	−0.220 2
8	10	15	5	35	35	2 524	1 581	3 164	25.67	−0.248 0
9	10	15	5	30	40	2 519	1 581	3 127	25.19	−0.275 8
10	10	15	5	25	45	2 514	1 580	3 087	24.72	−0.303 5
11	10	15	5	20	50	2 508	1 579	3 044	24.27	−0.331 4
12	10	15	5	15	55	2 501	1 577	2 999	23.84	−0.359 1
13	10	15	5	10	60	2 493	1 575	2 952	23.42	−0.386 8
14	10	15	5	5	65	2 485	1 571	2 904	23.02	−0.414 6
15	10	15	5	—	70	2 476	1 568	2 855	22.63	−0.442 5

表 7 – 3　A3 增塑 BAMO – r – THF 推进剂能量性能（Al 含量 10%）

No.	含量/%					性能参数				
	BAMO–r–THF	A3	Al	AP	RDX	$I_{sp}/$ (N·s· kg^{-1})	$C^*/$ (m·s^{-1})	T_c/K	$\overline{M}$	OB
1	10	15	10	65	—	2 546	1 599	3 459	30.74	−0.114 9
2	10	15	10	60	5	2 556	1 569	3 455	30.08	−0.142 7
3	10	15	10	55	10	2 563	1 577	3 445	29.44	−0.170 5
4	10	15	10	50	15	2 568	1 584	3 429	28.82	−0.198 3
5	10	15	10	45	20	2 572	1 590	3 408	28.21	−0.226 0
6	10	15	10	40	25	2 575	1 595	3 382	27.63	−0.253 8
7	10	15	10	35	30	2 576	1 598	3 353	27.08	−0.281 6
8	10	15	10	30	35	2 577	1 601	3 320	26.54	−0.309 4
9	10	15	10	25	40	2 576	1 604	3 285	26.02	−0.337 1

No	含量/%					性能参数				
	BAMO－ r－THF	A3	Al	AP	RDX	I_{sp}/ （N·s· kg^{-1}）	C^*/ （m·s^{-1}）	T_c/K	$\overline{M}$	OB
10	10	15	10	20	45	2 574	1 605	3 247	25.53	−0.364 9
11	10	15	10	15	50	2 571	1 605	3 207	25.05	−0.392 6
12	10	15	10	10	55	2 568	1 605	3 165	24.59	−0.420 5
13	10	15	10	5	60	2 564	1 605	3 122	24.14	−0.448 2
14	10	15	10	—	65	2 558	1 604	3 078	23.71	−0.476 0

表 7－2 中，以纯 AP（No.1）作氧化剂时推进剂比冲为 2 515 N·s·kg^{-1}；以纯 RDX（No.15）作氧化剂时推进剂比冲为 2 476 N·s·kg^{-1}。若 AP 与 RDX 两者以质量比 55∶15（No.4）或 50∶20（No.5）加入时，推进剂比冲达到 2 530 N·s·kg^{-1}，分别比配方 No.1 和 No.15 高 15 N·s·kg^{-1}、54 N·s·kg^{-1}。若 AP 与 RDX 以质量比 35∶35（No.8）或 30∶40（No.9）加入时，特征速度达到最大值 1 581 m·s^{-1}。

表 7－3 中，以纯 AP（No.1）作氧化剂时推进剂比冲为 2 546 N·s·kg^{-1}；以纯 RDX（No.14）作氧化剂时推进剂比冲为 2 558 N·s·kg^{-1}。当 AP、RDX 以质量比 30∶35（No.8）加入时，比冲达到最大值 2 577 N·s·kg^{-1}；分别比配方 No.1 和 No.14 高 31 N·s·kg^{-1}、19 N·s·kg^{-1}。该体系特征速度最大值为 1 605 m/s（No.10～No.13）。

图 7－1 给出了表 7－2、表 7－3 中比冲随 RDX 含量变化曲线。可看出：① 表 7－3 比冲明显高于表 7－2；② Al 含量为 5% 和 10% 时，比冲随 RDX 变化均呈抛物线形。

关于图 7－1 比冲变化趋势，由比冲与推进剂燃烧温度、燃烧产物平均分子量的关系表达式 $I_{\mathrm{sp}} \propto \sqrt{T_c / \overline{M}}$ 可知：比冲与燃烧温度平方根成正比，与燃烧产物平均相对分子质量平方根成反比。表 7－2、表 7－3 显示燃烧产物平均相对分子质量随 RDX 含量增加呈单调下降趋势，氧平衡值高时，添加 RDX 在降低燃烧产物平均相对分子质量同时提高燃烧温度，比冲增加。虽然 RDX 生成焓高于 AP（见表 7－1），但氧平衡值（−21.61%）显著低于 AP（34.04%），随 RDX 含量增加，由于氧平衡不足导致燃烧温度下降；若燃烧温度降低的负效应低于燃烧产物平均相对分子质量下降的正效应时，比冲依旧上升。当燃烧温度降低的负效应高于燃烧产物平均相对分子质量降低的正效应时，比冲则开始下降。因此，图 7-1 所示的比冲曲线随 RDX 变化呈抛物线形。此外，图 7-1 中高铝粉含量的高比冲性能是由于高 Al 含量提高了推进剂燃烧温度所致。

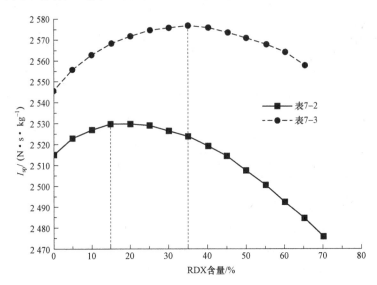

图 7-1　A3 增塑 BAMO-r-THF 推进剂比冲随 RDX 变化曲线

7.1.2　NG/DEGDN 增塑推进剂体系

表 7-4、表 7-5 是以混合硝酸酯 NG/DEGDN 为增塑剂、Al 分别为 5%、10% 条件下，推进剂能量特性计算结果。可看出：随 RDX 含量增加，仍表现出燃烧产物平均相对分子质量减小，氧平衡值降低的趋势。

Al 含量为 5% 时，纯 AP（No.1）作氧化剂对应推进剂比冲为 2 499 N·s·kg⁻¹，纯 RDX（No.15）作氧化剂对应推进剂比冲为 2 538 N·s·kg⁻¹；AP 与 RDX 以质量比 40:30（No.7）或 35:35（No.8）加入时，比冲达到 2 567 N·s·kg⁻¹，比相应 A3 增塑体系最大值（表 7-2，2 530 N·s·kg⁻¹）高 37 N·s·kg⁻¹。该体系特征速度最大值为 1 606 m/s（No.11~No.13）。

表 7-5 中，纯 AP（No.1）作氧化剂时推进剂比冲为 2 543 N·s·kg⁻¹，纯 RDX（No.14）作氧化剂时推进剂比冲为 2 608 N·s·kg⁻¹；AP 与 RDX 以质量比 20:45（No.10）或 15:50（No.11）加入时，推进剂比冲达最大值 2 613 N·s·kg⁻¹，比相应 A3 增塑体系最大值（表 7-3，2 577 N·s·kg⁻¹）高 36 N·s·kg⁻¹；该体系特征速度最大值为 1 630 m/s（No.13，No.14）。

上述结果可归结为：① NG/DEGDN 能量高于 A3，提高了推进剂燃烧温度；② NG/DEGDN 氧平衡值（−20.41%）高于 A3（−60.87%），有利于提高

RDX 含量，增加体系能量，降低燃烧产物平均相对分子质量。所以 NG/DEGDN 增塑推进剂体系比冲高于 A3 体系。

表 7-4　NG+DEGDN 增塑 BAMO-r-TIIF 推进剂能量性能（Al 含量 5%）

No.	含量/%					性能参数				
	BAMO－r－THF	NG/DEGDN	Al	AP	RDX	I_{sp}/(N·s·kg^{-1})	C^*/(m·s^{-1})	T_c/K	$\overline{M}$	OB
1	10	15	5	70	—	2 499	1 522	3 250	30.80	0.005 7
2	10	15	5	65	5	2 526	1 539	3 289	30.44	－0.022 1
3	10	15	5	60	10	2 543	1 555	3 315	29.84	－0.049 9
4	10	15	5	55	15	2 554	1 568	3 331	29.21	－0.077 7
5	10	15	5	50	20	2 560	1 578	3 337	28.60	－0.105 6
6	10	15	5	45	25	2 565	1 586	3 335	28.01	－0.133 4
7	10	15	5	40	30	2 567	1 593	3 325	27.43	－0.161 2
8	10	15	5	35	35	2 567	1 598	3 308	26.88	－0.189 0
9	10	15	5	30	40	2 566	1 602	3 285	26.35	－0.216 9
10	10	15	5	25	45	2 564	1 604	3 257	25.84	－0.244 7
11	10	15	5	20	50	2 561	1 606	3 224	25.35	－0.272 6
12	10	15	5	15	55	2 556	1 606	3 188	24.88	－0.300 4
13	10	15	5	10	60	2 551	1 606	3 149	24.43	－0.328 2
14	10	15	5	5	65	2 545	1 605	3 107	23.99	－0.356 0
15	10	15	5	—	70	2 538	1 603	3 063	23.56	－0.383 9

表 7-5　NG+DEGDN 增塑 BAMO-r-THF 推进剂能量性能（Al 含量 10%）

No.	含量/%					性能参数				
	BAMO－r－THF	NG/DEGDN	Al	AP	RDX	I_{sp}/(N·s·kg^{-1})	C^*/(m·s^{-1})	T_c/K	$\overline{M}$	OB
1	10	15	10	65	—	2 543	1 547	3 495	32.37	－0.055 7
2	10	15	10	60	5	2 558	1 561	3 511	31.65	－0.083 6
3	10	15	10	55	10	2 572	1 573	3 519	30.94	－0.111 4
4	10	15	10	50	15	2 583	1 584	3 520	30.29	－0.139 2

No.	含量/%					性能参数				
	BAMO－r－THF	NG/DEGDN	Al	AP	RDX	$I_{sp}/$ (N·s· kg^{-1})	$C^*/$ (m·s^{-1})	T_c/K	$\overline{M}$	OB
5	10	15	10	45	20	2 592	1 593	3 514	29.65	－0.167 0
6	10	15	10	40	25	2 599	1 601	3 503	29.02	－0.194 9
7	10	15	10	35	30	2 605	1 608	3 487	28.41	－0.226 7
8	10	15	10	30	35	2 609	1 614	3 466	27.83	－0.250 5
9	10	15	10	25	40	2 611	1 619	3 442	27.26	－0.278 3
10	10	15	10	20	45	2 613	1 623	3 413	26.72	－0.306 2
11	10	15	10	15	50	2 613	1 626	3 382	26.20	－0.334 0
12	10	15	10	10	55	2 612	1 628	3 347	25.70	－0.361 9
13	10	15	10	5	60	2 610	1 630	3 311	25.21	－0.389 6
14	10	15	10	—	65	2 608	1 630	3 272	24.74	－0.417 5

图 7－2 是表 7－4、表 7－5 中比冲随 RDX 含量变化曲线，仍表现为抛物线形。与图 7－1 不同之处在于两条曲线随 RDX 含量初始增加而迅速上升。这是由于 NG/DEGDN 增塑体系初始氧平衡值（Al 5% 体系 －0.005 7，Al 10% 体系 －0.055 7）高于 A3 体系（Al 5% 体系 －0.053 6，Al 10% 体系 －0.114 9），添

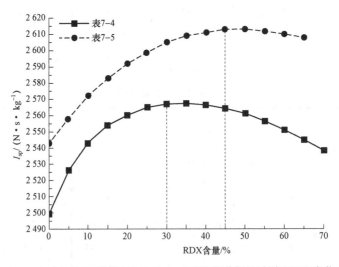

图 7－2 NG＋DEGDN 增塑 BAMO－r－THF 推进剂比冲随 RDX 变化曲线

加 RDX 使得复合推进剂燃烧温度迅速上升的同时燃烧产物平均相对分子质量下降，两者均为正效应，比冲迅速增加。因此，RDX 低含量下变化时对该体系比冲影响较大。

7.1.3 含 ADN 推进剂体系

为降低固体推进剂二次烟信号，用 ADN 替代部分 AP，并对其能量特性进行理论计算。

表 7-6、表 7-7 分别是以 A3、NG/DEGDN 为增塑剂，Al 含量为 5%，ADN 含量为 15% 时，推进剂能量参数随 AP、RDX 变化的计算结果。可以看出：表 7-6、表 7-7 中燃烧产物平均相对分子质量、氧平衡值随 RDX 增加也呈逐渐减小趋势。对 A3 体系，若 AP 与 RDX 质量比为 40:15（No.4）或 35:20（No.5）时，比冲最大值达 2 546 N·s·kg^{-1}；体系特征速度最大值为 1 591 m·s^{-1}（No.7～No.9）。对 NG/DEGDN 体系，若 AP、RDX 以质量比 25:30（No.7）或 20:35（No.8）时，推进剂比冲最大值达 2 583 N·s·kg^{-1}；该体系特征速度最大值为 1 616 m·s^{-1}（No.10～No.12）。

表 7-6 含 ADN、A3 增塑 BAMO－r－THF 推进剂能量性能（Al 含量 5%）

No.	含量/%						性能参数				
	BAMO－r－THF	A3	Al	ADN	AP	RDX	I_{sp}/ (N·s· kg^{-1})	C^*/ (m·s^{-1})	T_c/K	$\overline{M}$	OB
1	10	15	5	15	55	—	2 536	1 558	3 265	28.79	−0.065 9
2	10	15	5	15	50	5	2 542	1 569	3 271	28.19	−0.093 7
3	10	15	5	15	45	10	2 545	1 577	3 267	27.61	−0.121 4
4	10	15	5	15	40	15	2 546	1 583	3 255	27.05	−0.149 3
5	10	15	5	15	35	20	2 546	1 587	3 235	26.52	−0.177 0
6	10	15	5	15	30	25	2 544	1 589	3 209	26.00	−0.204 8
7	10	15	5	15	25	30	2 541	1 591	3 178	25.50	−0.232 5
8	10	15	5	15	20	35	2 537	1 591	3 143	25.02	−0.260 4
9	10	15	5	15	15	40	2 532	1 591	3 104	24.56	−0.288 1
10	10	15	5	15	10	45	2 527	1 590	3 063	24.12	−0.315 9
11	10	15	5	15	5	50	2 520	1 589	3 019	23.69	−0.343 6
12	10	15	5	15	—	55	2 513	1 586	2 973	23.28	−0.371 5

表 7-7 含 ADN、NG/DEGDN 增塑 BAMO-r-THF 推进剂能量性能（Al 含量 5%）

No.	含量/%						性能参数				
	BAMO-r-THF	NG/DEGDN	Al	ADN	AP	RDX	I_{sp}/(N·s·kg^{-1})	C^*/(m·s^{-1})	T_c/K	$\overline{M}$	OB
1	10	15	5	15	55	—	2 532	1 543	3 267	30.11	-0.006 6
2	10	15	5	15	50	5	2 553	1 559	3 300	29.60	-0.034 4
3	10	15	5	15	45	10	2 566	1 573	3 322	28.99	-0.062 2
4	10	15	5	15	40	15	2 574	1 585	3 333	28.39	-0.090 1
5	10	15	5	15	35	20	2 579	1 594	3 334	27.81	-0.117 9
6	10	15	5	15	30	25	2 582	1 601	3 328	27.24	-0.145 8
7	10	15	5	15	25	30	2 583	1 607	3 314	26.70	-0.173 6
8	10	15	5	15	20	35	2 583	1 611	3 294	26.18	-0.201 4
9	10	15	5	15	15	40	2 581	1 614	3 268	25.67	-0.229 2
10	10	15	5	15	10	45	2 578	1 616	3 238	25.19	-0.257 1
11	10	15	5	15	5	50	2 574	1 616	3 204	24.72	-0.284 9
12	10	15	5	15	—	55	2 569	1 616	3 166	24.27	-0.312 7

图 7-3、图 7-4 分别是表 7-2、表 7-6 和表 7-4、表 7-7 中比冲和燃烧产物平均相对分子质量对比曲线。可以看出,含 ADN 体系(表 7-6 和表 7-7)燃烧产物平均相对分子质量低于不含 ADN 体系（表 7-2 和表 7-4），比冲高于不含 ADN 体系。由此推断,虽然 ADN 氧平衡值（25.8%）不及 AP（34.04%），但其生成焓高于 AP,尤其是其燃烧产物平均相对分子质量较低,导致含 ADN 复合推进剂的燃烧产物平均相对分子质量下降,提高了比冲。有趣的是表 7-2、表 7-6 和表 7-4、表 7-7 中的比冲最大值均在相同 RDX 含量处出现。此外,含 Al 为 5%配方（表 7-7）比冲最大值（2 583 N·s·kg^{-1}）超过了含 Al 为 10%（表 7-3）比冲最大值（2 577 N·s·kg^{-1}）,这意味着表 7-7 中配方在显著提高比冲同时降低了推进剂第一、二次烟信号。

综上可以看出,对于 BAMO-r-THF 含能叠氮黏合剂体系,以 A3、NG/DEGDN 为增塑剂,AP、RDX、Al、ADN 为固体填料,比冲随 RDX 含量变化呈抛物线形;NG/DEGDN 增塑体系推进剂比冲高于 A3 体系。A3 增塑 BAMO-r-THF 体系中,AP 与 RDX 作为氧化剂,含 Al 为 5%时,比冲高达

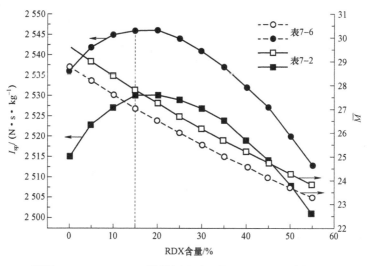

图 7 – 3　**A3 增塑 BAMO – R – THF 推进剂比冲、平均相对分子质量随 RDX 变化曲线**

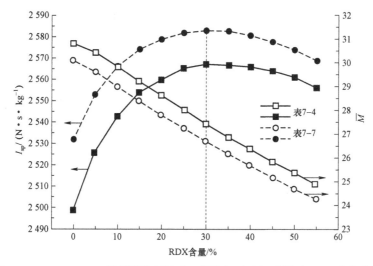

图 7 – 4　**NG/DEGDN 增塑推进剂比冲、平均相对分子质量随 RDX 变化曲线**

2 530 N · s · kg^{-1}；含 Al 为 10%时，比冲高达 2 577 N · s · kg^{-1}。NG/DEGDN 增塑 BAMO – r – THF 体系中，AP 与 RDX 作为氧化剂，RDX 低含量下对比冲影响较大；含 Al 为 5%时，比冲高达 2 567 N · s · kg^{-1}；含 Al 为 10%时，比冲高达 2 613 N · s · kg^{-1}。ADN 由于减低燃烧产物平均相对分子质量而显著提高了推进剂比冲。含 Al 为 5%，ADN 为 15%时，NG/DEGDN 增塑 BAMO – r – THF 体系比冲最大值（2 583 N · s · kg^{-1}）高于含 Al 为 10%、A3 增塑 BAMO – r – THF 体系比冲最大值（2 577 N · s · kg^{-1}）。

7.2 增塑剂对推进剂燃烧性能的影响

可用作叠氮聚醚黏合剂的增塑剂有壬酸异癸酯、己二酸二辛酯、二安息香酸二亚甲基甘醇酯、壬二酸二辛酯、癸二酸二辛酯、邻苯二甲酸二甲酯等。为提高推进剂能量，含能增塑剂成为关注的焦点。适用于叠氮聚醚黏合剂的含能黏合剂有三羟甲基乙烷三硝酸酯（MTN 或者 TMETN）、二乙二醇二硝酸酯（DEGDN）、三乙二醇二硝酸酯（TEGDN）、乙二醇二硝酸酯（EGDN）、丙三醇三硝酸酯（NG）、丁三醇三硝酸酯（BTTN）等硝酸酯类增塑剂，端叠氮基 GAP 类增塑剂（GAPA）、二叠氮乙酸乙二醇二酯（EGBAA）、二叠氮乙酸二乙二醇酯（DEGBAA）、三羟甲基硝基甲烷三叠氮乙酸酯（TMNTA）、季戊四醇四叠氮乙酸酯（PETKAA）等叠氮类增塑剂，硝酸酯基乙基甲基硝胺、硝酸酯基乙基乙基硝胺、硝酸酯基乙基丙基硝胺、硝酸酯基乙基异丙基硝胺、硝酸酯基乙基丁基硝胺以及硝酸酯基乙基戊基硝胺等硝酸酯基乙基硝胺类增塑剂，以及硝酸酯缩水甘油醚二聚体、3 – 硝酸酯基甲基 – 3 – 甲基氧丁环齐聚物、A3（2,2 – 二硝基丙醇缩甲醛和 2,2 – 二硝基丙醇缩乙醛混合物）和 K10（质量比为 65:35 的 2,4 – 二硝基乙基苯和 2,4,6 – 三硝基乙基苯混合物）等。本节分别以硝化甘油（NG）/二乙二醇二硝酸酯（DEGDN）等质量比混合物、2,2 – 二硝基丙醇缩甲醛/2,2 – 二硝基丙醇缩乙醛等质量比混合物（A3）为增塑剂，介绍增塑剂对推进剂燃烧性能的影响[3]。

7.2.1 推进剂制备

依照表 7-8 所示推进剂组分质量比，将 BAMO – r – THF 黏合剂、增塑剂、高氯酸铵（AP）、黑索今（RDX）、铝粉（Al）、固化剂及工艺助剂混合物通过捏合、真空浇铸工艺得到推进剂药浆方坯，然后在恒温固化箱中固化至异氰酸酯红外特征吸收峰消失，得到不同增塑剂增塑的、固化完全的 BAMO – r – THF 固体推进剂方坯药块。

表 7-8　固体复合推进剂配方（质量比）

样品	BAMO – r – THF	NG/DEGDN	A3	Al	AP	RDX	N – 100 及工艺助剂
S1	10	17	—	5	52	15	1.0
S2	10	—	17	5	52	15	1.0

7.2.2　CCD 燃速测试系统

1. 燃速测试方法

表征固体推进剂燃速的方法通常有两种：线性燃烧速度和质量燃烧速度。推进剂线性燃烧速度（简称燃速）的定义是根据 1839 年 Piobert 提出的几何燃烧定律而建立起来的，该定律指出，若推进剂体相内部组分均一且各点之间性能差别很小，固体推进剂燃烧表面（凝聚相与气相之间的交界层）将平行地、等速地向未燃的推进剂方向推移，据此推进剂燃速可定义为：单位时间内推进剂燃烧面沿其法线方向的位移。可用式（7－1）表示：

$$u = \frac{\mathrm{d}l}{\mathrm{d}t} \tag{7－1}$$

式中，u 为推进剂线性燃速；$\mathrm{d}l$ 为燃烧面在时间 $\mathrm{d}t$ 内的位移。

质量燃速是指单位时间内单位燃烧面上沿其法线方向烧掉的推进剂质量，或推进剂固相小时的质量。质量燃速和线性燃速之间存在式（7－2）所示关系：

$$u_m = \rho \cdot u \tag{7－2}$$

式中，u_m 为推进剂质量燃速；ρ 为推进剂密度。

随着科学技术的发展，燃速测试技术也有很大提高。目前，常见燃速测试方法有：靶线法、光电法、声发射法、密闭爆发器法、离子导电法、转鼓照相法以及 CCD 法（Charge Coupled Imaging Device，电荷耦合法）。

2. CCD 燃速测试原理

CCD 燃速测试原理如图 7－5 所示。固体推进剂药柱在配备有视窗的高压燃烧室内于给定压强下燃烧，药柱图像经过燃烧室上视窗、外部透镜聚焦于线扫描摄像机的 CCD 光敏阵列上。光敏阵列由众多平行于药柱方向的像素构成，每个像素受光线的照射产生一定的电压信号，电压信号高低正比于接收光线的强弱。由于推进剂燃烧火焰亮度与推进剂本身药柱亮度存在阶跃式变化，CCD 阵列像素上的电压信号也存在阶跃式变化，电压信号阶跃点对应于 CCD 阵列上某一像素位置。燃烧火焰沿推进剂药柱从上而下移动时，线扫描摄像机每扫描一次，产生一组 AV 信号，多次扫描，产生一系列 AV 信号，火焰位置高度不同，对应 CCD 阵列像素的位置也不同。由于线扫描相机每次扫描具有固定的时间周期，依据阶跃点在 CCD 阵列上随时间变化的关系，同时借助透镜成像的物距、像距比，可获得推进剂燃烧面移动的速度，计算出推进剂燃速。

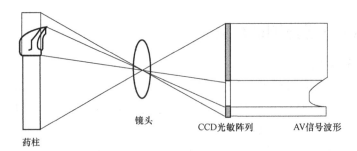

图 7-5 CCD 燃速测试原理图

3. CCD 燃速测试特点

目前，市场主流线扫描相机的像素为 2 048，每个像素高度约为 15 μm，最大行扫描频率为 100 kHz，时间分辨率为 0.01 ms，其较高的位移分辨率和时间分辨率使得测试系统用药量小。下面涉及的燃速测试，均采用长度为 10～50 mm、直径为 5～7 mm 的药柱进行。

7.2.3 增塑剂对复合推进剂性能的影响

对制备表 7-8 所示的两种固体复合推进剂的燃速测定在室温下进行，将样品制成 5 mm×5 mm×30 mm 药条，垂直放置于有透明视窗的高压密闭容器中，氮气加压，药条通过顶端镍铬电阻丝加热引燃，利用 CCD 燃速测试系统获得推进剂燃速。

图 7-6 给出了两种增塑条件下推进剂燃速测定结果。5～11 MPa 范围内，NG＋DEGDN 增塑制备的固体复合推进剂 S1 燃速明显高于 A3 增塑制备的固

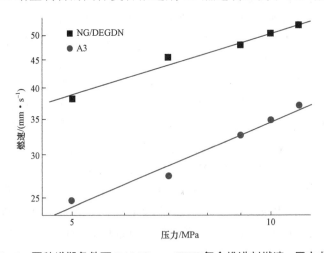

图 7-6 两种增塑条件下 BAMO－r－THF 复合推进剂燃速-压力曲线

体复合推进剂 S2；11 MPa 压力下，前者燃速为 52 mm·s^{-1}，后者为 37 mm·s^{-1}。对于 NG＋DEGDN 增塑体系 S1，燃速－压力拟合式为：$u=20.968P^{0.380}$，相关系数为 0.985；对于 A3 增塑体系 S2，燃速－压力拟合式为：$u=10.84P^{0.495}$，相关系数为 0.988。分析认为：NG＋DEGDN 含能基团为—ONO$_2$，A3 含能基团为—NO$_2$，NG＋DEGDN 的能量高于 A3；且 NG＋DEGDN 热分解温度低于 A3，所以 NG＋DEGDN 增塑的推进剂燃速相对较高。

7.3 燃烧催化剂含量对推进剂燃烧性能的影响

高燃速是固体推进剂发展的一个重要方向。目前提高推进剂燃速途经主要有：提高推进剂爆热，改变氧化剂含量、配比、粒度，调节铝粉含量及其分布，加金属纤维，使用多孔原材料，加入高燃速调节剂，加入燃速催化剂，添加热敏微管或颗粒等途经。其中，爆热措施是借助调节推进剂燃温来调节燃速的；改变氧化剂及铝粉含量、配比、粒径等是通过提高燃温及氧化剂/燃料接触面来调节燃速的；使用多孔材料、金属纤维和添加大量微孔及热敏微管或颗粒是通过增加热传导效率来调节燃速的；加入燃速催化剂则是降低推进剂原料的热分解温度实现燃速调节的目的。

固体复合推进剂用燃速催化剂可分为无机氧化物、无机盐和有机金属化合物等。无机氧化物有：Fe$_2$O$_3$、CrO$_3$、Cr$_2$O$_3$、Cu$_2$O、CuO、Co$_2$O$_3$、Ni$_2$O$_3$、MnO$_2$ 等；无机盐有：某些金属阳离子（如 Ag$^+$、Cu^{2+}、Fe^{2+}、Cd^{2+}、Cr^{2+}、Pb^{2+} 等）与某些酸根阴离子（如 I$^-$、Br$^-$、F$^-$、ClO$_3$$^-$、MnO$_4$$^-$、CrO$_4$$^-$、Cr$_2O_4$$^{2-}$等）形成的无机盐；有机催化剂有：四乙基铅、环戊二烯基二羰基钴、甲基环戊二烯基三羰基锰、环戊二烯基亚硝酰镍、2,2－双（乙基二茂铁基）丙烷、双（甲基环戊二烯）铁、双（甲基环戊二烯）镍和壬酰甲基环戊二烯三羰基锰等。本节介绍有机金属催化剂（代号为 OME）对 BAMO－r－THF 复合推进剂燃烧性能的影响[4]。

7.3.1 推进剂制备

依照表 7-9 所示推进剂组分质量比，将 BAMO－r－THF 黏合剂、增塑剂、高氯酸铵（AP）、黑索今（RDX）、铝粉（Al）、固化剂及工艺助剂混合物、燃速催化剂 OME 通过捏合、真空浇铸工艺得到推进剂药浆方坯，然后在恒温固化箱中固化至异氰酸酯红外特征吸收峰消失，得到燃速催化剂含量不同、固化完全的 BAMO－r－THF 固体推进剂方坯药块。

表7-9　固体复合推进剂配方（质量比）

样品	BAMO-r-THF	A3	Al	AP	RDX	N-100 及工艺助剂	OME
S3	10	17	5	52	15	1.0	0
S4	10	17	5	52	15	1.0	0.5
S5	10	17	5	52	15	1.0	1.0
S6	10	17	5	52	15	1.0	1.5

7.3.2　燃烧性能

6 MPa 下，推进剂 S3～S6 燃速见图 7-7。随着催化剂 OME 含量增加，S4、S5、S6 燃速逐渐增加。当 OME 含量增至 1.5%时，S6 与 S3 相比燃速提高近 80%。由此可见，OME 对该体系具有良好的燃速催化作用。

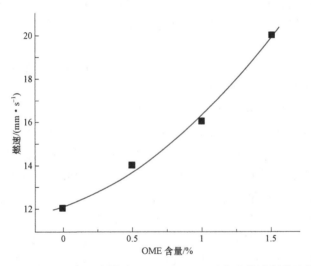

图7-7　6 MPa 下 OME 含量对 BAMO-r-THF 复合推进剂燃速的影响

7.4　催化燃烧机理

研究复合推进剂催化燃烧机理有助于有效调节推进剂燃烧性能，对于叠氮聚醚推进剂燃烧性能的研究许多集中在黏合剂体系或简单复合的二组元复合推进剂体系。Miyazaki[5]利用热失重、红外技术研究了 BAMO-R-THF 不同摩尔比共聚醚的热失重过程，给出了 BAMO – R – THF 共聚醚的热分解机理。Kubota[6]对聚叠氮缩水甘油醚（GAP）研究指出：GAP 能够依靠—N_3 裂解放热反应来维持燃烧，燃温低，燃速高；GAP/HMX（奥克托金）二组元复合推进剂的燃速低于其单个组分燃速[7]；柠檬酸铅和炭黑同时使用可显著提高 GAP/HMX 燃速[8]。Yoshio 对 AMMO/AP 二组元推进剂催化燃烧研究认为，2,2 – 双（乙基二茂铁基）丙烷在该体系中主要是促进 AMMO 黏合剂分解，而 Fe_2O_3 则是催化 AP 分解及 AP 分解产物和 AMMO 分解产物之间的反应[9]；对于 AMMO/HMX 体系，2,2 – 双（乙基二茂铁基）丙烷主要是加速了近燃烧表面气相区的化学反应[10]。在 BAMO – NMMO/AP 推进剂中，Fe_2O_3 在提高推进剂燃速的同时，可使推进剂在较宽压力范围内表现为平台燃烧[11]。本节基于目前常规四组元复合推进剂体系，选用无机氧化物 Fe_2O_3 和有机催化剂 OME，介绍燃烧催化剂对 BAMO – r – THF 基四组元复合推进剂的催化剂燃烧机理。

7.4.1 推进剂制备

依照表 7 – 10 所示推进剂组分质量比，将 BAMO – r – THF 黏合剂、增塑剂、高氯酸铵（AP）、黑索今（RDX）、铝粉（Al）、固化剂及工艺助剂混合物、燃速催化剂 OME、Fe_2O_3 通过捏合、真空浇铸工艺得到推进剂药浆方坯，然后在恒温固化箱中固化至异氰酸酯红外特征吸收峰消失，得到不同燃速催化剂、固化完全的 BAMO – r – THF 固体推进剂方坯药块。

表 7 – 10 固体复合推进剂配方（质量比）

样品	BAMO – r – THF	A3	Al	AP	RDX	N – 100 及工艺助剂	Fe_2O_3	OME
S7	10	17	5	52	15	1.0	0	0
S8	10	17	5	52	15	1.0	2	0
S9	10	17	5	52	15	1.0	0	1.5
S10	10	17	5	52	15	1.0	2	1.5
S7 – 1	10	17	0	0	0	1.0	0	0
S8 – 1	10	17	0	0	0	1.0	2	0
S9 – 1	10	17	0	0	0	1.0	0	1.5
S10 – 1	10	17	0	0	0	1.0	2	1.5

7.4.2　燃速测定

利用 CCD 燃速测定系统对固体复合推进剂样品 S7～S10 进行了燃速测定（见图 7－8）。参照表 7－10 可以看出，催化剂 OME 和 Fe_2O_3 均可显著提高推进剂燃速。将催化剂 OME＋Fe_2O_3 混合使用时，推进剂燃速进一步提高。不过，OME 提高 BAMO－R－THF 复合推进剂低压燃速更为显著。

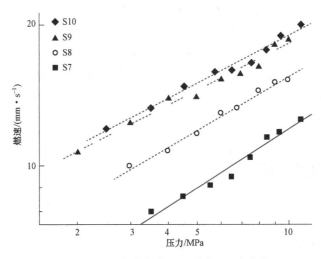

图 7－8　不同催化剂作用下燃速－压力曲线

对于空白样品推进剂 S7，其燃速－压力表达式为：$u=5.095P^{0.362}$，相关系数为 0.98；含 Fe_2O_3 情况下，S8 燃速－压力表达式为：$u=6.516P^{0.374}$，相关系数为 0.99；对于含催化剂 OME，推进剂 S9 的燃速－压力表达式为：$u=8.563P^{0.326}$，相关系数为 0.99；Fe_2O_3 和 OME 共同存在时，推进剂 S10 的燃速－压力表达式为：$u=8.777P^{0.332}$，相关系数为 0.99。

由以上表达式可看出，不含燃速催化剂的 BAMO－r－THF 基复合推进剂 S7 的燃速－压力指数较低（0.362）。加入催化剂 Fe_2O_3 后，压力指数稍微升至 0.374。对于含催化剂 OME 和复合催化剂 OME＋Fe_2O_3，其复合推进剂的燃速－压力指数均低于空白样品，催化剂 OME 不但可以提高 BAMO－r－THF 基复合推进剂的燃速，而且可以降低该体系的燃速－压力指数。

7.4.3　推进剂热分解特性

采用 NETZSCH STA 449C 型热失重分析仪（TG）对表 7－10 样品进行热分析测试。实验条件：样品重约 1 mg；升温速率为 10 K·min⁻¹；氮流量为

100 mL·min⁻¹，常压；AL 坩埚，加盖。

图 7-9 中绘出了表 7-10 中推进剂 S7、S8 的热失重曲线。不含燃速催化剂空白样品 S7 热失重过程分为两个明显阶段,起始分解温度为 195 ℃；250 ℃之前为第一热分解过程；之后为第二热分解阶段；对于 Fe₂O₃ 催化样品 S8,前期热失重分解过程几乎与 S7 相重叠；不过，在热失重后期，样品 S8 失重速率高于 S7。可以认为：由于催化剂 Fe₂O₃ 对高氯酸铵分解具有较强催化能力[12-15]，因此降低了含高氯酸铵复合推进剂分解过程后期温度，提高了推进剂燃速。

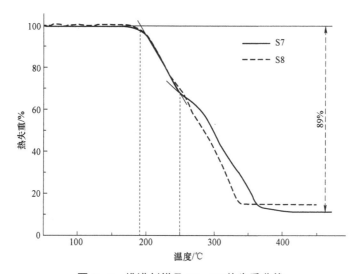

图 7-9　推进剂样品 S7、S8 热失重曲线

图 7-10 分别是空白样品和 OME 催化样品 S7、S9 热失重曲线。与含催化剂 Fe₂O₃ 样品 S8 不同,催化剂 OME 降低了样品 S7 的起始热分解温度(由192 ℃降低至167 ℃)。在推进剂 S9 整个失重过程中，相同失重率下对应的温度均低于 S7，可见 OME 对推进剂 S7 的催化分解能力优于 Fe₂O₃。此外，催化剂 OME 的加入还改变了推进剂样品 S7 的热失重过程——推进剂 S9 的热分解过程分段变化不再明显。鉴于催化剂 OME 对复合推进剂分解催化能力优于 Fe₂O₃，因此 OME 对推进剂 S7 的燃速提高效果也高于 Fe₂O₃(见图 7-8)。至于推进剂 S9 的热失重残留量高于 S7,推断认为是 OME 中的过渡金属所致。

图 7-11 分别是在 OME 和 Fe₂O₃+OME 催化条件下样品 S9 和 S10 的热失重曲线，两者失重过程几乎重合。只是在热失重后期，对应相同失重率，S10 温度略高于 S9。考虑到样品 S9 和 S10 制作的唯一不同之处是：样品 S10中增加了 2%难挥发金属氧化物 Fe₂O₃，因此通过式（7-3）对 S10 热失重率

数据进行修正：

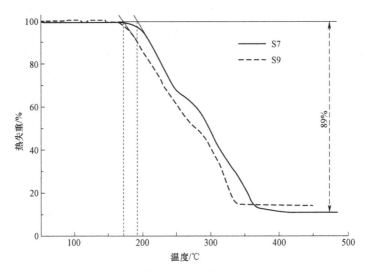

图 7-10　样品 S7、S9 的热失重曲线

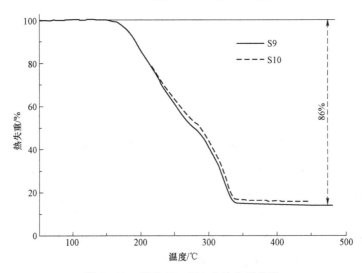

图 7-11　样品 S9、S10 的热失重曲线

$$P' = (P-2) \times 100\%/98 \tag{7-3}$$

式中　P'——样品 S10 修正后的失重百分数；

P——样品 S10 的实验实测百分数。

图 7-12 是将样品 S10 失重数据处理后得到的曲线。明显看出：S9 和 S10 的热失重曲线几乎完全重合。这表明，OME 催化 BAMO-r-THF 复合推进剂

体系中加入 Fe_2O_3 对其热分解性能影响不大，复合推进剂热分解速度主要取决于催化剂 OME。从热分解速率来看，与使用纯 OME 相比，采用 Fe_2O_3 与 OME 质量比为 2:1.5 的复合燃速催化剂对推进剂的热分解催化效果没有显著区别。

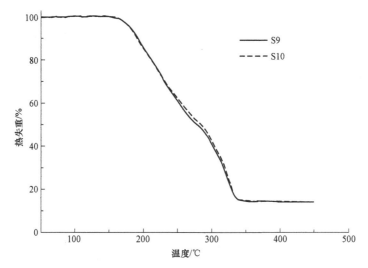

图 7－12　样品 S9、S10 热失重数据修正后的曲线

综上，Fe_2O_3 对该叠氮复合推进剂热分解催化能力不及 OME、OME 与 Fe_2O_3 复合催化效果；OME、OME 与 Fe_2O_3 复合催化剂对该推进剂热分解的催化效果相似；Fe_2O_3、OME、OME 与 Fe_2O_3 复合催化剂对该推进剂残留物热分解的催化效果相似（见图 7－13）。

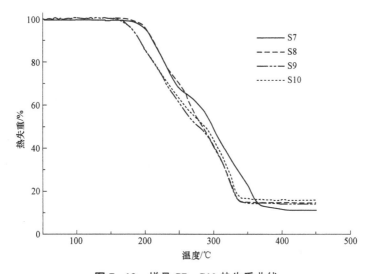

图 7－13　样品 S7～S10 热失重曲线

7.4.4 黏合剂热分析

通过热失重研究不同催化剂对 BAMO – r – THF 胶片热分解性能的影响。热分析测试仪器为 NETZSCH STA 449C 型热失重分析仪（TG）。实验条件：样品重约 1 mg；升温速率为 10 K·min^{-1}；氮流量为 100 mL·min^{-1}，常压；AL 坩埚，加盖。

图 7–14 为不同催化条件下胶片的热失重曲线。可以看出，空白胶片 S7–1 的热失重过程分为两个明显阶段：其起始热分解温度为 200 ℃，随后进入快速分解阶段；从 242 ℃开始进入第二热分解阶段，与第一阶段相比第二阶段热分解较为缓慢，由此推断该阶段为 BAMO – r – THF 高分子骨架的热分解过程。这种特征与一般叠氮化合物失重过程相一致[16-19]。

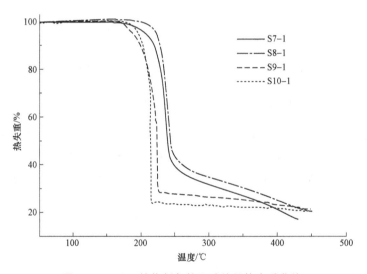

图 7–14　不同催化剂条件下胶片的热失重曲线

对于含催化剂 Fe$_2$O$_3$ 的 S8–1 体系，胶片起始热分解温度为 225 ℃，随后进入第一快速热分解阶段，该阶段在 245 ℃结束，接着进入第二分解阶段，该阶段分解速度较为缓慢。与样品 S7–1 相比，Fe$_2$O$_3$ 对黏合剂热分解过程并没有催化作用；相反，在一定程度上阻止了黏合剂的分解。不过 Fe$_2$O$_3$ 并不改变黏合剂胶片原有的热分解特征。

样品 S9–1（含催化剂 OME）起始热分解温度为 178 ℃；样品 S10–1（含催化剂 OME 和 OME+Fe$_2$O$_3$）起始分解温度为 197 ℃。与样品 S7–1 相比，催化剂 OME 和 OME+Fe$_2$O$_3$ 均对黏合剂分解具有催化作用。对于样品 S10–1 的起始分解温度高于 S9–1，这与样品 S8–1 热分解中得到的结论吻合——Fe$_2$O$_3$

可以提高黏合剂热分解温度。不过当温度超过 208 ℃时，Fe_2O_3＋OME 对胶片分解的催化能力则高于 OME 单一条件下对胶片的催化能力。

还应注意的是：S7－1 和 S8－1 在热分解后期失重过程均较为缓慢，而当 S9－1 和 S10－1 的热分解残留量为 20%左右时变化则不再明显，失重率几乎不随温度变化而变化。这表明：没有催化剂 OME 情况下，黏合剂中的高分子链随温度升高逐渐裂解；有 OME 条件下，叠氮高分子链则迅速发生裂解。

7.4.5　燃烧界面电镜分析

将推进剂样品 S7～S10 制成药条，将其放入乘有液氮的保温烧杯中，保持药条直立，使药条部分露出液氮表面。待药条完全冷却后（液氮不再沸腾），用丙丁烷火焰点燃药条。火焰熄灭后，用夹子取出剩余药条（注意：取出药条时避免与燃烧界面接触），将其放入干燥器中待恢复至室温。利用 JSM－35C 扫描电镜对推进剂 S7～S10 燃烧界面进行电镜观察（见图 7－15）。

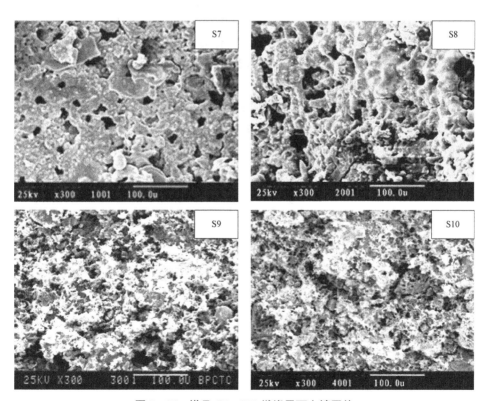

图 7－15　样品 S7～S10 燃烧界面电镜图片

空白推进剂样品 S7 淬火后的燃烧界面被一连续层覆盖，连续层中存在间隔的小孔；与 S7 相比，含 Fe_2O_3 的推进剂样品 S8 燃烧界面的连续覆盖层有所破坏，出现的孔洞较大，燃烧界面显得不太平整；对于含 OME 催化剂样品 S9 的电镜观察发现，燃烧界面的连续覆盖层已完全不复存在，可看到复合推进剂中固体填料颗粒存在。此外，碎纤维状产物出现在燃烧界面上；在 Fe_2O_3 和 OME 共同存在下，样品 S10 的燃烧界面电镜图片与 S9 相似，燃烧界面也有碎纤维状产物出现，除此以外，还可发现 S10 中固体填料颗粒周围的空隙并没有样品 S9 那么明显。

7.4.6　燃烧界面反射红外分析

为了对推进剂样品 S7～S10 燃烧界面进行成分鉴定，对其燃烧界面进行了反射红外测试，测试采用美国 Thermoelectron corporation 公司的 Nicolet 8700 FTIR 型红外光谱仪。温度为 20 ℃，相对湿度为 30%，测试结果如图 7－16～图 7－19 所示。

图 7－16 是空白样品 S7 的燃烧界面反射红外谱图。由于该复合推进剂中含有高氯酸铵、黑索今、BAMO－r－THF 黏合剂及 A3 增塑剂等原料，且其质量比例又不相同，因此在 $2\,000\ \mathrm{cm^{-1}}$ 以下的官能团吸收区范围内，吸收峰较为杂乱；不过谱图中仍可辨别出部分基团的吸收。例如 $1\,693\ \mathrm{cm^{-1}}$ 处为羰基的吸收峰；$1\,589\ \mathrm{cm^{-1}}$ 处为硝基不对称振动吸收峰；$1\,462\ \mathrm{cm^{-1}}$ 处可能为甲基 C—H 变形振动吸收峰。不过值得注意的是 $2\,110\ \mathrm{cm^{-1}}$ 处的红外吸收峰，这是 BAMO－r－THF 黏合剂中叠氮基的红外特征吸收峰。对于 BAMO－r－THF 黏合剂来说，当其发生热分解时通常是叠氮基团首先发生分解，然后黏合剂骨

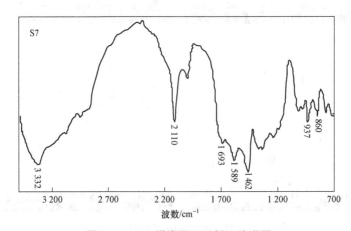

图 7－16　S7 燃烧界面反射红外谱图

架再发生裂解。然而从燃烧界面反射红外谱图来看，在样品 S7 燃烧界面上，高分子黏合剂 BAMO-r-THF 并没有完全发生裂解。因此，样品 S7 燃烧界面电镜图上的覆盖层应为 BAMO-r-THF 高分子黏合剂。

图 7-17 为含燃速调节剂 Fe_2O_3 样品 S8 的燃烧界面红外谱图。同样，可以看到 2 113 cm^{-1} 处有叠氮基团的吸收峰存在。不过与样品 S7 相比，吸收强度变得弱了。对 S8 燃烧界面的电镜图片分析认为，S8 表面黏合剂层大部分已分解，仅部分燃烧界面被黏合剂所覆盖。由于 Fe_2O_3 对黏合剂并没有催化作用（见图 7-14），然而此处的黏合剂层却有大量破损，可认为是 Fe_2O_3 在这里重点加速了 AP 分解速度，AP 分解生成气体由燃烧界面逃逸从而破坏了表面的黏合剂层。这样从热传导角度来看，样品 S8 中火焰与燃烧界面的接触面积大于样品 S7，这样提高了热传导效率，提高了燃速。

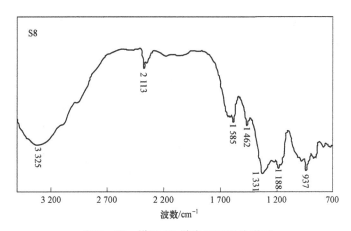

图 7-17　样品 S8 燃烧界面红外谱图

与样品 S7、S8 不同，OME 催化下的样品 S9 的燃烧界面红外谱图较为简单，且 2 110 cm^{-1} 左右处的叠氮基团吸收峰也完全消失（见图 7-18）。对应 S9 电镜图片可说明：在催化剂 OME 作用下，样品 S7、S8 燃烧界面上存在的黏合剂和燃烧表面上固体填料颗粒周围的黏合剂都已完全分解，燃烧表面的固体填料仅是堆积在燃烧表面，即填料颗粒周围存在空隙。至于燃烧界面上的碎纤维状产物推断为黏合剂燃烧分解后的残余物。该结论与黏合剂催化热分解现象相吻合。基于上述分析，当 S9 燃烧时，由于黏合剂迅速分解，减低了热量从火焰区传递至燃烧界面的热阻，扩大了火焰与固体填料间的接触面积，因此，S9 推进剂燃速高于 S7、S8。

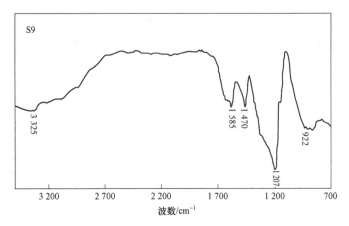

图 7 – 18　样品 S9 燃烧界面红外谱图

　　图 7 – 19 是 Fe_2O_3 + OME 共同催化下样品 S10 的燃烧界面反射红外谱图。与样品 S9 不同的是，推进剂 S10 中虽然也含有催化剂 OME，但其表面却出现了叠氮基团的红外吸收峰。S10 的电镜图片中看不到像 S7 和 S9 燃烧表面上覆盖着的黏合剂物质。分析认为：S10 中的叠氮基团红外吸收峰是由燃烧表面固体填料周围的黏合剂物质造成的，即与 S9 的不同之处是燃烧表面固体填料颗粒周围存在黏合剂，而非空隙。这样对燃烧界面进行反射红外测定时，观察到了叠氮基团的红外吸收峰。在 Fe_2O_3 和 OME 共同作用下，OME 加速了黏合剂层的分解，而 Fe_2O_3 是氧化剂 AP 的优良催化剂，使得黏合剂层和 AP 固体颗粒填料两者分解速度在一定程度上达到协调，推进剂燃速进一步提高。

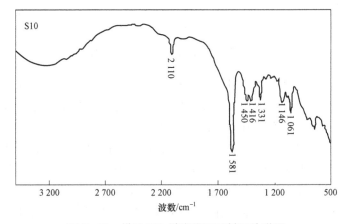

图 7 – 19　样品 S10 燃烧界面反射红外谱图

　　以 BAMO – r – THF 为黏合剂可制备得到比冲性能高于 $2\,530\,N \cdot s \cdot kg^{-1}$ 的固体复合推进剂。对于 BAMO – r – THF 基固体复合推进剂，黏合剂基体的热分解速率是影响推进剂燃速的重要因素之一。

参 考 文 献

[1] 翟进贤. BAMO – THF 复合推进剂及二硝酰胺铵的应用研究 [D]. 北京：
北京理工大学，2006.

[2] 翟进贤，杨荣杰，朱立勋，等. BAMO – THF 复合推进剂能量特性计算与
分析 [J]. 含能材料，2009，17（1）：73 – 78.

[3] 翟进贤，杨荣杰. BAMO – THF 复合推进剂催化燃烧特性分析 [J]. 推进
技术，2010，31（2）：226 – 229.

[4] ZHAI J X，YANG R J，LI J M. Catalytic Thermal Decomposition and
Combustion of Composite BAMO/THF Propellants [J]. Combustion and
Flame，2018，154（3）：473 – 477.

[5] MIYAZAKI T，KUBOTA N. Energetics of BAMO [J]. Propellants，
Explosives，Pyrotechnics，1992，17（1）：5 – 9.

[6] KUBOTA N，SONOBE T. Combustion Mechanism of Azide Polymer
[J]. Propellants，Explosives，Pyrotechnics，1988，13（6）：172 – 177.

[7] KUBOTA N. Combustion of GAP/HMX and GAP/TAGN Energetic Composite
Materials [J]. Propellants，Explosives，Pyrotechnics，1997，25（2）：86 – 96.

[8] KUBOTA N，SONOBE T. Burning Rate Catalysis of Azide/Nitramine
Propellants [J]. Symposium（International）on Combustion，1991，23（1）：
1331 – 1337.

[9] YOSHIO O. Thermal Decomposition of Composite Propellants [J]. Propellants，
Explosives，Pyrotechnics，1993，18：168 – 172.

[10] OYUMI Y，MITARAI Y，ANAN T. Mechanism of Catalytic Effect on
AMMO/HMX Composite Propellants Combustion Rates [J]. Propellants，
Explosives，Pyrotechnics，1993，18（4）：195 – 200.

[11] OYUMI Y，ANAN T，BAZAKI H，et al. Plateau Burning Characteristics of
AP Based Azide Composite Propellants [J]. Propellants，Explosives，
Pyrotechnics，1995，20（3）：150 – 155.

[12] IVANOV E J，KHAIRETDINOV E F，MULINA T V. Photothermomechanical
Process in Ammonium Perchlorate Crystals.II [J]. Solid State Chem.，1978，
26（3）：215 – 219.

［13］ BAZAKI H. Mechanism of Combustion of High Solid Rocket Propellant [J]. Journal of the Japan Explosive Society, 1995, 56 (3): 105－111.

［14］ NAKAMURA H, AKIYOSHI M. Combustion Catalyst of Non-pollutant Solid Rocket Propellant[J]. Journal of the Japan Explosives Society, 2002, 63 (4): 163－168.

［15］ HALAWY S A, MOHAMED M A. The Role of MoO_3 and Fe_2O_3 in the Thermal Decomposition of Ammonium Perchlorate [J]. Czechoslovak Chem.Commun., 1994, 59 (10): 2253－2261.

［16］ GAUR B, LOCHAB B, CHOUDHARY V, et al. Thermal Behaviour of Poly (Allylazide) [J]. Journal of Thermal Analysis and Calorimetry, 2003, 71 (2): 467－479.

［17］ ARISAWA H, BRILL T B. Thermal Decomposition of Energetic Materials 71: Structure-decomposition Kinetics Relationships in Flash Pyrolysis of Glycidyl Azide Polymer (GAP) [J]. Combustion and Flame, 1998, 112 (4): 533－544.

［18］ KUBOTA N, SONOBE T. Combustion Mechanism of Azide Polymers [J]. Propellants, Explosives, Pyrotechnics, 1988, 13 (6): 172－177.

［19］ FENG H T, MINTZ K J, AUGSTEN R A, et al. Thermal Analysis of Branched GAP [J]. Thermochimica Acta, 1998, 311 (1): 105－111.

彩　　插

图 1-7　PBAMO 结晶分子链构象

（蓝色—氮原子；红色—氧原子；白色—氢原子；灰色—碳原子）

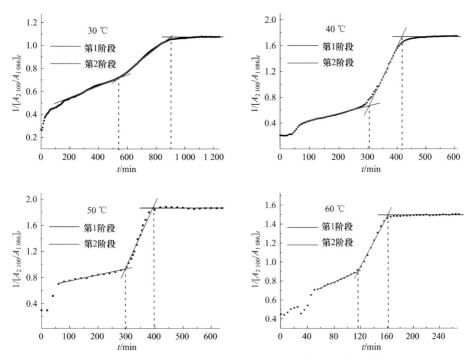

图 3-38　不同温度下 $1/[A_{2\,100}/A_{1\,086}]_t$ 值与时间 t 的关系曲线

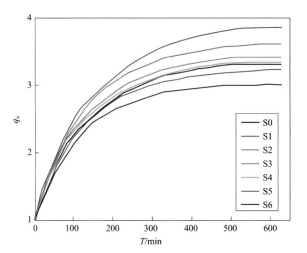

图 5-2　弹性体 S0~S6 溶胀曲线

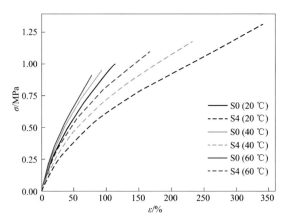

图 5-4　弹性体 S0 和 S4 在不同温度下的应力-应变曲线

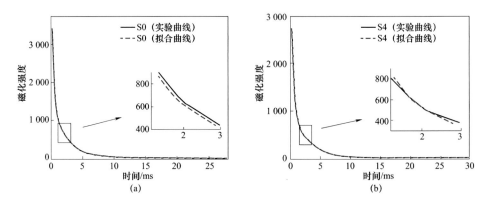

图 5-6　不同温度下弹性体 S0 和 S4 氢质子横向弛豫过程及拟合曲线

（a）20 ℃时弹性体 S0 弛豫曲线；（b）20 ℃时弹性体 S4 弛豫曲线

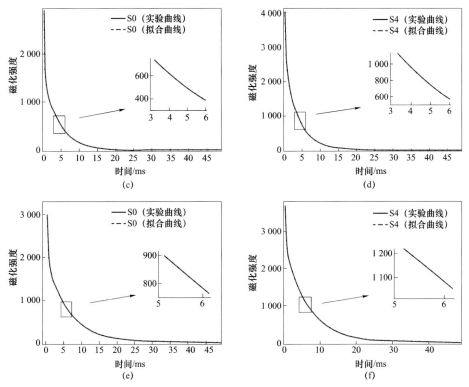

图 5-6 不同温度下弹性体 S0 和 S4 氢质子横向弛豫过程及拟合曲线（续）

（c）40 ℃时弹性体 S0 弛豫曲线；（d）40 ℃时弹性体 S4 弛豫曲线；
（e）60 ℃时弹性体 S0 弛豫曲线；（f）60 ℃时弹性体 S4 弛豫曲线

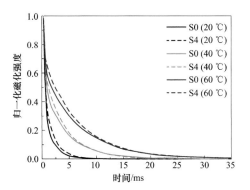

图 5-7 不同温度下弹性体 S0 和 S4 弛豫过程归一化曲线

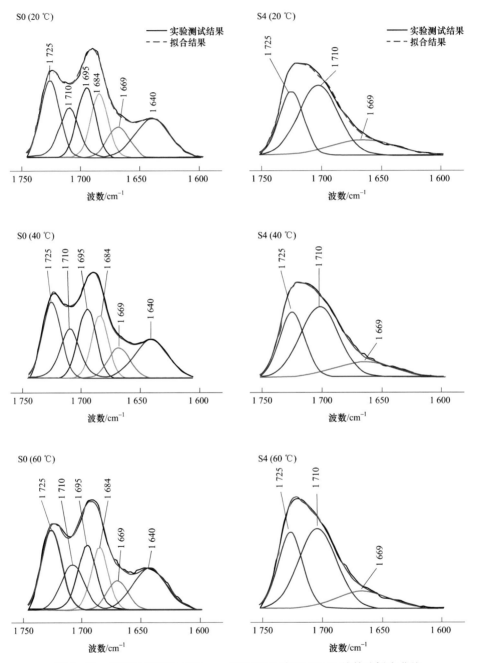

图 5－10　不同温度下 BAMO－r－THF 弹性体 S0 和 S4 羰基峰拟合曲线

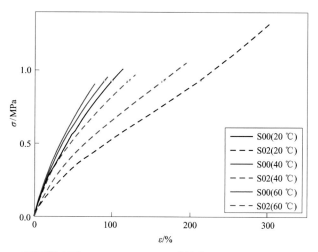

图 5-14　不同温度下 BAMO-r-THF 弹性体 S00 和 S02 应力-应变曲线

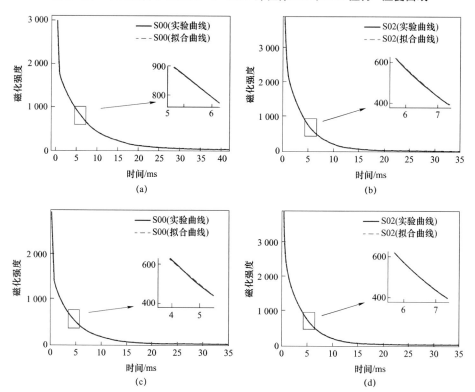

图 5-16　BAMO-r-THF 共聚醚弹性体 S00 和
S02 不同温度下弛豫曲线

（a）S00 的 20 ℃弛豫衰减曲线；（b）S02 的 20 ℃弛豫衰减曲线；

（c）S00 的 40 ℃弛豫衰减曲线；（d）S02 的 40 ℃弛豫衰减曲线

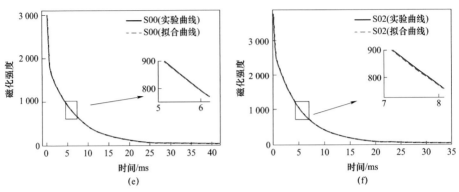

图 5-16　BAMO-r-THF 共聚醚弹性体 S00 和
S02 不同温度下弛豫曲线（续）

（e）S00 的 60 ℃弛豫衰减曲线；（f）S02 的 60 ℃弛豫衰减曲线

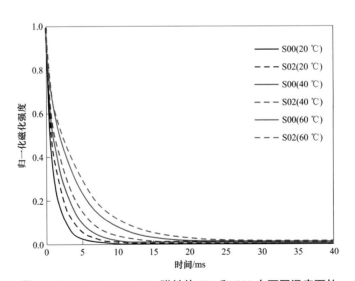

图 5-17　BAMO-r-THF 弹性体 S00 和 S02 在不同温度下的
归一化弛豫曲线

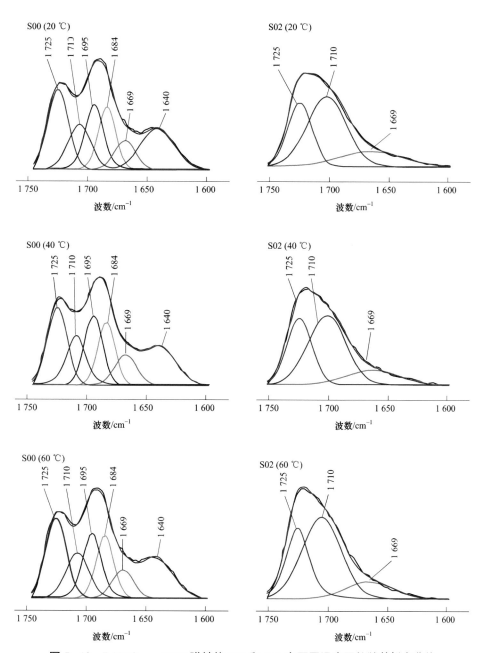

图 5-18 **BAMO-r-THF** 弹性体 **S00** 和 **S02** 在不同温度下的羰基拟合曲线

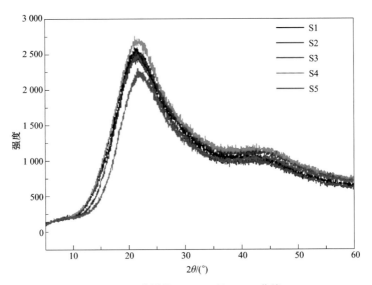

图 6−3　弹性体 S1∼S5 的 XRD 曲线

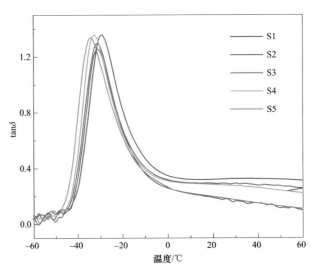

图 6−6　BAMO−r−THF 共聚醚弹性体损耗因子−温度曲线

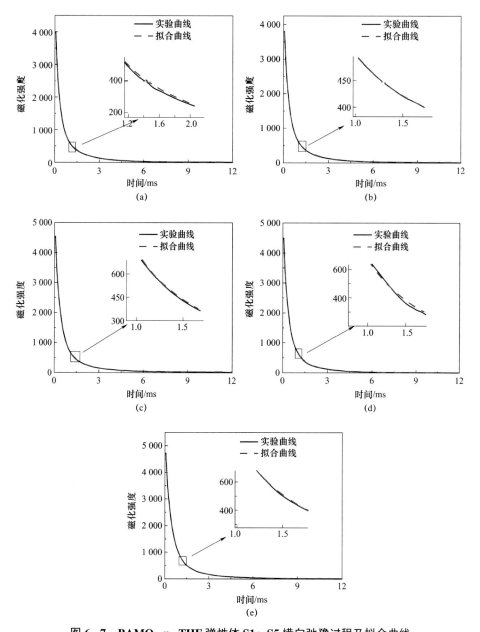

图 6-7　BAMO-r-THF 弹性体 S1～S5 横向弛豫过程及拟合曲线

（a）S1 的 T_2 弛豫衰减曲线；（b）S2 的 T_2 弛豫衰减曲线；（c）S3 的 T_2 弛豫衰减曲线；

（d）S4 的 T_2 弛豫衰减曲线；（e）S5 的 T_2 弛豫衰减曲线

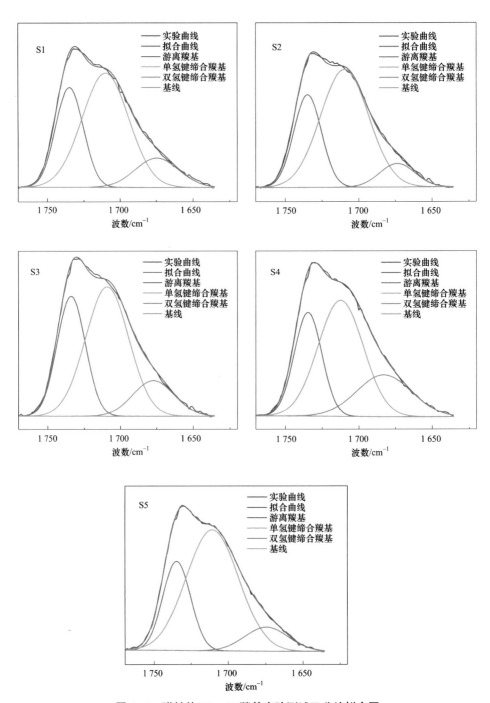

图6-9 弹性体 S1～S5 羧基实验测试及分峰拟合图

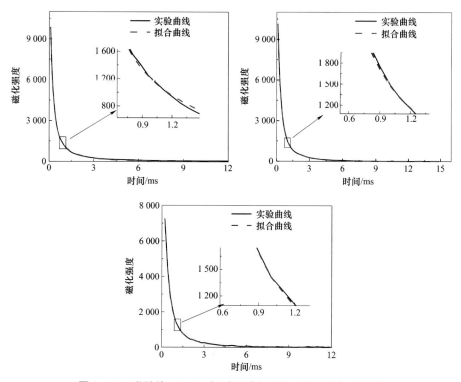

图 6-13　弹性体 S6～S8 氢质子横向弛豫过程及其拟合曲线

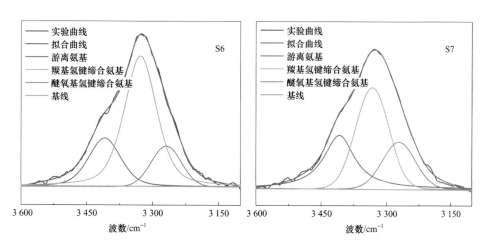

图 6-15　BAMO-r-THF 弹性体 S6～S8 的 N—H 吸收峰及拟合曲线

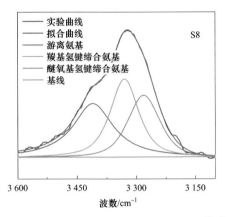

图 6-15　BAMO-r-THF 弹性体 S6～S8 的 N—H 吸收峰及拟合曲线（续）

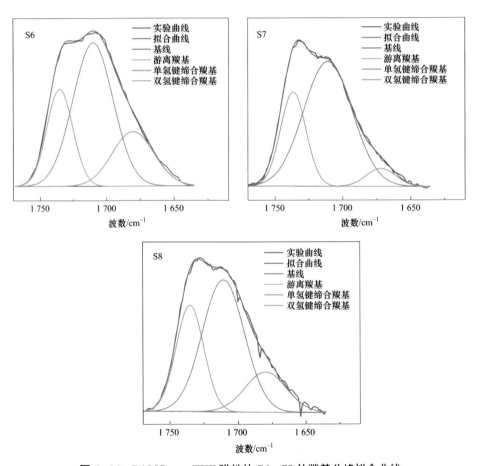

图 6-16　BAMO-r-THF 弹性体 S6～S8 的羰基分峰拟合曲线

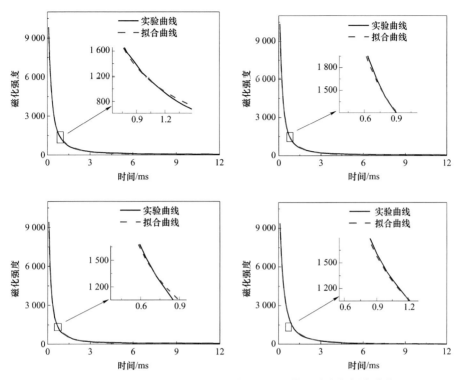

图 6-20　BAMO-r-THF 弹性体 S9～S12 横向弛豫与拟合曲线

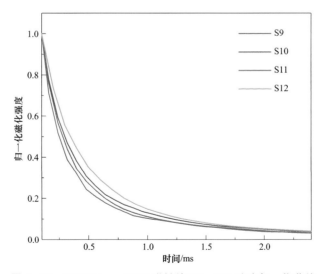

图 6-21　BAMO-r-THF 弹性体 S9～S12 弛豫归一化曲线

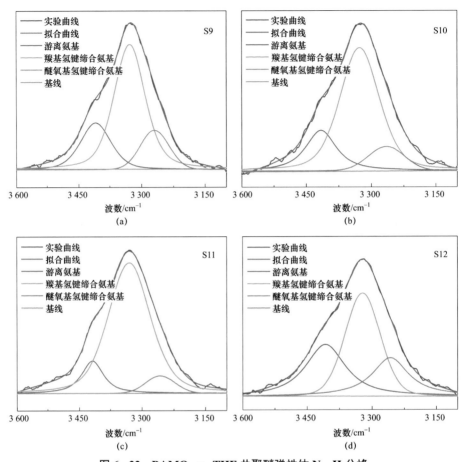

图 6-22　BAMO-r-THF 共聚醚弹性体 N—H 分峰

（a）S9 的 N—H 分峰；（b）S10 的 N—H 分峰；（c）S11 的 N—H 分峰；（d）S12 的 N—H 分峰

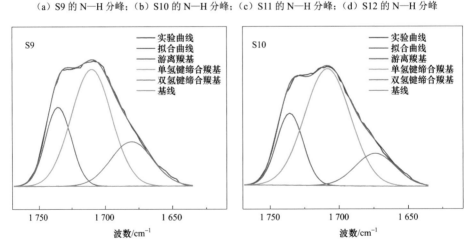

图 6-23　Poly（BAMO-THF）弹性体 S9～S12 的 C＝O 分峰

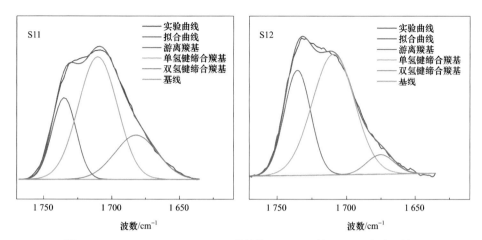

图 6-23　Poly（BAMO-THF）弹性体 S9～S12 的 C=O 分峰（续）